高等职业院校机电类"十三五"规划教材

ROBOT

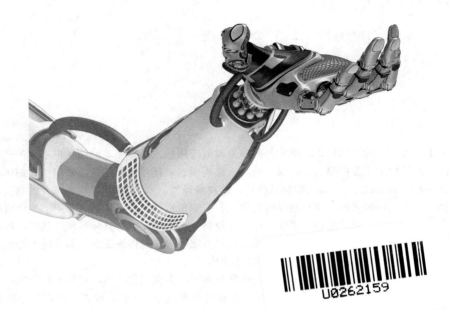

U0262159

工业机器人
技术

◎ 龚仲华 夏怡 编著

人民邮电出版社

北　京

图书在版编目（CIP）数据

工业机器人技术 / 龚仲华，夏怡编著. -- 北京：
人民邮电出版社，2017.5
高等职业院校机电类"十三五"规划教材
ISBN 978-7-115-44627-5

Ⅰ. ①工… Ⅱ. ①龚… ②夏… Ⅲ. ①工业机器人－
高等职业教育－教材 Ⅳ. ①TP242.2

中国版本图书馆CIP数据核字（2017）第004164号

内 容 提 要

本书从工业机器人的基础知识、结构与控制原理、应用技术三方面，介绍了机器人的产生、发
展和分类概况，讲解了工业机器人的组成、特点、结构形态、技术性能等基础知识；详细阐述了垂
直串联、SCARA、Delta 工业机器人的机械结构，谐波减速器、RV 减速器等核心部件的结构原理和
安装维护要求，电气控制系统组成与功能等内容；并以安川机器人为例，系统介绍了工业机器人的
命令与编程方法，手动、示教编程、再现运行以及控制系统应用设定的具体步骤。其中，机械传动
系统和核心部件结构原理、电气控制系统组成与应用设定等内容是体现工业机器人技术特点、提高
技术应用能力的关键，也是体现本书特色和实用性的重点。

本书选材典型、内容全面、案例丰富、理论联系实际、面向工程应用，可作为院校机电类专业
通用教材或工业机器人专业的基础教材，也可供工业机器人设计、维修、操作、编程人员参考。

◆ 编　著　龚仲华　夏　怡
　　责任编辑　刘盛平
　　执行编辑　王丽美
　　责任印制　焦志炜

◆ 人民邮电出版社出版发行　　北京市丰台区成寿寺路 11 号
　　邮编　100164　　电子邮件　315@ptpress.com.cn
　　网址　http://www.ptpress.com.cn
　　北京九州迅驰传媒文化有限公司印刷

◆ 开本：787×1092　1/16
　　印张：16.25　　　　　　　　　2017 年 5 月第 1 版
　　字数：383 千字　　　　　　　2024 年 11 月北京第 9 次印刷

定价：42.00 元

读者服务热线：(010)81055256　印装质量热线：(010)81055316
反盗版热线：(010)81055315
广告经营许可证：京东市监广登字 20170147 号

前　言

工业机器人是集机械、电子、控制、计算机等多学科先进技术于一体的机电一体化设备，被称为工业自动化的三大支持技术之一。随着社会的进步和劳动力成本的增加，工业机器人在我国的应用已越来越广，工业机器人技术课程在高等职业院校机电类人才培养中的重要性正在日益显现。

本书从应用型人才培养的实际要求出发，根据高等职业院校的高层次技术技能的教学要求，对工业机器人所涉及的基础知识、机械结构、核心部件、控制系统等进行全面、系统的介绍；对工业机器人的编程指令和编程方法，手动、示教编程、再现运行以及控制系统应用设定的应用技术进行了详细阐述。

全书分 8 章，主要内容包括工业机器人基础知识、结构与控制原理、应用技术三大部分。其中，机械传动系统和核心部件结构原理、电气控制系统组成与应用设定等内容是体现工业机器人技术特点、提高技术应用能力的关键，也是体现教材特色和实用性的重点。

基础知识部分（第 1 章和第 2 章）介绍了机器人的产生、发展和分类概况，讲解了工业机器人的组成、特点、结构形态、技术性能，还介绍了常用产品及应用等知识。

结构与控制原理部分（第 3～5 章）详细阐述了垂直串联、SCARA、Delta 工业机器人的机械组成部件及机械传动系统结构；对工业机器人的机械基础部件，以及谐波减速器、RV 减速器等核心部件的结构原理和安装维护要求进行了深入说明；对工业机器人电气控制系统的组成与功能进行了全面介绍。

应用技术部分（第 6～8 章）对工业机器人的程序结构与基本命令编程方法，手动、示教编程、再现运行操作步骤，以及控制系统应用设定等进行了详细阐述。

本书编写力求做到专业知识"必需、够用"，技术技能"实用、典型"；内容由浅入深、循序渐进、易教易学。每一章都编写有"本章小结"和"复习思考题"，以帮助学习者巩固和提高所学的知识，方便课堂教学和自学。

由于不同文献的中文翻译存在较大差异，为避免误解，除专业名词外，本书中的国外人名/公司/组织机构，统一采用"外文（简称、译名）"的表示方式。

本书编写参阅了安川公司、Harmonic Drive System、Nabtesco Corporation 及其他相关公司的技术资料，并得到了安川公司技术人员的大力支持与帮助，在此表示衷心的感谢！

由于编者水平有限，书中难免存在不足之处，恳请广大读者批评指正。

编著者
2016 年 12 月

目　录

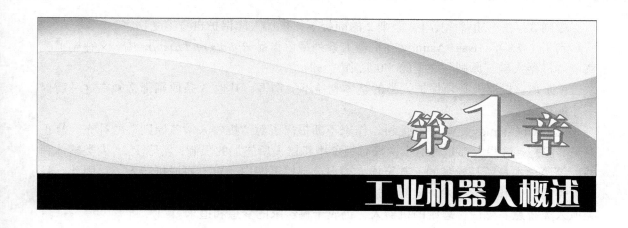

第1章

工业机器人概述

1.1 机器人的产生与发展

1.1.1 机器人产生及定义

1. 概念的出现

机器人（Robot）自从 1959 年问世以来，由于它能够协助和代替人类完成那些重复、频繁、单调、长时间的工作，或进行危险、恶劣环境下的作业，因此其发展较迅速。随着人们对机器人研究的不断深入，已逐步形成了 Robotics（机器人学）这一新兴的综合性学科，有人将机器人技术与数控技术、PLC 技术并称为工业自动化的三大支持技术。

机器人（Robot）一词源自于捷克著名剧作家 Karel Čapek（卡雷尔·恰佩克）1921 年创作的剧本 *Rossumovi univerzální roboti*（《罗萨姆的万能机器人》，简称 R.U.R），由于 R.U.R 剧中的人造机器被取名为 Robota（捷克语，即奴隶、苦力），因此，英文 Robot 一词开始代表机器人。

机器人概念一经出现，首先引起了科幻小说家的广泛关注。自 20 世纪 20 年代起，机器人成为很多科幻小说、电影的主人公，如星球大战中的 C3P 等。科幻小说家的想象力是无限的。为了预防机器人可能引发的人类灾难，1942 年，美国科幻小说家 Isaac Asimov（艾萨克·阿西莫夫）在 *I, Robot* 的第 4 个短篇 *Runaround* 中，首次提出了"机器人学三原则"，它被称为"现代机器人学的基石"，这也是"机器人学（Robotics）"这个名词在人类历史上的首度亮相。

机器人学三原则的主要内容如下。

原则 1：机器人不能伤害人类，或因其不作为而使人类受到伤害。

原则 2：机器人必须执行人类的命令，除非这些命令与原则 1 相抵触。

原则 3：在不违背原则 1、原则 2 的前提下，机器人应保护自身不受伤害。

到了 1985 年，Isaac Asimov 在机器人系列最后作品 *Robots and Empire* 中，又补充了凌驾于"机器人学三原则"之上的"0 原则"，即：

0 原则：机器人必须保护人类的整体利益不受伤害，其他 3 条原则都必须在这一前提下才能成立。

继 Isaac Asimov 之后，其他科幻作家不断提出了对"机器人学三原则"的补充、修正意见，但是，这些大都是科幻小说家对想象中机器人所施加的限制；实际上，"人类整体利益"等概念本身就是模糊的，甚至连人类自己都搞不明白，更不要说机器人了。因此，目前人类的认识和科学技术，实际上还远未达到制造科幻片中的机器人的水平；制造出具有类似人类智慧、感情、思维的机器人，仍属于科学家的梦想和追求。

2. 机器人的产生

现代机器人的研究起源于 20 世纪中叶的美国，它从工业机器人的研究开始。

二战期间（1938—1945），由于军事、核工业的发展需要，在原子能实验室的恶劣环境下，需要有操作机械来代替人类进行放射性物质的处理。为此，美国的 Argonne National Laboratory（阿尔贡国家实验室）开发了一种遥控机械手（Teleoperator）。接着，在 1947 年，又开发出了一种伺服控制的主-从机械手（Master-Slave Manipulator），这些都是工业机器人的雏形。

工业机器人的概念由美国发明家 George Devol（乔治·德沃尔）最早提出，他在 1954 年申请了专利，并在 1961 年获得授权。1958 年，美国著名的机器人专家 Joseph F. Engelberger（约瑟夫·恩格尔伯格）建立了 Unimation 公司，并利用 George Devol 的专利，于 1959 年研制出了图 1.1-1 所示的世界上第一台真正意义上的工业机器人 Unimate，开创了机器人发展的新纪元。

Joseph F. Engelberger 对世界机器人工业的发展作出了杰出的贡献，被人们称为"机器人之父"。1983 年，就在工业机器人销售日渐增长的情况下，他又毅然地将 Unimation 公司出让给了美国 Westinghouse Electric Corporation 公司（西屋电气，又译威斯汀豪斯），并创建了 TRC 公司，前瞻性地开始了服务机器人的研发工作。

从 1968 年起，Unimation 公司先后将机器人的制造技术转让给了日本 KAWASAKI（川崎）和英国 GKN 公司，机器人开始在日本和欧洲得到了快速发

图 1.1-1　Unimate 工业机器人

展。据有关方面的统计，目前世界上至少有 48 个国家在发展机器人，其中的 25 个国家已在进行智能机器人开发，美国、日本、德国、法国等都是机器人的研发和制造大国，无论在基础研究方面还是产品研发、制造方面都居世界领先水平。

3. 机器人的定义

由于机器人的应用领域众多、发展速度快，加上它又涉及人类的有关概念，因此，对

于机器人,世界各国标准化机构,甚至同一国家的不同标准化机构,至今尚未形成一个统一、准确、世所公认的严格定义。

例如,欧美国家一般认为,机器人是一种"由计算机控制、可通过编程改变动作的多功能、自动化机械"。而日本作为机器人生产的大国,则将机器人分为"能够执行人体上肢(手和臂)类似动作"的工业机器人和"具有感觉和识别能力、并能够控制自身行为"的智能机器人两大类。

客观地说,欧美国家的机器人定义侧重于其控制方式和功能,其定义和现行的工业机器人较接近;而日本的机器人定义,关注的是机器人的结构和行为特性,且已经考虑到了现代智能机器人的发展需要,其定义更为准确。

作为参考,目前在相关资料中使用较多的机器人定义主要有以下几种。

(1)International Organization for Standardization(ISO,国际标准化组织)定义:机器人是一种"自动的、位置可控的、具有编程能力的多功能机械手,这种机械手具有几个轴,能够借助可编程序操作来处理各种材料、零件、工具和专用装置,执行各种任务"。

(2)Japan Robot Association(JRA,日本机器人协会)将机器人分为工业机器人和智能机器人两大类,工业机器人是一种"能够执行人体上肢(手和臂)类似动作的多功能机器";智能机器人是一种"具有感觉和识别能力,并能够控制自身行为的机器"。

(3)NBS(美国国家标准局)定义:机器人是一种"能够进行编程,并在自动控制下执行某些操作和移动作业任务的机械装置"。

(4)Robotics Industries Association(RIA,美国机器人协会)定义:机器人是一种"用于移动各种材料、零件、工具或专用装置的,通过可编程的动作来执行各种任务的,具有编程能力的多功能机械手"。

(5)我国 GB/T 12643 标准定义:工业机器人是一种"能够自动定位控制,可重复编程的,多功能的、多自由度的操作机,能搬运材料、零件或操持工具,用于完成各种作业"。

以上标准化机构及专门组织对机器人的定义,都是在特定时间所得出的结论,多偏重于工业机器人,但科学技术对未来是无限开放的,当代智能机器人无论在外观,还是功能、智能化程度等方面,都已超出了传统工业机器人的范畴。机器人正在源源不断地向人类活动的各个领域渗透,它所涵盖的内容越来越丰富,其应用领域和发展空间正在不断延伸和扩大,这也是机器人与其他自动化设备的重要区别。

1.1.2 机器人的发展

机器人最早用于工业领域,它主要用来协助人类完成重复、频繁、单调、长时间的工作,或在高温、粉尘、有毒、辐射、易燃、易爆等恶劣而危险环境下的作业。但是,随着社会进步、科学技术发展和智能化技术研究的深入,各式各样具有感知、决策、行动和交互能力,可适应不同领域特殊要求的智能机器人相继被研发,机器人已开始进入人们生产、生活的各个领域,并在其中某些领域逐步取代人类独立从事相关作业。根据机器人现有的技术水平,人们一般将机器人产品分为以下三代。

1. 第一代机器人

第一代机器人一般是指能通过离线编程或示教操作生成程序，并再现动作的机器人。第一代机器人所使用的技术和数控机床十分相似，它既可通过离线编制的程序控制机器人的运动；也可通过手动示教操作（数控机床称为 Teach in 操作），记录运动过程并生成程序，并进行再现运行。

第一代机器人的全部行为完全由人控制，它没有分析和推理能力，不能改变程序动作，无智能性，其控制以示教、再现为主，故又称示教再现机器人。第一代机器人现已实用和普及，图 1.1-2 所示的大多数工业机器人都属于第一代机器人。

2. 第二代机器人

第二代机器人装备有一定数量的传感器，它能获取作业环境、操作对象等的简单信息，并通过计算机的分析与处理，作出简单的推理，并适当调整自身的动作和行为。例如，在图 1.1-3 所示的探测机器人上，可通过所安装的摄像头及视觉传感系统，识别图像，判断和规划探测车的运动轨迹，它对外部环境具有了一定的适应能力。

图 1.1-2　第一代机器人　　　　　　　　图 1.1-3　第二代机器人

第二代机器人已具备一定的感知和简单推理等能力，有一定程度上的智能，故又称感知机器人或低级智能机器人，当前使用的大多数服务机器人或多或少都已经具备第二代机器人的特征。

3. 第三代机器人

第三代机器人应具有高度的自适应能力，它有多种感知机能，可通过复杂的推理，作出判断和决策，自主决定机器人的行为，具有相当程度的智能，故称为智能机器人。第三代机器人目前主要用于家庭、个人服务及军事、航天等行业，总体尚处于实验和研究阶段，目前还只有美国、日本、德国等少数发达国家能掌握和应用。

例如，日本 HONDA（本田）公司最新研发的图 1.1-4（a）所示的 Asimo 机器人，不仅能实现跑步、爬楼梯、跳舞等动作，且还能进行踢球、倒饮料、打手语等简单智能动作。日本 Riken Institute（理化学研究所）最新研发的图 1.1-4（b）所示的 Robear 护理机器人，其肩部、关节等部位都安装有测力感应系统，可模拟人的怀抱感，它能够像人一样，柔和地将卧床者从床上扶起，或将坐着的人抱起，其样子亲切可爱、充满活力。

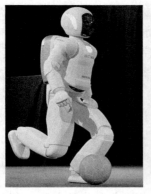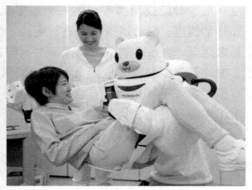

（a）Asimo 机器人　　　　　　　　　（b）Robear 机器人

图 1.1-4　第三代机器人

1.2

机器人的分类与概况

1.2.1　机器人的分类

机器人的分类方法很多，但由于人们观察问题的角度有所不同，直到今天，还没有一种分类方法能够满意地对机器人进行世所公认的分类。总体而言，通常的机器人分类方法主要有专业分类法和应用分类法两种，简介如下。

1．专业分类法

专业分类法一般是机器人设计、制造和使用厂家技术人员所使用的分类方法，其专业性较强，业外较少使用。目前，专业分类又可按机器人控制系统的技术水平、机械机构形态和运动控制方式 3 种方式进行分类。

（1）按控制系统水平分类。根据机器人目前的控制系统技术水平，一般可分为前述的示教再现机器人（第一代）、感知机器人（第二代）、智能机器人（第三代）三类。第一代机器人已实用和普及，绝大多数工业机器人都属于第一代机器人；第二代机器人的技术已部分实用化；第三代机器人尚处于实验和研究阶段。

（2）按机械结构形态分类。根据机器人现有的机械结构形态，有人将其分为圆柱坐标（Cylindrical Coordinate）、球坐标（Spherical Coordinate）、直角坐标（Cartesian Coordinate）及关节型（Articulated）、并联型（Parallel）等，以关节型机器人为常用。不同形态的机器人在外观、机械结构、控制要求、工作空间等方面均有较大的区别。例如，关节型机器人的动作类似人类手臂；而直角坐标及并联型机器人的外形和结构，则与数控机床十分类似等。有关工业机器人的结构形态，将在第 2 章进行详细阐述。

（3）按运动控制方式分类。根据机器人的控制方式，有人将其分为顺序控制型、轨迹控制型、远程控制型、智能控制型等。顺序控制型又称点位控制型，这种机器人只需要按照规定的次序和移动速度，运动到指定点进行定位，而不需要控制移动过程中的运动轨迹，它可以用于物品搬运等。轨迹控制型机器人需要同时控制移动轨迹、移动速度和运动终点，它可用于焊接、喷漆等连续移动作业。远程控制型机器人可实现无线遥控，故多用于特定的行业，如军事机器人、空间机器人、水下机器人等。智能控制型机器人就是前述的第三代机器人，多用于军事、场地、医疗等专门行业，智能型工业机器人目前尚未有实用化的产品。

2. 应用分类

应用分类是根据机器人应用环境（用途）进行分类的大众分类方法，其定义通俗，易为公众所接受。例如，日本分为工业机器人和智能机器人两类；我国则分为工业机器人和特种机器人两类等。然而，由于我们对机器人的智能性判别尚缺乏严格、科学的标准，工业机器人和特种机器人的界线也较难划分，因此，本书参照国际机器人联合会（IFR）的相关定义，根据机器人的应用环境，将机器人分为工业机器人和服务机器人两类；前者用于环境已知的工业领域；后者用于环境未知的服务领域。如进一步细分，目前常用的机器人，基本上可分为图 1.2-1 所示的几类。

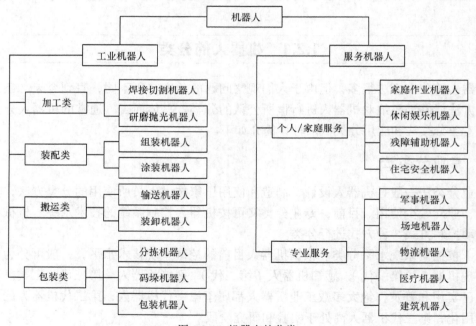

图 1.2-1　机器人的分类

（1）工业机器人。工业机器人（Industrial Robot，IR）是指在工业环境下应用的机器人，它是一种可编程的、多用途自动化设备。当前实用化的工业机器人以第一代示教再现机器人居多，但部分工业机器人（如焊接、装配等）已能通过图像的识别、判断，来规划或探测途径，对外部环境具有了一定的适应能力，初步具备了第二代感知机器人的一些功能。

工业机器人可根据其用途和功能，分为加工、装配、搬运、包装 4 大类；在此基础上，还可对每类进行细分。

（2）服务机器人。服务机器人（Service Robot，SR）是服务于人类非生产性活动的机器人总称，它在机器人中的比例高达 95%以上。根据 IFR（国际机器人联合会）的定义，服务机器人是一种半自主或全自主工作的机械设备，它能完成有益于人类的服务工作，但不直接从事工业品的生产。

服务机器人的涵盖范围非常广，简言之，除工业生产用的机器人外，其他所有的机器人均属于服务机器人的范畴。因此，人们根据其用途，将服务机器人分为个人/家庭服务机器人（Personal/Domestic Robots）和专业服务机器人（Professional Service Robots）两类，在此基础上还可对每类进行细分。

以上两类产品研发、应用的简要情况如图 1.2-1 所示。

1.2.2　工业机器人概况

工业机器人（Industrial Robot，IR）是用于工业生产环境的机器人总称。用工业机器人替代人工操作，不仅可保障人身安全、改善劳动环境、减轻劳动强度、提高劳动生产率，而且还能够起到提高产品质量、节约原材料消耗及降低生产成本等多方面作用，因而，它在工业生产各领域的应用也越来越广泛。

工业机器人自 1959 年问世以来，经过 50 多年的发展，在性能和用途等方面都有了很大的变化；现代工业机器人的结构越来越合理、控制越来越先进、功能越来越强大。根据工业机器人的功能与用途，其主要产品大致可分为前述图 1.2-1 所示的加工、装配、搬运、包装 4 大类。

1.　加工机器人

加工机器人是直接用于工业产品加工作业的工业机器人，常用的有金属材料焊接、切割、折弯、冲压、研磨、抛光等；此外，也有部分用于建筑、木材、石材、玻璃等行业的非金属材料切割、研磨、雕刻、抛光等加工作业。

焊接、切割、研磨、雕刻、抛光加工的环境通常较恶劣，加工时所产生的强弧光、高温、烟尘、飞溅、电磁干扰等都有害于人体健康。这些行业采用机器人自动作业，不仅可改善工作环境，避免人体伤害；而且还可自动连续工作，提高工作效率和改善加工质量。

焊接机器人（Welding Robot）是目前工业机器人中产量最大、应用最广的产品，被广泛用于汽车、铁路、航空航天、军工、冶金、电器等行业。自 1969 年美国 GM 公司（通用汽车）在美国 Lordstown 汽车组装生产线上装备首台汽车点焊机器人以来，机器人焊接技术已日臻成熟，通过机器人的自动化焊接作业，可提高生产率、确保焊接质量、改善劳动环境，它是当前工业机器人应用的重要方向之一。

材料切割是工业生产不可缺少的加工方式，从传统的金属材料火焰切割、等离子切割、到可用于多种材料的激光切割加工都可通过机器人完成。目前，薄板类材料的切割大多采用数控火焰切割机、数控等离子切割机和数控激光切割机等数控机床加工；但异形、大型材料或船舶、车辆等大型废旧设备的切割已开始逐步使用工业机器人。

研磨、雕刻、抛光机器人主要用于汽车、摩托车、工程机械、家具建材、电子电气、陶瓷卫浴等行业的表面处理。使用研磨、雕刻、抛光机器人不仅能使操作者远离高温、粉尘、有毒、易燃、易爆的工作环境，而且能够提高加工质量和生产效率。

2. 装配机器人

装配机器人（Assembly Robot）是将不同的零件或材料组合成组件或成品的工业机器人，常用的有组装和涂装 2 大类。

计算机（Computer）、通信（Communication）和消费性电子（Consumer Electronic）行业（简称 3C 行业）是目前组装机器人最大的应用市场。3C 行业是典型的劳动密集型产业，采用人工装配，不仅需要使用大量的员工，而且操作工人的工作高度重复、频繁，劳动强度极大，致使人工难以承受；此外，随着电子产品不断向轻薄化、精细化方向发展，产品对零部件装配的精细程度在日益提高，部分作业难度极大，致使人工已无法完成。

涂装类机器人用于部件或成品的油漆、喷涂等表面处理，这类处理通常含有影响人体健康的有害、有毒气体，采用机器人自动作业后，不仅可改善工作环境，避免有害、有毒气体的危害；而且还可自动连续工作，提高工作效率和改善加工质量。

3. 搬运机器人

搬运机器人（Transfer Robot）是从事物体移动作业的工业机器人的总称，常用的主要有输送机器人和装卸机器人 2 大类。

工业生产中的输送机器人以无人搬运车（Automated Guided Vehicle，AGV）为主。AGV 具有自身的计算机控制系统和路径识别传感器，能够自动行走和定位停止，可广泛应用于机械、电子、纺织、卷烟、医疗、食品、造纸等行业的物品搬运和输送。在机械加工行业，AGV 大多用于无人化工厂、柔性制造系统（Flexible Manufacturing System，FMS）的工件、刀具搬运、输送，它通常需要与自动化仓库、刀具中心及数控加工设备、柔性加工单元（Flexible Manufacturing Cell，FMC）的控制系统互连，以构成无人化工厂、柔性制造系统的自动化物流系统。

装卸机器人多用于机械加工设备的工件装卸（上下料），它通常和数控机床等自动化加工设备组合，构成柔性加工单元（FMC），成为无人化工厂、柔性制造系统（FMS）的一部分。装卸机器人还经常用于冲剪、锻压、铸造等设备的上下料，以替代人工完成高风险、高温等恶劣环境下的危险作业或繁重作业。

4. 包装机器人

包装机器人（Packaging Robot）是用于物品分类、成品包装、码垛的工业机器人，常用的主要有分拣、包装和码垛 3 类。

计算机、通信和消费性电子行业（3C 行业）和化工、食品、饮料、药品工业是包装机器人的主要应用领域。3C 行业的产品产量大、周转速度快，成品包装任务繁重；化工、食品、饮料、药品包装由于行业特殊性，人工作业涉及安全、卫生、清洁、防水、防菌等方面的问题。因此，都需要利用装配机器人，来完成物品的分拣、包装和码垛作业。

1.2.3　服务机器人简介

1.　基本情况

服务机器人是服务于人类非生产性活动的机器人总称。从控制要求、功能、特点等方面看，服务机器人与工业机器人的本质区别在于：工业机器人所处的工作环境在大多数情况下是已知的，因此，利用第一代机器人技术已可满足其要求；然而，服务机器人的工作环境在绝大多数场合是未知的，故都需要使用第二代、第三代机器人技术。从行为方式上看，服务机器人一般没有固定的活动范围和规定的动作行为，它需要有良好的自主感知、自主规划、自主行动和自主协同等方面的能力，因此，服务机器人较多地采用仿人或生物、车辆等结构形态。

早在 1967 年，在日本举办的第一届机器人学术会议上，人们就提出了两种描述服务技术人特点的代表性意见。一种意见认为服务机器人是一种"具有自动性、个体性、智能性、通用性、半机械半人性、移动性、作业性、信息性、柔性、有限性等特征的自动化机器"；另一种意见认为具备如下 3 个条件的机器，可称为服务机器人：

（1）具有类似人类的脑、手、脚等功能要素；

（2）具有非接触和接触传感器；

（3）具有平衡觉和固有觉的传感器。

当然，鉴于当时的情况，以上定义都强调了服务机器人的"类人"含义，突出了由"脑"统一指挥、靠"手"进行作业、靠"脚"实现移动；通过非接触传感器和接触传感器，使机器人识别外界环境；利用平衡觉和固有觉等传感器感知本身状态等基本属性，但它对服务机器人的研发仍具有参考价值。

服务机器人的出现虽然晚于工业机器人，但由于它与人类进步、社会发展、公共安全等诸多重大问题息息相关，应用领域众多，市场广阔，因此，其发展非常迅速、潜力巨大。有国外专家预测，在不久的将来，服务机器人产业可能成为继汽车、计算机后的另一新兴产业。

在服务机器人中，个人/家用服务机器人（Personal/Domestic Robots）为大众化、低价位产品，其市场最大。在专业服务机器人中，涉及公共安全的军事机器人（Military Robot）、场地机器人（Field Robots）、医疗机器人的应用较广。

2.　个人/家用机器人

个人/家用服务机器人（Personal/Domestic Robots）泛指为人们日常生活服务的机器人，包括家庭作业、娱乐休闲、残障辅助、住宅安全等。个人/家用服务机器人是被人们普遍看好的未来最具发展潜力的新兴产业之一。

在个人/家用服务机器人中，以家庭作业和娱乐休闲机器人的产量为最大，两者占个人/家用服务机器人总量的 90%以上；残障辅助、住宅安全机器人的普及率目前还较低，但市场前景被人们普遍看好。

家用清洁机器人是家庭作业机器人中最早被实用化和最成熟的产品之一。早在 20 世纪80 年代，美国已经开始进行吸尘机器人的研究，iRobot 等公司是目前家用服务机器人行业公认的领先企业；德国的 Karcher 公司也是著名的家庭作业机器人生产商，它在 2006 年研发的 Rc3000 家用清洁机器人是世界上第一台能够自行完成所有家庭地面清洁工作的家用清洁机器人。在我国，由于家庭经济条件和发达国家的差距巨大，加上传统文化的影响，绝大多数家庭的作业服务目前还是由自己或家政服务人员承担，所使用的设备以传统工具和普通吸尘器、洗碗机等简单设备为主，家庭作业服务机器人的使用率非常低。

3. 专业服务机器人

专业服务机器人（Professional Service Robots）的涵盖范围非常广，简言之，除工业生产用的工业机器人和为人们日常生活服务的个人/家用机器人外，其他所有的机器人均属于专业服务机器人。在专业服务机器人中，军事、场地和医疗机器人是应用最广的产品，3 类产品的概况如下。

（1）军事机器人。军事机器人（Military Robot）是为了军事目的而研制的自主、半自主式或遥控的智能化装备，它可用来帮助或替代军人，完成特定的战术或战略任务。军事机器人具备全方位、全天候的作战能力和极强的战场生存能力，可在超过人类承受能力的恶劣环境，或在遭到毒气、冲击波、热辐射等袭击时，继续进行工作；加上军事机器人也不存在人类的恐惧心理，可严格地服从命令、听从指挥，有利于指挥者对战局的掌控；在未来战争中，机器人战士完全可能成为军事行动中的主力军。

军事机器人的研发早在 20 世纪 60 年代就已经开始，产品已从第一代的遥控操作器，发展到了现在的第三代智能机器人。目前，世界各国的军用机器人已达上百个品种，其应用涵盖侦察、排雷、防化、进攻、防御及后勤保障等各个方面。用于监视、勘察、获取危险领域信息的无人驾驶飞行器（UAV）和地面车（UGV）、具有强大运输功能和精密侦查设备的机器人武装战车（ARV）、在战斗中担任补充作战物资的多功能后勤保障机器人（MULE）是当前军事机器人的主要产品。

美国的军事机器人（Military Robot）无论在基础技术研究、系统开发、生产配套方面，或是在技术转化、实战应用方面等都领先于其他国家，其产品已涵盖陆、海、空、天等诸多兵种，产品包括无人驾驶飞行器、无人地面车、机器人武装战车及多功能后勤保障机器人、机器人战士等多种。美国是目前全世界唯一具有综合开发、试验和实战应用能力的国家，Boston Dynamics（波士顿动力，现已被 Google 并购）、Lockheed Martin（洛克希德·马丁）等公司均为世界闻名的军事机器人研发制造企业。此外，德国的智能地面无人作战平台、反水雷及反潜水下无人航行体的研究和应用；英国的战斗工程牵引车（CET）、工程坦克（FET）、排爆机器人的研究和应用；法国的警戒机器人和低空防御机器人、无人侦察车、野外快速巡逻机器人的研究和应用；以色列的机器人自主导航车、监视与巡逻系统、步兵城市作战用的手携式机器人的研究和应用等，也具有世界领先水平。

（2）场地机器人。场地机器人（Field Robots）是除军事机器人外，其他可进行大范围作业的服务机器人的总称。场地机器人多用于科学研究和公共事业服务，如太空探测、水下作业、危险作业、消防救援、园林作业等。

美国的场地机器人研究始于 20 世纪 60 年代，其品已遍及空间、陆地和水下，从 1967 年的海盗号火星探测器，到 2003 年的 Spirit MER-A（勇气号）和 Opportunity（机遇号）火星探测器、2011 年的 Curiosity（好奇号）核动力驱动的火星探测器，都无一例外地代表了全球空间机器人研究的最高水平。此外，俄罗斯和欧盟在太空探测机器人等方面的研究和应用也居世界领先水平，如早期的空间站飞行器对接、燃料加注机器人等；德国于 1993 年研制的由哥伦比亚号航天飞机携带升空的 ROTEX 远距离遥控机器人等，也都代表了当时的空间机器人技术水平；我国在探月、水下机器人方面的研究也取得了较大的进展。

（3）医疗机器人。医疗机器人是今后专业服务机器人的重点发展领域之一。医疗机器人主要用于伤病员的手术、救援、转运和康复，它包括诊断机器人、外科手术或手术辅助机器人、康复机器人等。例如，通过外科手术机器人，医生可利用其精准性和微创性，大面积减小手术伤口、迅速恢复正常生活等。据统计，目前全世界已有 30 个国家、近千家医院成功开展了数十万例机器人手术，手术种类涵盖泌尿外科、妇产科、心脏外科、胸外科、肝胆外科、胃肠外科、耳鼻喉科等学科。

当前，医疗机器人的研发与应用大部分都集中于美国、欧洲、日本等发达国家，发展中国家的普及率还很低。美国的 Intuitive Surgical（直觉外科）公司是全球领先的医疗机器人研发、制造企业，该公司研发的达芬奇机器人是目前世界上最先进的手术机器人系统，它可模仿外科医生的手部动作，进行微创手术，目前已经成功用于普通外科、胸外科、泌尿外科、妇产科、头颈外科及心脏等手术。

1.3
工业机器人的发展与应用

1.3.1 技术发展简史

工业机器人自 1959 年问世以来，经过 50 多年的发展，在性能和用途等方面都有了很大的变化；现代工业机器人的结构越来越合理、控制越来越先进、功能越来越强大、应用越来越广泛。世界工业机器人的简要发展历程、重大事件和重要产品研制的简况如下。

1959 年：Joseph F. Engelberger（约瑟夫·恩格尔伯格）利用 George Devol（乔治·德沃尔）的专利技术，研制出了世界上第一台真正意义上的工业机器人 Unimate。

1961 年：美国 GM 公司（通用汽车）首次将 Unimate 工业机器人应用于生产线。

1968 年：美国斯坦福大学研制出了首台具有感知功能的第二代机器人 Shakey。同年，Unimation 公司将机器人的制造技术转让给了日本 KAWASAKI（川崎）公司，日本开始研制、生产机器人。次年，瑞典的 ASEA 公司（阿西亚，现为 ABB 集团）研制了首台喷涂机器人，并在挪威投入使用。

1972 年：日本 KAWASAKI（川崎）公司研制出了日本首台工业机器人 "Kawasaki -Unimate2000"。次年，日本 HITACHI（日立）公司研制出了世界首台装备有动态视觉传感器的工业机器人；而德国 KUKA（库卡）公司则研制出了世界首台 6 轴工业机器人 Famulus。

1974 年：美国 Cincinnati Milacron（辛辛那提·米拉克隆，著名的数控机床生产企业）

公司研制出了首台微机控制的商用工业机器人 Tomorrow Tool（T3）；瑞典 ASEA 公司（现为 ABB 集团）研制出了世界首台微机控制、全电气驱动的 5 轴涂装机器人 IRB6；全球最著名的数控系统（CNC）生产商——日本 FANUC 公司（发那科）开始研发、制造工业机器人。

1977 年：日本 YASKAWA（安川）公司开始工业机器人研发生产，并研制出了日本首台采用全电气驱动的机器人 MOTOMAN-L10（MOTOMAN 1 号）。次年，美国 Unimate 公司和 GM 公司（通用汽车）联合研制出了用于汽车生产线的垂直串联型（Vertical Series）可编程通用装配操作机器人 PUMA（Programmable Universal Manipulator for Assembly）；日本山梨大学研制出了水平串联型（Horizontal Series）自动选料、装配机器人 SCARA（Selective Compliance Assembly Robot Arm）；德国 REIS（徕斯，现为 KUKA 成员）公司研制了世界首台具有独立控制系统、用于压铸生产线的工件装卸的 6 轴机器人 RE15。

1983 年：日本 DAIHEN 公司（大阪变压器集团 Osaka Transformer Co.,Ltd 所属，国内称 OTC 或欧希地）公司研发了世界首台具有示教编程功能的焊接机器人。次年，美国 Adept Technology 公司（娴熟技术）研制出了世界首台电机直接驱动、无传动齿轮和铰链的 SCARA 机器人 Adept One。

1985 年：德国 KUKA（库卡）公司研制出了世界首台具有 3 个平移自由度和 3 个转动自由度的 Z 型 6 自由度机器人。

1992 年：瑞士 Demaurex 公司研制出了世界首台采用 3 轴并联结构（Parallel）的包装机器人 Delta。

2005 年：日本 YASKAWA（安川）公司推出了新一代、双腕 7 轴工业机器人。次年，意大利 COMAU（柯马，菲亚特成员、著名的数控机床生产企业）公司推出了首款 WiTP 无线示教器。

2008 年：日本 FANUC 公司（发那科）、YASKAWA（安川）公司的工业机器人累计销量相继突破 20 万台，成为全球工业机器人累计销量最大的企业。次年，ABB 公司研制出全球精度最高、速度最快 6 轴小型机器人 IRB 120。

2013 年：谷歌公司开始大规模并购机器人公司，至今已相继并购了 Autofuss、Boston Dynamics（波士顿动力）、Bot & Dolly、DeepMind（英）、Holomni、Industrial Perception、Meka、Redwood Robotics、Schaft（日）、Nest Labs、Spree、Savioke 等多家公司。

2014 年：ABB 公司研制出世界上首台真正实现人机协作的机器人 YuMi。同年，德国 REIS（徕斯）公司并入 KUKA（库卡）公司。

1.3.2　主要产品与应用

1. 主要生产企业

目前，日本和欧盟是全球工业机器人的主要生产基地，主要企业有日本的 FANUC（发那科）、YASKAWA（安川）、KAWASAKI（川崎）；瑞士和瑞典的 ABB，德国 KUKA（库卡）、REIS（徕斯，现为 KUKA 成员）等，其产品在我国的应用最广。

（1）FANUC（发那科）。FANUC（发那科）是目前全球最大、最著名的数控系统（CNC）

生产厂家和全球产量最大的工业机器人生产厂家，其产品的技术水平居世界领先地位。FANUC（发那科）从 1956 年起就开始从事数控和伺服的民间研究，1972 年正式成立 FANUC 公司；1974 年开始研发、生产工业机器人；2008 年成为全球首家突破 20 万台工业机器人的生产企业，工业机器人总产量位居全世界第一。

（2）YASKAWA（安川）。YASKAWA（安川）公司成立于 1915 年，是全球著名的伺服电机、伺服驱动器、变频器和工业机器人生产厂家，其工业机器人的总产量目前名列全球前二，它也是首家进入中国的工业机器人企业。YASKAWA（安川）公司在 1977 年，成功研发了垂直多关节工业机器人 MOTOMAN-L10，创立了 MOTOMAN 工业机器人品牌；2003 年机器人总销量突破 10 万台，成为当时全球工业机器人产量最大的企业之一；2008 年销量突破 20 万台，与 FANUC 公司同时成为全球工业机器人总产量超 20 万台的企业。

（3）KAWASAKI（川崎）。KAWASAKI（川崎）公司成立于 1878 年，是具有悠久历史的日本著名大型企业集团，业务范围涵盖航空航天、军事、电力、铁路、造船、摩托车、机器人等众多领域，产品包括飞机、坦克、桥梁、电气机车等；它是日本仅次于三菱重工的著名军工企业，参与过多种潜艇、战列舰、航空母舰、战斗机、运输机等军用产品建造；此外，它也是世界著名的摩托车和体育运动器材生产厂家，其摩托车、羽毛球拍等体育运动产品也是世界名牌。KAWASAKI（川崎）公司的工业机器人研发始于 1968 年，川崎是日本最早研发、生产工业机器人的著名企业，曾研制出了日本首台工业机器人和全球首台用于摩托车车身焊接的弧焊机器人等标志性产品，在焊接机器人技术方面居世界领先水平。

（4）ABB。ABB（Asea Brown Boveri）集团公司是由原总部位于瑞典的 ASEA（阿西亚）和总部位于瑞士的 Brown.Boveri & Co., Ltd（布朗勃法瑞，简称 BBC）两个具有百年历史的著名电气公司于 1988 年合并而成，集团总部位于瑞士苏黎世；公司的前身 ASEA 公司和 BBC 公司都是全球著名的电力和自动化技术设备大型生产企业。ASEA 公司成立于 1890 年，1969 年研发出全球第一台喷涂机器人，开始进入工业机器人的研发制造领域；BBC 公司成立于 1891 年，是全球著名的高压输电设备、低压电器、电气传动设备生产企业；组建后的 ABB 是世界电力和自动化技术领域的领导厂商之一。ABB 公司的工业机器人研发始于 1969 年的瑞典 ASEA 公司，它是全球最早从事工业机器人研发制造的企业之一，1969 年研制出全球首台喷涂机器人；ABB 机器人产品规格全、产量大，是世界著名的工业机器人制造商和我国工业机器人的主要供应商。

（5）KUKA（库卡）。KUKA（库卡）公司最初的主要业务为室内及城市照明；后开始从事焊接设备、大型容器、市政车辆的研发生产。KUKA（库卡）公司的工业机器人研发始于 1973 年，1995 年成立 KUKA 机器人有限公司；1973 年研发出世界首台 6 轴工业机器人 FAMULUS；2014 年并购德国 REIS（徕斯）公司。KUKA（库卡）公司是世界著名的工业机器人制造商之一，其产品规格全、产量大，是我国目前工业机器人的主要供应商。

2. 典型应用

目前，日本的工业机器人产量约占全球的 50%，为世界第一；中国的工业机器人年销量约占全球总产量的 1/3，年使用量位居世界第一。根据国际机器人联合会（IFR）等部门的最新统计，当前工业机器人的应用行业分布情况大致如图 1.3-1 所示。其中，汽车制造业、电子电气工业、金属制品及加工业是工业机器人主要应用领域。

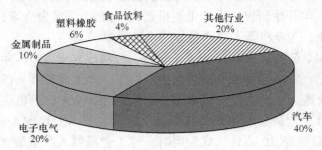

图 1.3-1　工业机器人的应用

汽车及汽车零部件制造业历来是工业机器人用量最大的行业，其使用量长期保持在工业机器人总量的 40%以上，使用的产品以加工、装配类机器人为主，是焊接、研磨、抛光及装配、涂装机器人的主要应用领域。

电子电气（包括计算机、通信、家电、仪器仪表等）是工业机器人应用的另一主要行业，其使用量也保持在工业机器人总量的 20%以上，使用的主要产品为装配、包装类机器人。金属制品及加工业的机器人用量在工业机器人总量的 10%左右，使用的产品主要为搬运类的输送机器人和装卸机器人。建筑、化工、橡胶、塑料以及食品、饮料、药品等其他行业的机器人用量都在工业机器人总量的 10%以下，橡胶、塑料、化工、建筑行业使用的机器人种类较多；食品、饮料、药品行业使用的机器人通常以加工、包装类为主。

本章小结

1. 世界上第一台真正意义上的工业机器人由美国 Unimation 公司于 1959 年研发。

2. 机器人是一种自动的、位置可控的、具有编程能力的多功能机械手，这种机械手具有几个轴，能够借助可编程序操作来处理各种材料、零件、工具和专用装置，执行各种任务（ISO 定义）。

3. 机器人分为工业机器人和服务机器人两类。前者用于环境已知的工业领域，后者用于环境未知的服务领域。

4. 大多数工业机器人需要通过示教操作生成程序，属于第一代示教再现机器人；服务机器人一般使用第二代、第三代机器人技术，目前只有美国、日本、德国等少数发达国家能掌握和应用。

5. 根据功能与用途，工业机器人通常可分为加工、装配、搬运、包装 4 大类。

6. 工业机器人的主要生产企业有日本的 FANUC（发那科）、YASKAWA（安川）、KAWASAKI（川崎），瑞士和瑞典的 ABB，德国 KUKA（库卡）；FANUC 的总产量位居全世界第一。

7. 目前，工业机器人年产量最大的国家是日本，年销量最大的国家是中国。汽车制造业是工业机器人使用量最大的行业。

复习思考题

一、多项选择题

1. 机器人（Robot）一词源自于（　　）。
   A. 英语　　　　　B. 德语　　　　　C. 法语　　　　　D. 捷克语

2. 提出"机器人学三原则"的是（　　）。
   A. 物理学家　　　B. 哲学家　　　　C. 科幻小说家　　D. 社会学家

3. 世界上第一台真正意义上的工业机器人诞生于（　　）。
   A. 1952 年，美国　　　　　　　　　B. 1959 年，美国
   C. 1959 年，日本　　　　　　　　　D. 1952 年，德国

4. 目前，大多数工业机器人使用的是（　　）机器人技术。
   A. 第一代　　　　B. 第二代　　　　C. 第三代　　　　D. 第四代

5. 根据机器人的应用环境，机器人一般分为（　　）两类。
   A. 关节型机器人和并联型机器人　　B. 工业机器人和服务机器人
   C. 示教再现机器人和智能机器人　　D. 顺序控制和轨迹控制机器人

6. 根据工业机器人的功能与用途，目前主要有（　　）几类。
   A. 加工类　　　　B. 装配类　　　　C. 搬运类　　　　D. 包装类

7. 以下属于加工类工业机器人的是（　　）。
   A. 焊接机器人　　　　　　　　　　B. 装卸机器人
   C. 涂装机器人　　　　　　　　　　D. 码垛机器人

8. 以下属于装配类工业机器人的是（　　）。
   A. 焊接机器人　　B. 涂装机器人　　C. 分拣机器人　　D. 包装机器人

9. 以下属于服务机器人的是（　　）。
   A. 家庭清洁机器人　　　　　　　　B. 军事机器人
   C. 医疗机器人　　　　　　　　　　D. 场地机器人

10. 月兔号月球探测器、Curiosity（好奇号）火星探测器属于（　　）的一种。
    A. 工业机器人　　　　　　　　　　B. 军事机器人
    C. 医疗机器人　　　　　　　　　　D. 场地机器人

11. 美国的 E-2D "鹰眼" 预警机属于（　　）的一种。
    A. 工业机器人　　B. 军事机器人　　C. 医疗机器人　　D. 场地机器人

12. 目前全球工业机器人产销量最大的生产企业是（　　）。
    A. ABB　　　　　B. YASKAWA　　C. FANUC　　　　D. KUKA

13. 日本最早生产工业机器人的企业是（　　）。
    A. KAWASAKI　　B. YASKAWA　　C. FANUC　　　　D. DAIHEN

14. 目前，工业机器人年销量最大的国家是（　　）。
    A. 美国　　　　　B. 德国　　　　　C. 日本　　　　　D. 中国

15. 目前工业机器人使用量最大的行业是（　　　　）。
   A. 电子电气工业　　　　　　　　B. 汽车制造业
   C. 金属制品及加工业　　　　　　D. 食品和饮料业

二、简答题
1. 简述第一、二、三代机器人在组成、性能等方面的区别。
2. 简述工业机器人和服务机器人在用途、性能等方面的区别。

第**2**章
工业机器人组成与性能

2.1
工业机器人的组成与特点

2.1.1　工业机器人的组成

1．工业机器人系统的组成

工业机器人是一种功能完整、可独立运行的典型机电一体化设备，它有自身的控制器、驱动系统和操作界面，可对其进行手动、自动操作及编程，它能依靠自身的控制能力来实现所需要的功能。广义上的工业机器人是由图 2.1-1 所示的机器人及相关附加设备组成的完整系统，它总体可分为机械部件和电气控制系统两大部分。

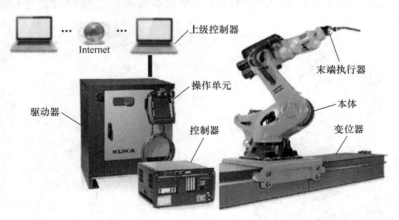

图 2.1-1　工业机器人系统的组成

工业机器人（以下简称机器人）系统的机械部件包括机器人本体、末端执行器、变位器等；电气控制系统主要包括控制器、驱动器、操作单元、上级控制器等。其中，机器人本体、末端执行器以及控制器、驱动器、操作单元是机器人必需的基本组成部件，所有机器人都必须配备。

2. 机器人本体

机器人本体又称操作机，它是用来完成各种作业的执行机构，包括机械部件及安装在机械部件上的驱动电机、传感器等。

机器人本体的形态各异，但绝大多数由若干关节（Joint）和连杆（Link）连接而成。以常用的 6 轴垂直串联型（Vertical Articulated）工业机器人为例，其运动主要包括整体回转（腰关节）、下臂摆动（肩关节）、上臂摆动（肘关节）、腕回转和弯曲（腕关节）等。本体的典型结构如图 2.1-2 所示，其主要组成部件包括手部、腕部、上臂、下臂、腰部、基座等。

机器人的手部安装有末端执行器，它既可以安装类似人类的手爪，也可以安装吸盘或其他各种作业工具；腕部用来连接手部和手臂，起到支撑手部的作用；上臂用来连接腕部和下臂。上臂可回绕下臂摆动，实现手腕大范围的上下（俯仰）运动；下臂用来连接上臂和腰部，并可回绕腰部摆动，以实现手腕大范围的前后运动；腰部用来连接下臂和基座，它可以在基座上回转，以改变整个机器人的作业方向；基座是整个机器人的支持部分。机器人的基座、腰、下臂、上臂通称机身；机器人的腕部和手部通称手腕。

机器人的末端执行器又称工具，它是安装在机器人手腕上的作业机构。末端执行器与机器人的作业要求、作业对象密切相关，一般需要由机器人制造厂和用户共同设计与制造。例如，用于装配、搬运、包装的机器人则需要配置吸盘、手爪等用来抓取零件、物品的夹持器；而加工类机器人需要配置用于焊接、切割、打磨等加工的焊枪、割枪、铣头、磨头等各种工具或刀具等。

3. 变位器

变位器是用于机器人或工件整体移动，进行协同作业的附加装置，它既可选配机器人生产厂家的标准部件，也可由用户根据需要设计、制作。变位器的作用和功能如图 2.1-3 所示，通过选配变位器，可增加机器人的自由度和作业空间；此外，还可实现作业对象或其他机器人的协同运动，增强机器人的功能和作业能力。简单机器人系统的变位器一般由机器人控制器直接控制，多机器人复杂系统的变位器需要由上级控制器进行集中控制。

图 2.1-2　工业机器人本体的典型结构
1—末端执行器　2—手部　3—腕部　4—上臂
5—下臂　6—腰部　7—基座

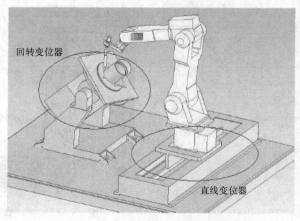

图 2.1-3　变位器的作用

机器人变位器可分通用型和专用型两类，其运动轴数可以是单轴、双轴、3 轴或多轴。通用型变位器又可分为图 2.1-4 所示的回转变位器和直线变位器两类，回转变位器与数控机床回转工作台类似，可用于机器人或作业对象的大范围回转；直线变位器与数控机床工作台类似，多用于机器人本体的大范围直线运动。专用型变位器一般用于作业对象的移动，其结构各异、种类较多，难以尽述。

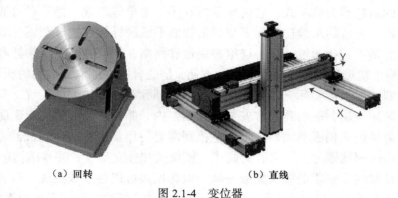

（a）回转　　　　　　　　　　　（b）直线

图 2.1-4　变位器

4. 电气控制系统

在机器人电气控制系统中，上级控制器仅用于复杂系统各种机电一体化设备的协同控制、运行管理和调试编程，它通常以网络通信的形式与机器人控制器进行信息交换，因此，它实际上属于机器人电气控制系统的外部设备；而机器人控制器、操作单元、伺服驱动器及辅助控制电路则是机器人控制必不可少的系统部件。由于不同机器人的电气控制系统组成部件和功能类似，因此，机器人生产厂家一般将电气控制系统统一设计成图 2.1-5 所示的通用控制柜。

在控制柜中，示教器是用于工业机器人操作、编程及数据输入/显示的人机界面，为了方便使用，一般为可移动式悬挂部件，其他控制部件通常统一安装在控制柜内。电气控制系统的组成部件功能如下。

（1）机器人控制器。机器人控制器是用于机器人坐标轴位置和运动轨迹控制的装置，输出运动轴的插补脉冲，其功能与数控装置（CNC）非常类似，控制器的常用结构有工业计算机型和 PLC 型 2 种。

工业计算机（又称工业 PC 机）型机器人控制器的主机和通用计算机并无本质的区别，但机器人控制器需要增加传感器、驱动器接口等硬件，这种控制器的兼容性好、软件安装方便、网络通信容易。PLC（可编程序控制器）型控制器以类似 PLC 的 CPU 模块作为中央处理器，然后通过选配各种 PLC 功能模块，如测量模块、轴控制模块等，来实现对机器人的控制，这种控制器的配置灵活，模

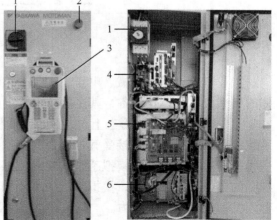

图 2.1-5　电气控制系统结构

1—电源开关　2—急停按钮　3—示教器

4—辅助控制电路　5—驱动器　6—机器人控制器

块通用性好、可靠性高。

（2）操作单元。工业机器人的现场编程一般通过示教操作实现，它对操作单元的移动性能和手动性能的要求较高，但其显示功能一般不及数控系统，因此，机器人的操作单元以手持式为主，习惯上称之为示教器。

传统的示教器由显示器和按键组成，操作者可通过按键直接输入命令和进行所需的操作。目前常用的示教器为菜单式，它由显示器和操作菜单键组成，操作者可通过操作菜单选择需要的操作。先进的示教器使用了与目前智能手机同样的触摸屏和图标界面，这种示教器的最大优点是可直接通过 WiFi 连接控制器和网络，从而省略了示教器和控制器间的连接电缆；智能手机型操作单元使用灵活、方便，是适合网络环境下使用的新型操作单元。

（3）驱动器。驱动器实际上是用于控制器的插补脉冲功率放大的装置，实现驱动电机位置、速度、转矩控制，驱动器通常安装在控制柜内。驱动器的形式决定于驱动电机的类型，伺服电机需要配套伺服驱动器、步进电机则需要使用步进驱动器。机器人目前常用的驱动器以交流伺服驱动器为主，它有集成式、模块式和独立型 3 种基本结构形式。

集成式驱动器的全部驱动模块集成一体，电源模块可以独立或集成，这种驱动器的结构紧凑、生产成本低，是目前使用较为广泛的结构形式。模块式驱动器的电源模块为公用，驱动模块独立，驱动器需要统一安装。集成式、模块式驱动器不同控制轴间的关联性强，调试、维修和更换相对比较麻烦。独立型驱动器的电源和驱动电路集成一体，每一轴的驱动器可独立安装和使用，因此，其安装使用灵活、通用性好，其调试、维修和更换也较方便。

（4）辅助控制电路。辅助电路主要用于控制器、驱动器电源的通断控制和接口信号的转换。由于工业机器人的控制要求类似，接口信号的类型基本统一，为了缩小体积、降低成本、方便安装，辅助控制电路常被制成标准的控制模块。

2.1.2　工业机器人的特点

1. 基本特点

工业机器人是集机械、电子、控制、检测、计算机、人工智能等多学科先进技术于一体的典型机电一体化设备，其主要技术特点如下。

（1）拟人。在结构形态上，大多数工业机器人的本体有类似人类的腰转、大臂、小臂、手腕、手爪等部件，并接受其控制器的控制。在智能工业机器人上，还安装有模拟人类等生物的传感器，例如，模拟感官的接触传感器、力传感器、负载传感器、光传感器；模拟视觉的图像识别传感器；模拟听觉的声传感器、语音传感器等；这样的工业机器人具有类似人类的环境自适应能力。

（2）柔性。工业机器人有完整、独立的控制系统，它可通过编程来改变其动作和行为，此外，还可通过安装不同的末端执行器，来满足不同的应用要求，因此，它具有适应对象变化的柔性。

（3）通用。除了部分专用工业机器人外，大多数工业机器人都可通过更换工业机器人手部的末端操作器，如更换手爪、夹具、工具等，来完成不同的作业。因此，它具有一定的、执行不同作业任务的通用性。

工业机器人、数控机床、机械手三者在结构组成、控制方式、行为动作等方面有许多相似之处，以至于非专业人士很难区分，有时引起误解。以下通过三者的比较，来介绍相互间的区别。

2. 工业机器人与数控机床

世界首台数控机床出现于 1952 年，它由美国麻省理工学院率先研发，其诞生比工业机器人早 7 年，因此，工业机器人的很多技术都来自于数控机床。

George Devol（乔治·德沃尔）最初设想的机器人实际就是工业机器人，他所申请的专利就是利用数控机床的伺服轴驱动连杆机构，然后通过操纵、控制器对伺服轴的控制，来实现机器人的功能。按照相关标准的定义，工业机器人是"具有自动定位控制、可重复编程的多功能、多自由度的操作机"，这点也与数控机床十分类似。

因此，工业机器人和数控机床的控制系统类似，它们都有控制面板、控制器、伺服驱动等基本部件，操作者可利用控制面板对它们进行手动操作或进行程序自动运行、程序输入与编辑等操作控制。但是，由于工业机器人和数控机床的研发目的有着本质的区别，因此，其地位、用途、结构、性能等各方面均存在较大的差异。图 2.1-6 所示为数控机床和工业机器人的功能比较图，总体而言，两者的区别主要有以下几点。

（1）作用和地位。机床是用来加工机器零件的设备，是制造机器的机器，故称为工作母机；没有机床就几乎不能制造机器，没有机器就不能生产工业产品。因此，机床被称为国民经济基础的基础，在现有的制造模式中，它仍处于制造业的核心地位。工业机器人尽管发展速度很快，但目前绝大多数还只是用于零件搬运、装卸、包装、装配的生产辅助设备，或是进行焊接、切割、打磨、抛光等简单粗加工的生产设备，它在机械加工自动生产线上（焊接、涂装生产线除外）

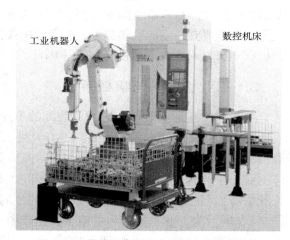

工业机器人　　　　　　　　　数控机床

图 2.1-6　数控机床和工业机器人的功能比较

所占的价值一般只有 15%左右。因此，除非现有的制造模式发生颠覆性变革，否则，工业机器人的体量很难超越机床；所以，那些"随着自动化大趋势的发展，机器人将取代机床成为新一代工业生产的基础"的观点，至少在目前看来是不正确的。

（2）目的和用途。研发数控机床的根本目的是解决轮廓加工的刀具运动轨迹控制问题；而研发工业机器人的根本目的是用来协助或代替人类完成那些单调、重复、频繁或长时间、繁重的工作或进行高温、粉尘、有毒、易燃、易爆等危险环境下的作业。由于两者研发目的不同，因此，其用途也有根本的区别。简言之，数控机床是直接用来加工零件的生产设备；而大部分工业机器人则是用来替代或部分替代操作者进行零件搬运、装卸、装配、包装等作业的生产辅助设备，两者目前尚无法相互完全替代。

（3）结构形态。工业机器人需要模拟人的动作和行为，在结构上以回转摆动轴为主、直线轴为辅（可能无直线轴），多关节串联、并联轴是其常见的形态；部分机器人（如无人搬运车等）的作业空间也是开放的。数控机床的结构以直线轴为主、回转摆动轴为辅（可能无回转摆动轴），绝大多数都采用直角坐标结构；其作业空间（加工范围）局限于设备本身。但是，随着技术的发展，两者的结构形态也在逐步融合，如机器人有时也采用直角坐标结构；采用并联虚拟轴结构的数控机床也已有实用化的产品等。

（4）技术性能。数控机床是用来加工零件的精密加工设备，其轮廓加工能力、定位精度和加工精度等是衡量数控机床性能最重要的技术指标。高精度数控机床的定位精度和加工精度通常需要达到 0.01mm 或 0.001mm 的数量级，甚至更高，且其精度检测和计算标准的要求高于机器人。数控机床的轮廓加工能力决定于工件要求和机床结构，通常而言，能同时控制 5 轴（5 轴联动）的机床，就可满足几乎所有零件的轮廓加工要求。

工业机器人是用于零件搬运、装卸、码垛、装配的生产辅助设备，或是进行焊接、切割、打磨、抛光等粗加工的设备，强调的是动作灵活性、作业空间、承载能力和感知能力。因此，除少数用于精密加工或装配的机器人外，其余大多数工业机器人对定位精度和轨迹精度的要求并不高，通常只需要达到 0.1～1mm 的数量级便可满足要求，且精度检测和计算标准的要求低于数控机床。但是，工业机器人的控制轴数将直接决定自由度、动作灵活性等关键指标，其要求很高；理论上说，需要工业机器人有 6 个自由度（6 轴控制），才能完全描述一个物体在三维空间的位姿，如需要避障，还需要有更多的自由度。此外，智能工业机器人还需要有一定的感知能力，故需要配备位置、触觉、视觉、听觉等多种传感器；而数控机床一般只需要检测速度与位置，因此，工业机器人对检测技术的要求高于数控机床。

3. 工业机器人与机械手

用于零件搬运、装卸、码垛、装配的工业机器人功能和自动化生产设备中的辅助机械手类似。例如，国际标准化组织（ISO）将工业机器人定义为"自动的、位置可控的、具有编程能力的多功能机械手"；日本机器人协会（JRA）将工业机器人定义为"能够执行人体上肢（手和臂）类似动作的多功能机器"，表明两者的功能存在很大的相似之处。但是，工业机器人与生产设备中的辅助机械手的控制系统、操作编程、驱动系统均有明显的不同。图 2.1-7 所示为工业机器人和机械手的比较图，两者的主要区别如下。

（1）控制系统。工业机器人需要有独立的控制器、驱动系统、操作界面等，可对其进行手动、自动操作和编程，因此，它是一种可独立运行的完整设备，能依靠自身的控制能力来实现所需要的功能。机械手只是用来实现换刀或工件装卸等操作的辅助装置，其控制一般需要通过设备的控制器（如 CNC、PLC 等）实现，它没有自身的控制系统和操作界面，故不能独立运行。

（2）操作编程。工业机器人具有适应动作和对象变化的柔性，其动作是随时可变的，如需要，最终用户可随时通过手动操作或编程来改变其动作，现代工业机器人还可根据人工智能技术所制定的原则纲领自主行动。而辅助机械手的动作和对象是固定的，其控制程序通常由设备生产厂家编制；即使在调整和维修时，用户通常也只能按照设备生产厂的规定进行操作，而不能改变其动作的位置与次序。

（3）驱动系统。工业机器人需要灵活改变位姿，绝大多数运动轴都需要有任意位置定位功能，需要使用伺服驱动系统；在无人搬运车（Automated Guided Vehicle，AGV）等输送机器人上，还需要配备相应的行走机构及相应的驱动系统。而辅助机械手的安装位置、

定位点和动作次序样板都是固定不变的，大多数运动部件只需要控制起点和终点，故较多
地采用气动、液压驱动系统。

（a）工业机器人

（b）机械手

图 2.1-7　工业机器人与机械手的比较

2.2 工业机器人的结构形态

从运动学原理上说，绝大多数机器人的本体都是由若干关节（Joint）和连杆（Link）
组成的运动链。根据关节间的连接形式，多关节工业机器人的典型结构主要有垂直串联、
水平串联（或 SCARA）和并联 3 大类。

2.2.1　垂直串联机器人

垂直串联（Vertical Articulated）是工业机器人最常见的结构形式，机器人的本体部分
一般由 5～7 个关节在垂直方向依次串联而成，它可以模拟人类从腰部到手腕的运动，用于
加工、搬运、装配、包装等各种场合。

1．6 轴串联结构

图 2.2-1 所示的 6 轴串联是垂直串联机器人的典型结构。机器人的 6 个运动轴分别为
腰部回转轴 S（Swing）、下臂摆动轴 L（Lower Arm Wiggle）、上臂摆动轴 U（Upper Arm
Wiggle）、腕回转轴 R（Wrist Rotation）、腕弯曲轴 B（Wrist Bending）、手回转轴 T（Turning）；
其中，图中用实线表示的腰部回转轴 S、腕回转轴 R、手回转轴 T 为可在 4 象限进行 360°
或接近 360°回转，称为回转轴（Roll）；用虚线表示的下臂摆动轴 L、上臂摆动轴 U、腕弯
曲轴 B 一般只能在 3 象限内进行小于 270°回转，称摆动轴（Bend）。

6 轴垂直串联结构机器人的末端执行器作业点的运动，由手臂和手腕、手的运动合成；
其中，腰、下臂、上臂 3 个关节，可用来改变手腕基准点的位置，称为定位机构。手腕部

分的腕回转、弯曲和手回转 3 个关节，可用来改变末端执行器的姿态，称为定向机构。

2. 7 轴串联结构

6 轴垂直串联结构机器人较好地实现了三维空间内的任意位置和姿态控制，它对于各种作业都有良好的适应性，故可用于加工、搬运、装配、包装等各种场合。但是，由于结构所限，6 轴垂直串联结构机器人存在运动干涉区域，在上部或正面运动受限时，进行下部、反向作业非常困难，为此，在先进的工业机器人上有时也采用图 2.2-2 所示的 7 轴垂直串联结构。

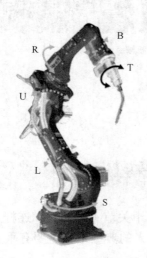

图 2.2-1　6 轴垂直串联结构

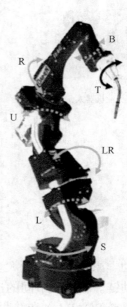

图 2.2-2　7 轴垂直串联结构

7 轴机器人在 6 轴机器人的基础上，增加了下臂回转轴 LR（Lower Arm Rotation），使定位机构扩大到腰回转、下臂摆动、下臂回转、上臂摆动 4 个关节，手腕基准点（参考点）的定位更加灵活。当机器人运动受到限制时，它仍能通过下臂的回转，避让干涉区，完成图 2.2-3 所示的下部与反向作业。

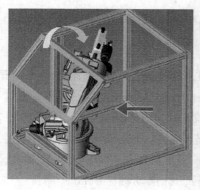
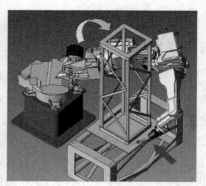

（a）上部避让　　　　　　　　　　（b）反向作业

图 2.2-3　7 轴机器人的应用

3. 其他结构

机器人末端执行器的姿态与作业要求有关，在部分作业场合，有时可省略 1～2 个运动轴，简化为 4～5 轴垂直串联结构的机器人。例如，对于以水平面作业为主的搬运、包装机器人，可省略腕回转轴 R，以简化结构、增加刚性等。

为了减轻 6 轴垂直串联典型结构的机器人的上部质量，降低机器人重心，提高运动稳定性和承载能力，大型机器人、重载的搬运机器人、码垛机器人也经常采用平行四边形连杆驱动机构，来实现上臂和腕弯曲的摆动运动。采用平行四边形连杆机构驱动，不仅可加长力臂，放大电机驱动力矩，提高负载能力，而且，还可将驱动机构的安装位置移至腰部，以降低机器人的重心，增加运动稳定性。平行四边形连杆机构驱动的机器人结构刚性高、负载能力强，它是大型、重载搬运机器人的常用结构形式。

2.2.2　水平串联机器人

1. 基本结构

水平串联（Horizontal Articulated）结构是日本山梨大学在 1978 年发明的、一种建立在圆柱坐标上的特殊机器人结构形式，又称选择顺应性装配机器手臂（Selective Compliance Assembly Robot Arm， SCARA）结构。

SCARA 机器人的基本结构如图 2.2-4 所示。这种机器人的手臂由 2～3 个轴线相互平行的水平旋转关节 C1、C2、C3 串联而成，以实现平面定位；整个手臂可通过垂直方向的直线移动轴 Z，进行升降运动。

SCARA 机器人的结构简单、外形轻巧、定位精度高、运动速度快，它特别适合于平面定位、垂直方向装卸的搬运和装配作业，故首先被用于 3C 行业（计算机 Computer、通信 Communication、消费性电

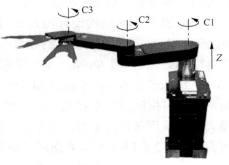

图 2.2-4　SCARA 机器人

子 Consumer Electronic）印刷电路板的器件装配和搬运作业；随后在光伏行业的 LED、太阳能电池安装，以及塑料、汽车、药品、食品等行业的平面装配和搬运领域得到了较为广泛的应用。SCARA 结构机器人的工作半径通常为 100～1000mm，承载能力一般为 1～200kg。

2. 执行器升降结构

采用 SCARA 基本结构的机器人结构紧凑、动作灵巧，但水平旋转关节 C1、C2、C3 的驱动电机均需要安装在基座侧，其传动链长、传动系统结构较为复杂；此外，垂直轴 Z 需要控制 3 个手臂的整体升降，其运动部件质量较大、升降行程通常较小，因此，实际使用时经常采用图 2.2-5 所示的执行器直接升降结构。

采用执行器升降结构的 SCARA 机器人不但可扩大 Z 轴升降行程、减轻升降部件的重量、提高手臂刚性和负载能力，同时，还可将 C2、C3 轴的驱动电机安装位置前移，以缩

短传动链、简化传动系统结构。但是，这种结构的机器人回转臂的体积大、结构不及基本型紧凑，因此，多用于垂直方向运动不受限制的平面搬运和部件装配作业。

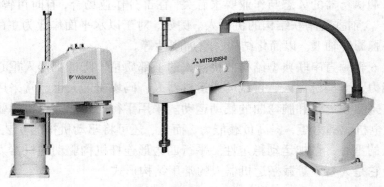

图 2.2-5　执行器升降的 SCARA 机器人

2.2.3　并联机器人

1. 摆动结构

并联结构的工业机器人简称并联机器人（Parallel Robot），它多用于电子电工及食品药品等行业的装配、包装、搬运工序中，是一种高速、轻载机器人。

并联机器人的结构设计源自于 1965 年英国科学家 Stewart 在 *A Platform with Six Degrees of Freedom* 文中提出的 6 自由度飞行模拟器，即 Stewart 平台机构；1978 年澳大利亚学者 Hunt 首次将 Stewart 平台机构引入机器人；到了 1985 年，瑞士洛桑联邦理工学院（Swiss federal Institute of Technology in lausanne，EPFL）的 Clavel 博士发明了图 2.2-6（a）所示的 3 自由度空间平移的并联机器人，并称之为 Delta 机器人（Delta 机械手）。Delta 机器人一般采用悬挂式布置，其基座上置，手腕通过空间均布的 3 根并联连杆支撑；机器人可通过图 2.2-6（b）所示的连杆摆动角控制，使得手腕在一定的空间圆柱内定位。

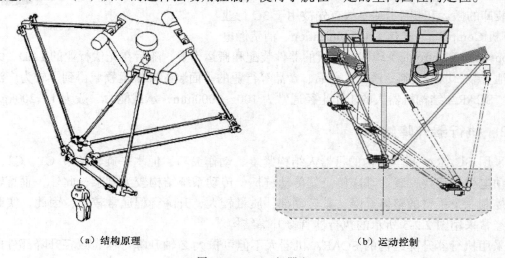

（a）结构原理　　　　　　　　　　　　　　　（b）运动控制

图 2.2-6　Delta 机器人

Delta 机器人具有结构简单、运动控制容易、安装方便等优点，因而成为目前并联机器人的基本结构。

2．直线驱动结构

采用连杆摆动结构的 Delta 机器人具有结构紧凑、安装简单、运动速度快等优点，但其承载能力通常较小（通常在 10kg 以内），故多用于电子、食品、药品等行业的轻量物品的分拣、搬运等。

为了增强结构刚性，使之能够适应大型物品的搬运、分拣等要求，大型并联机器人经常采用图 2.2-7 所示的直线驱动结构，这种机器人以伺服电机和滚珠丝杠驱动的连杆拉伸直线运动代替了摆动，不但提高了机器人的结构刚性和承载

图 2.2-7　直线驱动并联机器人

能力，而且，还可以提高定位精度、简化结构设计，其最大承载能力可达 1000kg 以上。直线驱动的并联机器人，如果安装高速主轴，便可成为一台可进行切削加工、类似于数控机床的加工机器人。

2.3

工业机器人的技术性能

2.3.1　主要技术参数

1．基本参数

由于机器人的结构、用途和要求不同，机器人的性能也有所不同。一般而言，机器人样本和说明书中所给的主要技术参数有控制轴数（自由度）、承载能力、工作范围（作业空间）、运动速度、位置精度等；此外，还有安装方式、防护等级、环境要求、供电电源要求、机器人外形尺寸与重量等，这些参数与使用、安装、运输情况有关。

以 ABB 公司 IRB 140T 和安川公司 MH6 两种 6 轴通用型机器人为例，产品样本和说明书所提供的主要技术参数如表 2.3-1 所示。

表 2.3-1　　　　　　　　　　6 轴通用机器人主要技术参数表

机器人型号		IRB 140T	MH6
规格 （Specification）	承载能力（Payload）	6kg	6kg
	控制轴数（Number of Axes）	6	
	安装方式（Mounting）	地面/壁挂/框架/倾斜/倒置	
工作范围 （Working Range）	第 1 轴（Axis 1）	360°	−170°～+170°
	第 2 轴（Axis 2）	200°	−90°～+155°

续表

机器人型号		IRB 140T	MH6
工作范围 （Working Range）	第3轴（Axis 3）	−280°	−175°～+250°
	第4轴（Axis 4）	不限	−180°～+180°
	第5轴（Axis 5）	230°	−45°～+225°
	第6轴（Axis 6）	不限	−360°～+360°
最大速度 （Maximum Speed）	第1轴（Axis 1）	250°/s	220°/s
	第2轴（Axis 2）	250°/s	200°/s
	第3轴（Axis 3）	260°/s	220°/s
	第4轴（Axis 4）	360°/s	410°/s
	第5轴（Axis 5）	360°/s	410°/s
	第6轴（Axis 6）	450°/s	610°/s
重复精度定位 RP（Position repeatability）		0.03mm/ISO 9238	± 0.08/JISB8432
工作环境（Ambient）	工作温度（Operation Temperature）	+5℃～+45℃	0～+45℃
	储运温度（Transportation Temperature）	−25℃～+55℃	−25℃～+55℃
	相对湿度（Relative Humidity）	≤95%RH	20%～80%RH
电源（Power Supply）	电压（Supply Voltage）	200～600V/50～60Hz	200～400V/50～60Hz
	容量（Power Consumption）	4.5kVA	1.5kVA
外形（Dimensions）	长/宽/高（Width/Depth/Height）	800mm × 620mm × 950mm	640mm × 387mm × 1219mm
重量（Weight）		98 kg	130 kg

2. 作业空间和安装要求

由于垂直串联等结构的机器人工作范围是三维空间的不规则球体，为了便于说明，产品样本中一般需要提供图 2.3-1 所示的详细作业空间图。

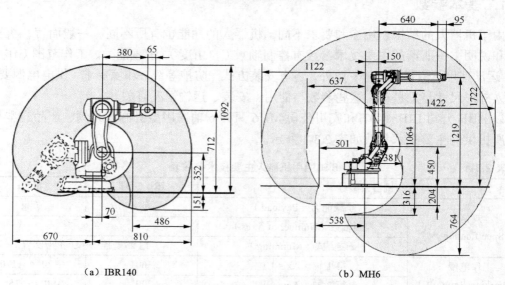

（a）IBR140　　　　　　　　　　（b）MH6

图 2.3-1　IRB2600-12/1.85 的作业空间

机器人的安装方式与规格、结构形态等有关。一般而言，大中型机器人通常需要采用底面（Floor）安装；并联机器人则多数为倒置安装；水平串联（SCARA）和小型垂直串联机器人则可采用底面（Floor）、壁挂（Wall）、倒置（Inverted）、框架（Shelf）、倾斜（Tilted）等多种方式安装。

3．分类性能

工业机器人的性能与机器人的用途、作业要求、结构形态等有关。大致而言，对于不同用途的机器人，其常见的结构形态以及对控制轴数（自由度）、承载能力、重复定位精度等主要技术指标的要求如表 2.3-2 所示。

表 2.3-2　　　　　　　　各类机器人的主要技术指标要求

类　　别		常见形态	控制轴数	承载能力/kg	重复定位精度/mm
加工类	弧焊、切割	垂直串联	6～7	3～20	0.05～0.1
	点焊	垂直串联	6～7	50～350	0.2～0.3
装配类	通用装配	垂直串联	4～6	2～20	0.05～0.1
	电子装配	SCARA	4～5	1～5	0.05～0.1
	涂装	垂直串联	6～7	5～30	0.2～0.5
搬运类	装卸	垂直串联	4～6	5～200	0.1～0.3
	输送	AGV	—	5～6500	0.2～0.5
包装类	分拣、包装	垂直串联、并联	4～6	2～20	0.05～0.1
	码垛	垂直串联	4～6	50～1500	0.5～1

2.3.2　工作范围与承载能力

工作范围与承载能力是决定机器人使用性能的关键指标，其含义分别如下。

1．工作范围

工作范围（Working Range）又称作业空间，它是指机器人在未安装末端执行器时，其手腕参考点所能到达的空间。工作范围是衡量机器人作业能力的重要指标，工作范围越大，机器人的作业区域也就越大。

机器人的工作范围决定于各关节运动的极限范围，它与机器人结构有关。工作范围应剔除机器人在运动过程中可能产生自身碰撞的干涉区；在实际使用时，还需要考虑安装末端执行器后可能产生的碰撞，因此，实际工作范围还应剔除执行器碰撞的干涉区。

机器人的工作范围内还可能存在奇异点（Singular Point）。所谓奇异点是由于结构的约束，导致关节失去某些特定方向自由度的点，奇异点通常存在于作业空间的边缘；如奇异点连成一片，则称为"空穴"。机器人运动到奇异点附近时，由于自由度的逐步丧失，关节的姿态需要急剧变化，这将导致驱动系统承受很大的负荷而产生过载。因此，对于存在奇异点的机器人来说，其工作范围还需要剔除奇异点和空穴。

　　机器人的工作范围与机器人的结构形态有关，对于常见的典型结构机器人，其作业空间分别如下。

　　（1）全范围作业机器人。在不同结构形态的机器人中，图 2.3-2 所示的直角坐标机器人（Cartesian Coordinate Robot）、并联机器人（Parallel Robot）、SCARA 机器人是通常无运动干涉区、机器人能够在整个工作范围内进行作业。

　　直角坐标的机器人手腕参考点定位通过三维直线运动实现，其作业空间为图 2.3-2（a）所示的实心立方体；并联机器人的手腕参考点定位通过 3 个并联轴的摆动实现，其作业范围为图 2.3-2（b）所示的三维空间的锥底圆柱体；SCARA 机器人的手腕参考点定位通过 3 轴摆动和垂直升降实现，其作业范围为图 2.3-2（c）所示的三维空间的圆柱体。

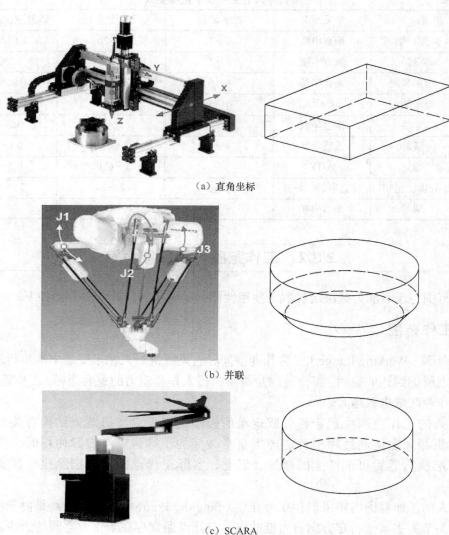

（a）直角坐标

（b）并联

（c）SCARA

图 2.3-2　全范围作业机器人

　　（2）部分范围作业机器人。圆柱坐标（Cylindrical Coordinate Robot）、球坐标（Spherical

Coordinate Robot）和垂直串联（Articulated Robot）机器人的工作范围，需要去除机器人的运动干涉区，故只能进行图 2.3-3 所示的部分空间作业。

圆柱坐标机器人的手腕参考点定位通过 2 轴直线加 1 轴回转摆动实现，由于摆动轴存在运动死区，其作业范围通常为图 2.3-3（a）所示的三维空间的部分圆柱体。球坐标型机器人的手腕参考点定位通过 1 轴直线加 2 轴回转摆动实现，其摆动轴和回转轴均存在运动死区，作业范围为图 2.3-3（b）所示的三维空间的部分球体。垂直串联关节型机器人的手腕参考点定位通过腰、下臂、上臂 3 个关节的回转和摆动实现，摆动轴存在运动死区，其作业范围为图 2.3-3（c）所示的三维空间的不规则球体。

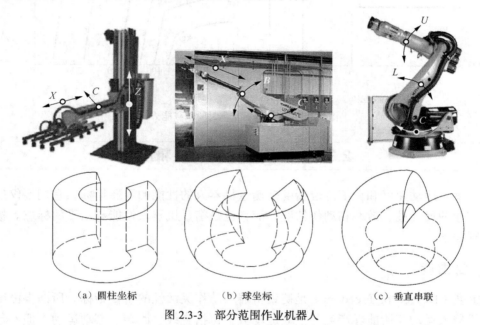

（a）圆柱坐标　　　　　　（b）球坐标　　　　　　（c）垂直串联

图 2.3-3　部分范围作业机器人

2. 承载能力

承载能力（Payload）是指机器人在作业空间内所能承受的最大负载，它一般用质量、力、转矩等技术参数表示。

搬运、装配、包装类机器人的承载能力是指机器人能抓取的物品质量，产品样本所提供的承载能力是指不考虑末端执行器、假设负载重心位于手腕参考点时，机器人高速运动可抓取的物品重量。

焊接、切割等加工机器人无需抓取物品，因此，所谓承载能力是指机器人所能安装的末端执行器质量。切削加工类机器人需要承担切削力，其承载能力通常是指切削加工时所能够承受的最大切削进给力。

为了能够表示准确反映负载重心的变化情况，机器人承载能力有时也可用允许转矩（Allowable Moment）的形式表示，或者通过机器人承载能力随负载重心位置变化图，来详细表示承载能力参数。

图 2.3-4 所示为承载能力为 6kg 的 ABB 公司 IBR140 和安川公司 MH6 垂直串联结构工业机器人的承载能力图，其他同类结构机器人的情况与此类似。

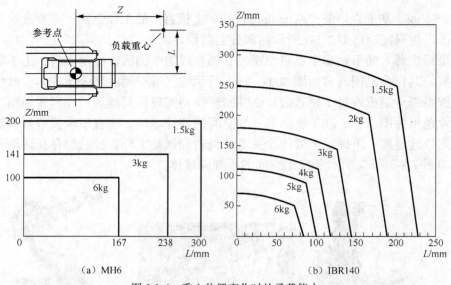

(a) MH6 　　　　　　　　　　　　　(b) IBR140

图 2.3-4　重心位置变化时的承载能力

2.3.3　自由度、速度及精度

自由度、运动速度和重复定位精度是衡量机器人的性能的重要指标，它们不仅反映了机器人作业的灵活性、效率和动作精度，而且也是衡量机器人性能与水平的标志。指标的含义分别如下。

1.　自由度

自由度（Degree of Freedom）是衡量机器人动作灵活性的重要指标。所谓自由度，就是整个机器人运动链所能够产生的独立运动数，包括直线、回转、摆动运动，但不包括执行器本身的运动（如刀具旋转等）。机器人的每一个自由度原则上都需要有一个伺服轴进行驱动，因此，在产品样本和说明书中，通常以控制轴数（Number of Axes）表示。

一般而言，机器人进行直线运动或回转运动所需要的自由度为 1；进行平面运动（水平面或垂直面）所需要的自由度为 2；进行空间运动所需要的自由度为 3。进而，如果机器人能进行图 2.3-5 所示的 X、Y、Z 方向直线运动和回绕 X、Y、Z 轴的回转运动，具有 6 个自由度，执行器就可在三维空间上任意改变姿态，实现完全控制。

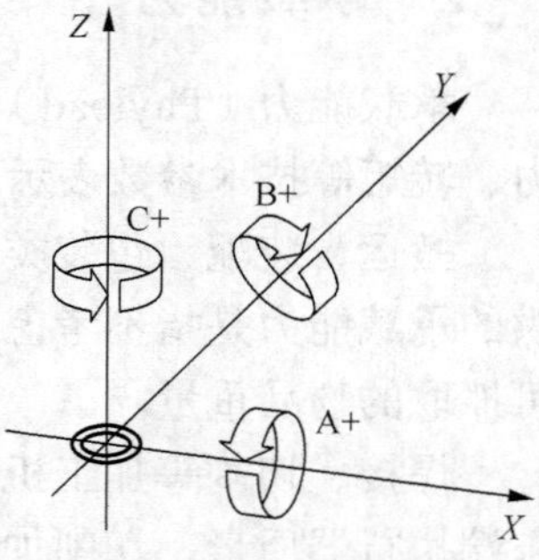

图 2.3-5　三维空间的自由度

如果机器人的自由度超过 6 个，多余的自由度称为冗余自由度（Redundant Degree of Freedom），冗余自由度一般用来回避障碍物。

在三维空间作业的多自由度机器人上，由第 1～3 轴驱动的 3 个自由度，通常用于手腕基准点的空间定位；第 4～6 轴则用来改变末端执行器姿态。但是，当机器人实际工作时，定位和定向动作往往是同时进行的，因此，需要多轴同时运动。

机器人的自由度与作业要求有关。自由度越多，执行器的动作就越灵活，适应性也就越强，但其结构和控制也就越复杂。因此，对于作业要求不变的批量作业机器人来说，运行速度、可靠性是其最重要的技术指标，自由度则可在满足作业要求的前提下适当减少；而对于多品种、小批量作业的机器人来说，通用性、灵活性指标显得更加重要，这样的机器人就需要有较多的自由度。

2. 自由度的表示

通常而言，机器人的每一个关节都可驱动执行器产生 1 个主动运动，这一自由度称为主动自由度。主动自由度一般有平移、回转、绕水平轴线的垂直摆动、绕垂直轴线的水平摆动 4 种，在结构示意图中，它们分别用图 2.3-6 所示的符号表示。

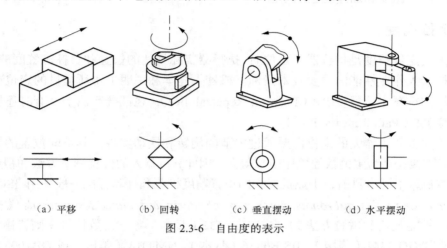

（a）平移　　　　　（b）回转　　　　　（c）垂直摆动　　　　　（d）水平摆动

图 2.3-6　自由度的表示

当机器人有多个串联关节时，只需要根据其机械结构，依次连接各关节来表示机器人的自由度。例如，图 2.3-7 所示为常见的 6 轴垂直串联和 3 轴水平串联机器人的自由度的表示方法，其他结构形态机器人的自由度表示方法类似。

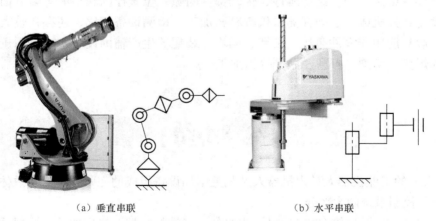

（a）垂直串联　　　　　　　　　　　　（b）水平串联

图 2.3-7　多关节串联的自由度表示

3. 运动速度

运动速度决定了机器人工作效率，它是反映机器人性能水平的重要参数。样本和说明书中所提供的运动速度，一般是指机器人在空载、稳态运动时所能够达到的最大运动速度

（Maximum Speed）。

机器人运动速度用参考点在单位时间内能够移动的距离（mm/s）、转过的角度或弧度（°/s 或 rad/s）表示，它按运动轴分别进行标注。当机器人进行多轴同时运动时，其空间运动速度应是所有参与运动轴的速度合成。

机器人的实际运动速度与机器人的结构刚性、运动部件的质量和惯量、驱动电机的功率、实际负载的大小等因素有关。对于多关节串联结构的机器人，越靠近末端执行器的运动轴，运动部件的质量、惯量就越小，因此，能够达到的运动速度和加速度也越大；而越靠近安装基座的运动轴，对结构部件的刚性要求就越高，运动部件的质量、惯量就越大，能够达到的运动速度和加速度也越小。

4. 定位精度

机器人的定位精度是指机器人定位时，执行器实际到达的位置和目标位置间的误差值，它是衡量机器人作业性能的重要技术指标。机器人样本和说明书中所提供的定位精度一般是各坐标轴的重复定位精度 RP（Position Repeatability），在部分产品上，有时还提供了轨迹重复精度 RT（Path Repeatability）。

由于绝大多数机器人的定位需要通过关节的旋转和摆动实现，其空间位置的控制和检测，远比以直线运动为主的数控机床困难得多，因此，机器人的位置测量方法和精度计算标准都与数控机床不同。目前，工业机器人的位置精度检测和计算标准一般采用 ISO 9283—1998 *Manipulating industrial robots; performance criteria and related test methods*（《操纵型工业机器人，性能规范和试验方法》）或 JIS B8432（日本）等；而数控机床则普遍使用 ISO 230-2、VDI/DGQ 3441（德国）、JIS B6336（日本）、NMTBA（美国）或 GB10931（国标）等，两者的测量要求和精度计算方法都不相同，数控机床的标准要求高于机器人。

机器人的定位需要通过运动学模型来确定末端执行器的位置，其理论位置和实际位置之间本身就存在误差；加上结构刚性、传动部件间隙、位置控制和检测等多方面的原因，其定位精度与数控机床、三坐标测量机等精密加工、检测设备相比，还存在较大的差距。因此，它一般只能用作零件搬运、装卸、码垛、装配的生产辅助设备，或是用于位置精度要求不高的焊接、切割、打磨、抛光等粗加工。

本章小结

1. 广义上的工业机器人是由机器人及相关附加设备组成的完整系统，它总体可分为机械部件和电气控制系统两大部分。

2. 工业机器人的机械部件包括机器人本体、末端执行器、变位器等；控制系统主要包括控制器、驱动器、操作单元、上级控制器等。机器人本体、末端执行器以及控制器、驱动器、操作单元是机器人必需的基本组成部件。

3. 机器人本体是用来完成各种作业的执行机构，包括机械部件及安装在机械部件上的驱动电机、传感器等；绝大多数机器人本体由关节和连杆连接而成。

4. 变位器是用于机器人或工件整体移动，进行协同作业的附加装置，选配变位器可增加机器人的自由度和作业空间，实现作业对象或其他机器人的协同运动。

5. 机器人控制器、操作单元、伺服驱动器及辅助控制电路是机器人控制必不可少的系统部件。示教器是工业机器人的人机界面，一般采用可移动式悬挂结构，其他控制部件通常统一安装在控制柜内。

6. 工业机器人主要技术特点是拟人、柔性和通用。

7. 工业机器人和数控机床在地位、用途、结构、性能等方面存在较大的差异；工业机器人与辅助机械手的控制系统、操作编程、驱动系统均有明显的不同。

8. 多关节工业机器人的典型结构主要有垂直串联、水平串联和并联 3 大类。

9. 垂直串联机器人的本体部分一般由 5～7 个关节在垂直方向依次串联而成，它可以模拟人类从腰部到手腕的运动，用于加工、搬运、装配、包装等各种场合。

10. 水平串联手臂由 2～3 个轴线相互平行的水平旋转关节串联而成，手臂可通过垂直方向升降，它特别适合于平面定位、垂直方向装卸的搬运和装配作业。

11. 并联机器人一般采用悬挂式布置，手腕通过空间均布的并联连杆支撑，通过连杆摆动角的控制进行手腕的空间定位，多用于电子电工、食品药品行业装配、包装、搬运作业。

12. 工业机器人的主要技术参数有控制轴数（自由度）、承载能力、工作范围（作业空间）、运动速度、位置精度等。

13. 工作范围是指机器人在未安装末端执行器时，手腕参考点所能到达的空间。直角坐标机器人、并联机器人、SCARA 机器人能够在整个工作范围内进行作业；圆柱坐标、球坐标和垂直串联机器人只能进行部分空间作业。

14. 承载能力是指机器人在作业空间内所能承受的最大负载。搬运、装配、包装类机器人是指机器人能抓取的物品质量；焊接、切割机器人是指机器人所能安装的末端执行器质量；切削加工机器人是指切削加工时所能够承受的最大切削进给力。

15. 机器人自由度是它能够产生的独立运动数，每一个自由度原则上都需要有一个伺服轴进行驱动，因此通常以控制轴数表示。

16. 机器人运动速度是指在空载、稳态运动时所能够达到的最大运动速度。

17. 机器人的定位精度是执行器实际到达的位置和目标位置间的误差值，通常以重复定位精度的形式表示。

复习思考题

一、多项选择题

1. 以下属于机器人本体的是（　　）。

    A. 变位器　　　　B. 作业工具　　　　C. 机身　　　　D. 手臂

2. 以下属于机器人电气控制系统的是（　　）。

    A. 示教器　　　　B. 驱动器　　　　C. 机器人控制器　　　D. 辅助电路

3. 工业机器人的主要技术特点是（　　　）。

   A. 拟人　　　　　B. 柔性　　　　　C. 通用　　　　　D. 高精度

4. 多关节工业机器人的主要结构有（　　　）。

   A. 直角坐标　　　B. 垂直串联　　　C. 水平串联　　　D. 并联

5. 文献中经常提到的 SCARA 机器人属于（　　　）结构。

   A. 直角坐标　　　B. 垂直串联　　　C. 水平串联　　　D. 并联

6. 文献中经常提到的 Delta 机器人属于（　　　）结构。

   A. 直角坐标　　　B. 垂直串联　　　C. 水平串联　　　D. 并联

7. 以下属于全范围作业工业机器人的是（　　　）。

   A. 直角坐标　　　B. 垂直串联　　　C. 水平串联　　　D. 并联

8. 以下属于部分范围作业工业机器人的是（　　　）。

   A. SCARA　　　　B. 垂直串联　　　C. Delta　　　　D. 球坐标

9. 可表示工业机器人承载能力的参数是（　　　）。

   A. 物品质量　　　B. 工具质量　　　C. 切削力　　　　D. 转矩

10. 工业机器人与伺服驱动系统有关的技术参数是（　　　）。

   A. 承载能力　　　B. 运动速度　　　C. 作业范围　　　D. 定位精度

二、简答题

1. 简述工业机器人的系统组成。
2. 简述工业机器人的主要技术特点。
3. 简述工业机器人和数控机床、机械手的区别。
4. 简述 6 轴垂直串联机器人的结构与组成。

三、填充题

根据常用工业机器人的用途、作业要求和结构形态，完成题表 2-1 填写。

题表 2-1　　　　常用工业机器人的主要技术性能表

类　别		常见形态	控制轴数	承载能力	重复定位精度
加工类	弧焊、切割				
	点焊				
装配类	通用装配				
	电子装配				
	涂装				
搬运类	装卸				
	输送				
包装类	分拣、包装				
	码垛				

第3章

工业机器人机械结构

3.1

垂直串联机器人

3.1.1 本体基本结构

1. 基本结构

垂直串联结构是工业机器人最常见的结构形态，它被广泛用于加工、搬运、装配、包装等场合。虽然垂直串联工业机器人的形式多样，但是总体而言，它都是由关节和连杆依次串联而成的，而每一关节都由一台伺服电机驱动，因此，如将机器人分解，它便是由若干台伺服电机经减速器减速后，驱动运动部件的机械运动机构的叠加和组合。

常用的小规格、轻量6轴垂直串联机器人的外观和参考结构如图3.1-1所示。这种机器人的所有伺服驱动电机、减速器及相关传动部件均安装于机器人内部，机器人外形简洁、防护性能好；传动系统结构简单、传动链短、传动精度高、刚性好，是中小型机器人使用较广的基本结构。

6轴垂直串联机器人的运动主要包括腰回转（S轴）、下臂摆动（L轴）、上臂摆动（U轴）及手腕回转（R轴）、腕摆动（B轴）及手回转（T轴）。在图3.1-1所示的基本结构中，手回转轴T的驱动电机13直接安装在工具安装法兰后侧，这种结构的传动直接，但它会增加手部的体积和质量，影响手运动的灵活性，因此，实际使用时通常将T轴的驱动电机也安装在上臂内腔，然后，通过同步带、伞齿轮等传动部件传送至手部的减速器输入轴上，以减小手部的体积和质量。

机器人的每一运动都需要有相应的电机驱动，交流伺服电机是目前最常用的驱动电机。交流伺服电机是一种用于机电一体化设备控制的通用电机，它具有恒转矩输出特性，其最高转速一般为3000～6000r/min，额定输出转矩通常在30N·m以下。但是，机器人的关节回转和摆动的负载惯量大、回转速度低（通常为 $25\sim100\text{r/min}$），加减速时的最大驱动转矩（动载荷）需要达到数百甚至数万 N·m。因此，机器人的所有运动轴原则上都必须配套结构紧凑、传动效率高、减速比大、承载能力强、传动精度高的减速器，以降低转速、提高输出转矩。RV 减速器、谐波减速器是机器人最常用的两种减速器，它是工业机器人最为关键的机械核心部件，有关内容将在第 4 章详细阐述。

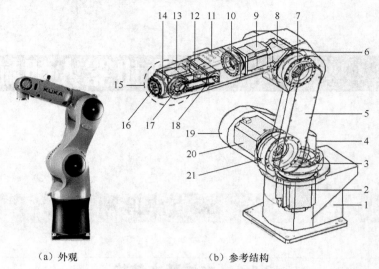

（a）外观　　　　　　　　（b）参考结构

图 3.1-1　垂直串联基本结构

1—基座　4—腰关节　5—下臂　6—肘关节　11—上臂　15—腕关节　16—连接法兰　18—同步带
19—肩关节　2、8、9、12、13、20—伺服电机　3、7、10、14、17、21—减速器

2. 其他结构

在上述垂直串联基本结构中，手腕摆动、手回转的电机均安装于上臂前端，故称之为前驱结构。前驱机器人除腕摆动、手回转轴可能使用同步带传动外，其他所有轴的伺服电机、减速器等驱动部件都需要安装在各自的回转或摆动部位，无需其他中间传动部件，其传动系统结构简单、层次清晰、传动链短、零部件少，且间隙小、精度高、防护性好，机器人安装、调试、运输等均非常方便。但是，安装驱动电机和减速器需要有足够的空间，关节部位的外形和质量均较大，上臂重心离回转中心较远，它不仅增加了负载，且不利于高速运动；另一方面，由于内部空间紧凑、散热条件差，伺服电机和减速器的输出转矩也将受到结构的限制，且其检测、维修、保养也较困难，因此，它一般用于承载能力 10kg以下、作业范围 1m 以内的小规格的轻量机器人。

为了保证机器人作业的灵活性和运动稳定性，就应尽可能减小上臂的体积和质量，大中型垂直串联机器人常采用图 3.1-2 所示的手腕驱动电机后置式结构，简称后驱。后驱结构的机器人手腕回转、腕弯曲和手回转的伺服电机全部安装在上臂的后部，驱动电机通过安装在上臂内腔的传动轴，将动力传递至手腕前端，它不仅解决了前驱结构所存在的驱动电机和减速器安装空间小、散热差，检测、维修、保养困难等问题，而且还可使上臂的结构紧凑、重心靠近回转中心，机器人的重力平衡性更好，运动更稳定，这是一种广泛用于加工、搬运、装配、包装等各种用途机器人的结构形式。但是，后驱机器人需要在上臂内部布置手腕回转、腕弯曲和手扭转驱动的传动部件，其内部结构较为复杂，有关内容见后述。

用于零件搬运、码垛的大型重载机器人，由于负载质量和惯性大，驱动系统必须有足够大的输出转矩，故需要配套大规格的伺服驱动电机和减速器；此外，为了保证机器人运动稳定，还必须降低整体重心、增加结构稳定性，并保证构件有足够的刚性，因此，通常需要采用平行四边形连杆驱动结构（见图 3.1-3）。采用平行四边形连杆机构驱动，不仅可加长上下臂和腕摆动的驱动力臂、放大驱动力矩，同时，由于还可以使驱动机构的安装位置下移，降低机器人重心、提高运动稳定性，因此，其承载能力强、高速运动稳定性好。但是，其传动链长、传动间隙较大，定位精度较低，因此，适合于承载大于 100kg、定位精度要求不高的大型、重载点焊、搬运、码垛机器人。

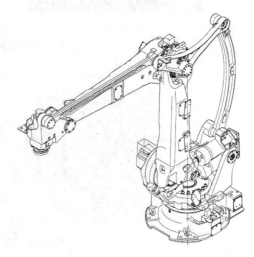

图 3.1-2　后驱机器人　　　　　图 3.1-3　连杆驱动机器人

3.1.2　机身结构与传动系统

1. 结构特点

6 轴垂直串联机器人的腰回转、下臂和上臂摆动 3 个关节是用来改变手腕基准点位置的定位机构，它们与安装基座一起称为工业机器人的机身；安装在上臂上的手腕回转、弯曲和手回转 3 个关节是用来改变末端执行器姿态的运动机构，习惯上称之为定向机构或机器人手腕部件。

6 轴垂直串联机器人机身的回转摆动关节如图 3.1-4 所示。

垂直串联机器人的机身关节结构单一、传动简单，它实际只是若干电机带动减速器再驱动连杆回转摆动的机构组合，腰回转和上、下臂摆动只是运动方向和回转范围上的不同，其机械传动系统的结构并无本质上的区别。

机身运动的负载转矩大、运动速度低，它要求机械传动系统有足够的刚性和驱动转矩，因此，大多数机器人都采用图 3.1-5 所示的输出转矩大、结构刚性好的 RV 减速器（Rotary

Vector Reducer，旋转矢量减速器）进行减速。有关 RV 减速器的结构原理、安装维护要求等内容，将在第 4 章进行详细阐述。

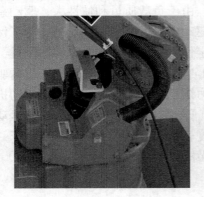 

（a）腰回转　　　　　　　　　　　　　　　　（b）臂摆动

图 3.1-4　腰回转和臂摆动关节

图 3.1-5　RV 减速器

2. 传动系统

（1）腰回转 S 轴。采用 RV 减速器的垂直串联机器人腰回转轴 S 的传动系统参考结构如图 3.1-6 所示。

腰回转轴 S 需要驱动机器人进行整体回转，其负载较重，故通常需要使用 RV 减速器，以增强刚性。此外，为了方便电机的安装调试和维修，驱动电机 4 一般都安装在腰体 3 上；因此，RV 减速器 5 可采用输出法兰固定、针轮（壳体）回转的安装形式，减速器的输出法兰和基座 1 连接、针轮（壳体）和腰体 3 连接。对于规格较大的机器人，为了保证腰回转的精度与稳定性，基座 1 和腰体 3 间，一般安装有 CRB 轴承 2；但如果 RV 减速器的轴向载荷允许，也可省略 CRB 轴承 2，直接利用 RV 减速器的输出轴承支撑腰体。

（2）上/下臂摆动 L/U 轴。采用 RV 减速器的垂直串联机器人上/下臂摆动轴 L/U 的传动系统参考结构如图 3.1-7 所示。

在图 3.1-7 上，上/下臂摆动的驱动电机 3 和 RV 减速器的壳体（针轮）5 固定安装在关节支承部件 1 上；驱动电机 3 的输出轴通过减速器输入轴 7 和减速器行星齿轮连接；减速器减速后的输出轴 6 连接回转部件 4。因此，当驱动电机 3 旋转时，将带动减速器的行星齿轮旋转，减速器的输出轴 7 便可驱动回转部件 4 实现回转或摆动运动。

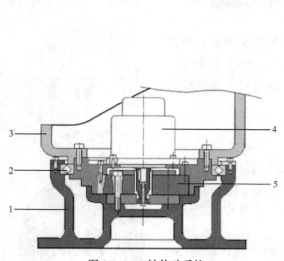

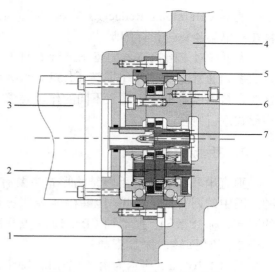

图 3.1-6　S 轴传动系统

1—基座　2—CRB 轴承　3—腰体

4—驱动电机　5—RV 减速器

图 3.1-7　L/S 轴机械传动系统结构

1—支承部件　2—RV 减速器　3—驱动电机　4—回转部件

5—减速器壳体（针轮）　6—减速器输出轴　7—减速器输入轴

图 3.1-7 所示的机械传动部件的安装和运动方式，可根据实际需要调整。例如，对于上臂，图中的回转部件 4 通常为支承（下臂），而支承部件 1 及安装在支承部件上的驱动电机为回转部件（上臂），RV 减速器为输出轴固定、壳体回转等。

3.1.3　手腕的基本形式

1. 基本特点

工业机器人的手腕主要用来改变末端执行器的姿态（Working Pose），进行工具作业点的定位，它是决定机器人作业灵活性的关键部件。

垂直串联机器人的手腕一般由腕部和手部组成。腕部用来连接上臂和手部；手部用来安装执行器（作业工具）。手腕回转部件通常如图 3.1-8 所示，与上臂同轴安装，因此，腕部也可视为上臂的延伸部件。

图 3.1-8　手腕安装

相对于交流伺服驱动电机而言，机器人的手腕同样属于低速、大转矩负载，因此，它也需要安装大比例的减速器。由于手腕结构紧凑、运动部件的质量相对较小，故对驱动转矩、结构刚性的要求低于机身，因此，通常采用图 3.1-9 所示的结构紧凑、减速比大的谐波减速器（Harmonic Reducer）减速。有关谐波减速器的结构原理、安装维护要求等内容，将在本书第 4 章进行详细阐述。

为了能对末端执行器的姿态进行 6 自由度的完全控制，机器人的手腕通常需要有 3 个回转（Roll）或摆动（Bend）自由度。这 3 个自由度可根据机器人不同的作业要求，通过以下不同的结构形式进行组合。

2. 手腕结构形式

垂直串联机器人的手腕结构形式主要有图 3.1-10 所示的 3 种。图中的回转轴（Roll）能够在 4 象限进行 360°或接近 360°的回转，称 R 型轴；摆动轴（Bend）一般只能在 3 象限以下进行小于 270°的回转，称 B 型轴。

图 3.1-10（a）所示为由 3 个回转轴组成的手腕，称为 3R（RRR）结构。3R 结构的手腕一般采用伞齿轮传动，3 个回转轴的回转范围通常不受限制，这种手腕的结构紧凑、动作灵活、密封性好，但由于手腕上 3 个回转轴的中心线相互不垂直，其控制难度较大，因此，在通用型工业机器人上较少使用。

图 3.1-9 谐波减速器

图 3.1-10（b）所示为"摆动轴+回转轴+回转轴"或"摆动轴+摆动轴+回转轴"组成的手腕，称为 BRR 或 BBR 结构。BRR 和 BBR 结构的手腕回转中心线相互垂直，并和三维空间的坐标轴一一对应，其操作简单、控制容易。但是，这种手腕的外形通常较大、结构相对松散，因此，多用于大型、重载的工业机器人。在机器人作业要求固定时，这种手腕也经常被简化为 BR 结构的 2 自由度手腕。

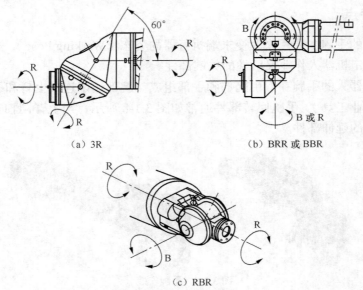

（a）3R   （b）BRR 或 BBR

（c）RBR

图 3.1-10 手腕的结构形式

图 3.1-10（c）所示为"回转轴+摆动轴+回转轴"组成的手腕，称为 RBR 结构。RBR 结构的手腕回转中心线同样相互垂直，并和三维空间的坐标轴一一对应，其操作简单、控

制容易；且结构紧凑、动作灵活，它是目前工业机器人最为常用的手腕结构。

RBR 结构的手腕回转驱动电机均可安装在上臂后侧，但腕弯曲和手回转的电机有前述的前置于上臂内腔（前驱）和后置于上臂摆动关节部位（后驱）两种常见结构，前者多用于中小规格机器人，后者多用于中大规格机器人，两种机械传动系统结构的详细内容分别介绍如下。

3.1.4　前驱 RBR 手腕结构

1．结构特点

小型垂直串联机器人的手腕承载要求低、驱动电机的体积小、重量轻，为了缩短传动链、简化结构、便于控制，它通常采用图 3.1-11 所示的前驱 RBR 结构。

前驱 RBR 结构手腕有手腕回转轴 R、腕摆动轴 B 和手回转轴 T 3 个运动轴。其中，R 轴通常利用上臂延伸段的回转实现，其驱动电机和主要传动部件均安装在上臂后端摆动关节处；B 轴、T 轴驱动电机直接布置于上臂前端内腔，驱动电机和手腕间通过同步皮带连接，3 轴传动系统都有大比例的减速器进行减速。

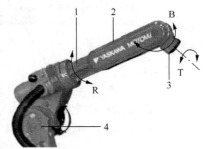

图 3.1-11　前驱手腕的结构
1—上臂　2—B/T 轴电机安装位置
3—摆动体　4—下臂

B、T 轴传动系统有采用部件型（Component Type）谐波减速器减速和单元型（Unit Type）谐波减速器两种。在早期设计的产品上，手腕大都采用部件型谐波减速器减速，这种结构的不足是：减速器采用的是刚轮、柔轮、谐波发生器分离型结构，减速器和传动部件都需要在现场安装，其零部件多、装配要求高、安装复杂、传动精度很难保证；特别是在手腕维修时，同样需要分解谐波减速器和传动部件，并予以重新装配，这不仅增加了维修难度，而且，减速器和传动部件的装拆，会导致传动系统性能和精度的下降。采用部件型谐波减速器的前驱手腕结构可参见本章后述的安川 MH6 机器人结构。

采用单元型谐波减速器的手腕，可将 B、T 轴传动系统的全部零件设计成可整体安装、专业化生产的独立组件。与采用部件型谐波减速器的手腕比较，它不仅可解决机器人安装与维修时的谐波减速器及传动部件分离问题；且在装拆时无需进行任何调整，故可提高 B、T 轴的传动精度和运动速度、延长使用寿命、减少机械零部件数量；其结构简洁、生产制造方便、装配维修容易。

2．传动系统

采用单元型谐波减速器的前驱手腕传动系统参考结构如图 3.1-12 所示，它主要由 B 轴减速摆动、T 轴中间传动、T 轴减速输出 3 个可整体安装、专业化生产的独立组件组成，其 B、T 轴驱动电机安装在上臂内腔；手腕摆动体安装在 U 形叉内侧；B 轴减速摆动组件、T 轴中间传动组件分别安装于上臂前端 U 形叉两侧；T 轴减速输出组件安装在摆动体前端，作业工具安装在与减速器输出轴连接的工具安装法兰上。传动组件的结构和功能分别如下。

（1）B 轴减速摆动组件。B 轴减速摆动组件由 B 轴谐波减速器、摆动体 9 及连接件组成。单元型谐波减速器的刚轮、柔轮、谐波发生器、输入轴、输出轴、支承轴承是一个可整体安装的独立单元，其输入轴上加工有键槽和中心螺孔，可直接安装同步带轮或齿轮；输出轴上加工有定位法兰，可直接连接负载；壳体和输出轴间采用了可同时承受径向和轴向载荷的交叉滚子轴承（Cross Roller Bearing，CRB）支撑。因此，只需要在减速器输入轴 7 上安装同步皮带轮 5、将壳体固定到上臂 U 形叉上、输出轴 6 与摆动体 9 连接便可完成安装。

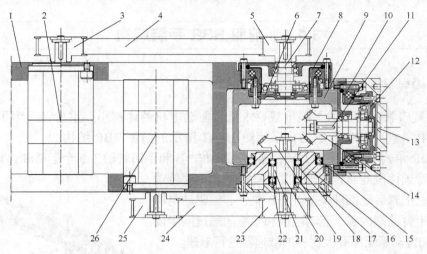

图 3.1-12　前驱手腕传动系统

1—上臂　2、26—伺服电机　3、5、23、25—带轮　4、24—同步带　6、12—输出轴　7、11—输入轴
8、10—CRB 轴承　9—摆动体　13—工具安装法兰　14、19—伞齿轮　15、18、22—轴承
16—支承座　17—端盖　20—中间传动轴　21—隔套

摆动体 9 的另一侧，利用安装在 T 轴中间传动组件上的轴承 15，进行径向定位、轴向浮动辅助支撑。B 轴驱动电机 2 和减速器输入轴 7 间通过同步皮带 4 连接，驱动电机旋转时将带动减速器输入轴旋转，减速器输出轴 6 可带动摆动体实现低速回转。

（2）T 轴中间传动组件。T 轴中间传动组件由摆动体辅助支承轴承 15、支承座 16、密封端盖 17、伞齿轮 19、中间传动轴 20、同步皮带轮 23 及中间传动轴支承轴承、隔套、锁紧螺母等件组成，它用来连接 T 轴驱动电机和 T 轴减速输出组件，并对摆动体进行辅助支撑。

中间传动轴 20 的一端通过同步皮带轮 23、同步皮带 24 和驱动电机输出轴连接，另一端通过伞齿轮 19 与 T 轴谐波减速器输入伞齿轮 14 啮合、变换转向。中间传动轴的支承轴承采用的是 DB（背对背）组合的角接触球轴承，可同时承受径向和轴向载荷，并避免热变形引起的轴向过盈。

（3）T 轴减速输出组件。T 轴减速输出组件固定在摆动体前端，减速器输入轴 11 上安装伞齿轮 14，输出轴 12 连接工具安装法兰 13，壳体固定在摆动体前端。当减速器输入轴在伞齿轮的带动下旋转时，输出轴可带动工具安装法兰低速回转。

图中的伞齿轮 14 和 19 不仅起到转向变换的作用，同时，还可通过改变直径，调节 T 轴减速输出组件和中间传动组件的相对位置。工具安装法兰 13 上设计有标准中心孔、定位法兰和定位孔、固定螺孔，可直接安装机器人的作业工具。

以上 3 个传动组件均利用安装法兰定位、连接螺钉固定，装拆时无需进行任何调整；同时，B/T 轴谐波减速器也无需分解，故其传动精度、摆动速度、使用寿命等技术指标，可保持出厂指标不变。

3.1.5 后驱 RBR 手腕结构

1. 结构特点

大中型工业机器人需要有较大的输出转矩和承载能力，B、T 轴驱动电机的体积大、重量重，为了保证电机有足够的安装空间和良好的散热条件，同时，能够减小上臂的体积和重量、平衡重力、提高运动稳定性，它通常采用图 3.1-13 所示的后驱 RBR 结构，将手腕 R、B、T 轴的驱动电机均布置在上臂后端，然后，通过上臂内部的传动轴，将驱动力传递到上臂前端的手腕单元上，利用手腕单元实现 R、B、T 轴的回转与摆动。

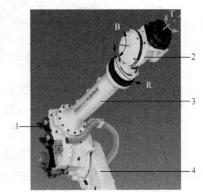

后驱结构不仅可解决前驱结构所存在的 B、T 轴驱动电机安装空间小、散热差，检测、维修、保养困难等问题，而且，还可使上臂结构紧凑、重心后移，提高机器人的作业灵活性和重力平衡性，使机器人运动更稳定。由于后驱结构的 R 轴回转关节后，已无其他电气连接线缆，故理论上 R 轴可无限旋转。

采用后驱手腕时，R、B、T 轴驱动电机均安装在上臂后部，因此，需要通过上臂内部的传动轴，将动力传递至前端的手腕单元上；在手腕单元上，则需要将传动轴输出转为驱动 B、T 轴回转的动力，故其机械传动系统结构相对复杂、传动链长，B、T 轴的传动精度一般不及前驱手腕。后驱手腕的传动系统参考结构如下。

图 3.1-13　后驱手腕结构
1—R/B/T 电机　2—手腕单元
3—上臂　4—下臂

2. 上臂传动系统

后驱结构机器人的上臂组成通常如图 3.1-14 所示。为了将后部的 R、B、T 轴驱动电机动力传递到前端手腕单元上，臂内部需要安装 R、B、T 传动轴，故需要采用中空结构。

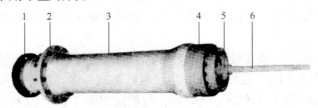

图 3.1-14　上臂组成
1—同步带轮　2—安装法兰　3—上臂体　4—R 轴减速器　5—B 轴　6—T 轴

上臂的后端是 R、B、T 轴的输入同步带轮组件 1，前端安装有手腕回转的 R 轴减速器 4，上臂体 3 可通过安装法兰 2 固定在上臂摆动体上。R 轴减速器同样为中空结构，减速器壳体固定在上臂体 3 上，输出轴用来连接手腕单元，内孔需要穿越 B 轴 5 和 T 轴 6。

上臂的机械传动系统参考结构如图 3.1-15 所示，其机械传动部件可分为内外 4 层。由于机器人的 T、B、R 轴的驱动力矩依次增加，为了保证传动系统的刚性，由内向外通常依次为手回转传动轴 T、腕弯曲传动轴 B、手腕回转传动轴 R，每一驱动轴均可独立回转，最外侧为固定的上臂体。

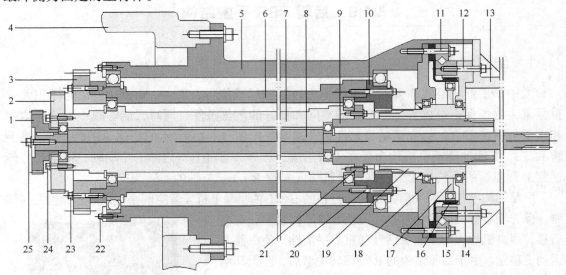

图 3.1-15 上臂传动系统

1—T 轴同步带轮　2—B 轴同步带轮　3—R 轴同步带轮　4—上臂摆动体　5—上臂　6—R 轴　7—B 轴
8—T 轴　9—B 花键轴　10—R 轴花键套　11、12—螺钉　13—手腕体　14—刚轮　15—CRB 轴承
16—柔轮　17—谐波发生器　18—端盖　19—输入轴　21～25—螺钉

　　上臂 5 的后端是 R、B、T 轴驱动电机和传动轴的连接部件和后支承部件。为方便驱动电机的安装，R、B、T 轴驱动电机和传动轴间一般采用同步带连接；当然，如果结构允许，也可采用齿轮传动，而内层的 T 轴还可和电机输出轴直连。

　　上臂 5 的内腔由内向外，依次布置有 T 轴 8、B 轴 7、R 轴 6。其中，T 轴 8 一般为实心轴，它需要穿越上臂、R 轴减速器及后述的手腕单元，与手腕单元最前端的伞齿轮连接。B 轴 7、R 轴 6 为中空轴，R 轴内侧套 B 轴；B 轴内侧套 T 轴。

　　R 轴 6 通过前端花键套 10 与安装在上臂前法兰的 R 轴减速器输入轴连接，其前后支承轴承分别安装在轴后端及前端中空花键套 10 上，花键套 10 和 R 轴 6 间，利用安装法兰和螺钉固定。为了简化结构，在部分机器人上，减速器输入轴和 R 轴间也可使用带键轴套等方法进行连接。

　　B 轴 7 的前端连接有一段花键轴 9，花键轴 9 用来连接 B 轴 7 和后述手腕单元上的 B 轴。花键轴 9 和 B 轴 7 之间，通过安装法兰和螺钉连成一体；轴外侧安装前后支承轴承。

　　T 轴 8 直接穿越 B 轴及后述的手腕单元，与最前端的 T 轴伞齿轮连接。T 轴的前后支承轴承分别布置于 B 轴 7 的前后内腔。

3. 手腕传动系统

　　后驱机器人的手腕单元组成一般如图 3.1-16 所示，它通常由 B/T 传动轴、B 轴减速摆动、T 轴中间传动、T 轴减速输出 4 个组件及连接体、摆动体等安装部件组成，其内部传动系统结构较复杂。

　　连接体 1 是手腕单元的安装部件，它与上臂前端的 R 轴减速器输出轴连接后，可带动整个手腕单元实现 R 轴回转运动。连接体 1 为中空结构，B/T 传动轴组件安装在连接体内部；B/T 传动轴组件的后端可用来连接上臂的 B/T 轴输入，前端安装有驱动 B、T 轴运动和进行转向变换的伞齿轮。

摆动体 4 是一个带固定臂和螺钉连接辅助臂的 U 形箱体，它可在 B 轴减速器输出轴的驱动下，在连接体 1 上进行 B 轴摆动运动。

B 轴减速摆动组件 5 是实现手腕摆动的部件，其内部安装有 B 轴减速器及伞齿轮等传动件。手腕摆动时，B 轴减速器的输出轴可带动摆动体 4 及安装在摆动体上的 T 轴中间传动组件 2、T 轴减速输出组件 3 进行 B 轴摆动运动。

T 轴中间传动组件 2 是将连接体 1 的 T 轴驱动力，传递到 T 轴减速输出部件的中间传动装置，它可随 B 轴摆动。T 轴中间传动组件由 2 组同步皮带连接、结构相同的过渡轴部件组成；过渡轴部件分别安装在连接体 1 和摆动体 2 上，并通过两对伞齿轮完成转向变换。

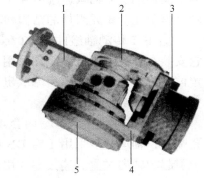

图 3.1-16　手腕单元组成
1—连接体　2—T 轴中间传动组件
3—T 轴减速输出组件　4—摆动体
5—B 轴减速摆动组件

T 轴减速输出组件直接安装在摆动体上，组件的内部结构和前驱手腕类似，传动系统主要有 T 轴谐波减速器、工具安装法兰等部件。工具安装法兰上设计有标准中心孔、定位法兰和定位孔、固定螺孔，可直接安装机器人的作业工具。

手腕单元同样可使用部件型谐波减速器或单元型谐波减速器减速，两种结构的 B、T 轴传动系统分别如下。

（1）采用单元型减速器

采用轴输入单元型谐波减速器（如 Harmonic Drive System SHG-2UJ 系列）的后驱手腕单元传动系统参考结构如图 3.1-17 所示。

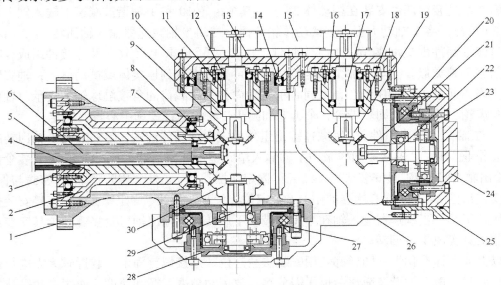

图 3.1-17　采用单元型减速器的手腕传动系统
1—连接体　2—外套　3—连接套　4—内套　5—B 输入轴　6—T 输入轴　7、8、9、19、21、30—伞齿轮
10、18—支承座　11、17—轴　12、14、16—轴承　13—辅助臂　15—同步皮带　20、27—减速器
22、29—输入轴　23、28—输出轴　24—工具安装法兰　25—防护罩　26—摆动体

采用单元型谐波减速器的 B、T 轴传动系统是一个由 B/T 传动轴、B 轴减速摆动、T 轴中间传动、T 轴减速输出 4 个可整体装拆的组件，以及连接体、摆动体等安装部件组成的完整单元，单元组件的结构和功能分别如下。

① B/T 传动轴组件。B/T 传动轴组件是连接 B/T 输入轴和摆动体、变换转向的部件，它安装在连接体内腔。组件采用了中空内外套结构，它通过外套 2 的前端外圆和后端法兰定位，可整体从连接体后端取出；此外，如无内套，连接体前端伞齿轮的安装、加工、调整将会非常麻烦。

B 传动轴由连接套 3、内套 4、伞齿轮 7 及连接件组成，它利用前后支承轴承和外套内孔配合；轴承一般采用 1 对 DB 组合的角接触球轴承，以承受径向和轴向载荷、避免热变形引起的轴向过盈。连接套 3 用来连接 B 输入轴 5，以驱动 B 轴伞齿轮 7 旋转；伞齿轮 7 和内套 4 利用键、锁紧螺母连为一体，前轴承安装在伞齿轮上。

T 输入轴 6 来自上臂，其前端安装有伞齿轮 8 和支承轴承，轴承由内套孔进行径向定位、轴向浮动支撑；伞齿轮利用键和中心螺钉固定在 T 输入轴上。

② B 轴减速摆动组件。B 轴减速摆动组件是一个可摆动 U 形箱体，出于安装的需要，箱体的辅助臂 13 和摆动体 26 间用螺钉连接；辅助臂和连接体间安装有轴承 14，作为 B 轴的辅助支承。B 轴减速同样采用了 SHG-2UJ 系列轴输入单元型谐波减速器，其输入轴 29 上安装齿轮 30；输出轴 28 连接摆动体 26；壳体固定在连接体 1 上。当 B 输入轴 5 旋转时，利用伞齿轮 7 和 30，可带动减速器输入轴旋转，减速器的输出轴可直接驱动 U 形箱体摆动。

③ T 轴中间传动组件。T 轴中间传动组件由 2 组同步皮带连接、结构相同的过渡轴部件组成，其作用是将 T 输入轴的动力传递到 T 轴减速器上。第 1 组过渡轴部件固定在连接体上，其伞齿轮 9 和 B/T 传动轴组件上的 T 轴伞齿轮 8 啮合，将 T 轴动力从连接体 1 上引出；第 2 组过渡轴部件安装在摆动体 26 上，其伞齿轮 19 和 T 轴谐波减速器输入轴上的伞齿轮 20 啮合，将 T 轴动力引入到摆动体箱体内，带动 T 轴减速器输入轴回转。

过渡轴部件由支承座 10（18）、轴 11（17）、支承轴承 12（16）及连接件组成，其结构与前驱手腕类似。支承座加工有定位法兰，可直接安装到连接体或摆动体上；轴安装在支承座内，通过 1 对 DB 组合，可同时承受轴向和径向载荷的角接触球轴承支承；轴内侧安装伞齿轮，外侧安装同步带轮，伞齿轮和同步带轮均通过键和中心螺钉固定。

④ T 轴减速输出组件。T 轴减速输出组件固定在摆动体前端，用来实现 T 轴回转减速和安装作业工具。T 轴减速同样采用了轴输入单元型谐波减速器，输入轴 22 上安装伞齿轮 21，输出轴 23 连接工具安装法兰 24，壳体固定在摆动体上，外部用防护罩 25 密封与保护。工具安装法兰 24 上设计有标准的中心孔、定位法兰和定位孔、固定螺孔，可直接安装机器人的作业工具；当减速器输入轴在伞齿轮带动下旋转时，输出轴可直接驱动工具安装法兰及作业工具实现 T 轴回转。

以上 4 个标准化组件同样都利用安装法兰定位、连接螺钉固定，装拆时无需进行任何调整；同时，B/T 轴谐波减速器也无需分解，故传动精度、摆动速度、使用寿命等技术指标，可完全保持出厂指标不变。

（2）采用部件型减速器

采用传统部件型谐波减速器的后驱手腕单元传动系统参考结构如图 3.1-18 所示。

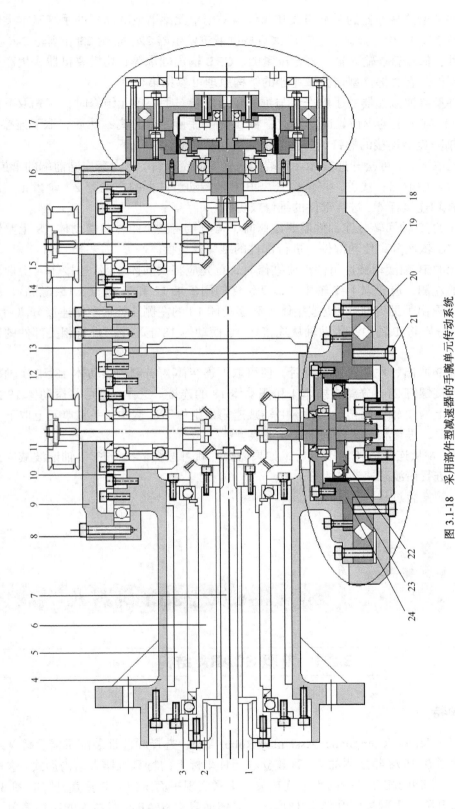

图 3.1-18　采用部件型减速器的手腕单元传动系统

1—B 花键轴　2—花键套　3—压圈　4—连接体　5—内套　6—B 轴接杆　7—T 轴　8—压板　9—辅助臂　10、14—支承座　11、15—同步带轮　12—同步带
13—端盖　16、21—螺钉　17—手回转减速部件　18—摆动减速部件　19—腕摆动减速部件　20—CRB 轴承　22—谐波发生器　23—柔轮　24—刚轮

采用部件型谐波减速器的手腕组成和部件与采用单元型谐波减速器的手腕基本类似，但在减速部件 17、19 中，减速器生产厂家只提供谐波发生器 22、柔轮 23 和刚轮 24；其他的安装连接件，如端盖、输入轴、柔轮压紧圈、CRB 输出轴承等，均需要机器人生产厂家自行设计和制作。有关部件型谐波减速器的结构原理可参见第 4 章。

采用部件型谐波减速器的手腕安装与维修较为复杂。手腕单元维修时，应先取下前端盖 13，松开 T 轴 7 上的伞齿轮固定螺钉，将 T 轴和手腕单元分离；然后，取下连接体 4 和上臂中 R 轴减速器连接的螺钉，将整个手腕单元从机器人上取下。

手腕单元取下后，可松开连接体 4 后端的内套 5 固定螺钉，将内套连同前端的伞齿轮，整体从连接体 4 中取出；接着，可依次分离 B/T 轴传动组件上的花键套 2、伞齿轮、前后支承轴承和 B 轴连接杆 6，进行部件的维修或更换。

手腕单元的 T 轴回转减速部件需要维修时，可直接将整个组件从摆动体 18 上整体取下，然后，按图依次分离传动部件、进行部件的维修或更换。

手腕单元的 B 轴摆动减速组件需要维修时，首先应将摆动体 18 从连接体 4 上取下。在连接体 4 的左侧，应先取下 T 轴中间传动组件的同步带 12 和带轮 11、15；然后，取下固定螺钉 16、取出辅助臂 9，分离连接体 4 和摆动体 18 的左侧连接。左侧连接分离后，如果需要，便可分别将 T 轴中间传动轴从连接体 4、摆动体 18 上取下，进行相关部件的维修或更换。

在辅助臂 9 取出、左侧连接分离后，便可取下连接体 4 右侧的摆动体 18 和 B 轴减速器输出轴的连接螺钉 21，分离连接体 4 和摆动体 18 的连接。这样，便可将摆动体 18 以及安装在摆动体上的 T 轴中间传动组件、T 轴减速输出组件等，整体从手腕单元上取下；然后，再根据需要，进行相关部件的维修或更换。

当摆动体 18 从连接体 4 上取下后，如果需要，就可按图依次分离 B 轴谐波减速器及安装连接件，进行谐波减速器的维修。

手腕单元的安装过程与上述相反。

3.2

SCARA 及 Delta 机器人

3.2.1 前驱 SCARA 结构

1. 结构特点

SCARA（Selective Compliance Assembly Robot Arm，选择顺应性装配机器手臂）结构是日本山梨大学在 1978 年发明的、一种建立在圆柱坐标上的特殊机器人结构形式。这种机器人通过 2～3 个轴线相互平行的水平旋转关节串联实现平面定位，其垂直升降有图 3.2-1 所示的执行器升降及手臂整体升降 2 种形式。总体而言，SCARA 机器人的结构简单、外形轻巧、定位精度高、运动速度快，它特别适合于平面定位、垂直方向装卸的搬运和装配作业，故首先被用于 3C 行业印刷电路板的器件装配和搬运作业；随后在光伏行业的 LED、太阳能电池安装，以及塑料、汽车、药品、食品等行业的平面装配和搬运领域得到了较为广泛的应用。

从机械结构上看，SCARA 机器人类似于水平放置的垂直串联机器人，其手臂轴为沿水平方向串联延伸、轴线相互平行的摆动关节；驱动摆动臂回转的伺服电机可前置在关节部位（前驱），也可统一后置在基座部位（后驱）。

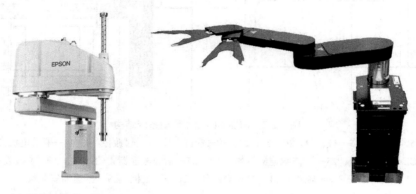

(a) 执行器升降（前驱）　　　　　　　　(b) 手臂升降（后驱）

图 3.2-1　SCARA 结构形式

1—连接体　2—内套　3—R 轴　4—B 轴　5—T 轴　6、7、8、14、15、19—伞齿轮

前驱 SCARA 机器人的垂直升降多数采用执行器升降结构，它通常用于上部作业空间不受限制的平面装配、搬运和电气焊接等作业，其机械传动系统结构简单、层次清晰、装配方便、维修容易。但是，机器人的悬伸摆臂需要承担驱动电机的重量，它对手臂的刚性有一定的要求，因此，多数采用 2 个水平旋转关节串联，其外形体积、手臂质量等均较大，整体结构相对松散。

后驱 SCARA 机器人的垂直升降一般通过手臂整体升降实现，悬伸摆臂均呈平板状，这种机器人除了作业区域外，几乎不需要额外的安装空间，它可在上部空间受限的情况下，进行平面装配、搬运和电气焊接等作业。后驱 SCARA 机器人的安装空间小、结构轻巧、定位精度高、运动速度快，但其机械传动系统相对复杂，机器人的承载能力也通常较小。后驱 SCARA 机器人的传动系统结构参见后述。

2. 传动系统

驱动电机安装于摆臂关节部位的双摆臂、前驱 SCARA 机器人的传动系统参考结构如图 3.2-2 所示。其 C1 轴的驱动电机 4 利用过渡板 3，倒置安装在减速器安装板 29 的下方；C2 轴的驱动电机 18 利用过渡板 16，垂直安装在 C1 轴摆臂 7 的前端关节上方。

为了简化结构，C1、C2 轴减速均采用了刚轮、柔轮和 CRB 轴承一体化设计的简易单元型谐波减速器（如 Harmonic Drive System SHG-2SO 系列等），减速器的刚轮 9、23 及 CRB 轴承 12、24 的内圈，分别通过连接螺钉 20、5 连为一体；减速器的柔轮 10、25 和 CRB 轴承 12、24 的外圈，分别通过固定环 14、22 及连接螺钉 21、6 连为一体。

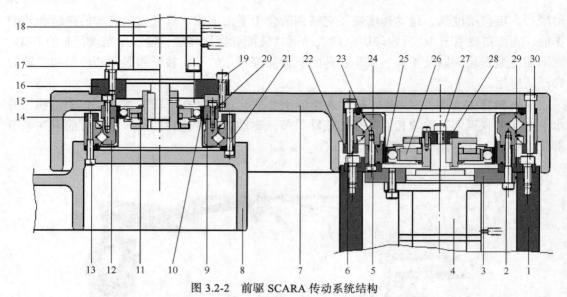

图 3.2-2　前驱 SCARA 传动系统结构

1—机身　2、5、6、13、15、17、19、20、21、27、30—螺钉　3、16—过渡板　4、18—驱动电机　7—C1 轴摆臂
8—C2 轴摆臂　9、23—谐波减速器刚轮　10、25—谐波减速器柔轮　11、26—谐波发生器
12、24—CRB 轴承　14、22—固定环　28—固定板　29—减速器安装板

C1、C2 轴谐波减速器采用的是刚轮固定、柔轮输出的安装形式。C1 轴减速器的谐波发生器 26，通过固定板 28、键和驱动电机 4 的输出轴连接；刚轮 23 固定在减速器安装板 29 的上方；柔轮 25 通过连接螺钉 30 连接 C1 轴摆臂 7；当驱动电机 4 旋转时，谐波减速器的柔轮 25 可驱动 C1 轴摆臂 7 低速摆动。C2 轴减速器的谐波发生器 11 和驱动电机 18 的输出轴间用键、支头螺钉连接；刚轮 9 固定在 C1 轴摆臂 7 上；柔轮 10 通过螺钉 13 连接 C2 轴摆臂 8；当驱动电机 18 旋转时，谐波减速器的柔轮 10 可驱动 C2 轴摆臂 8 低速摆动。

如果在 C2 臂的前端再安装与 C2 轴类似的 C3 轴减速器和相关传动零件，这就成了 3 摆臂的前驱 SCARA 机器人。

前驱 SCARA 机器人的结构简单，安装、维修非常容易。例如，取下减速器柔轮和摆臂的固定螺钉 13、30，就可将 C2 摆臂 8、C1 轴摆臂 7 连同前端部件整体取下；取下安装螺钉 19、2，就可将驱动电机 18、4，连同过渡板 16、3 及谐波发生器 11、26，整体从摆臂、基座上取下。如果需要，还可按图继续分离谐波减速器的刚轮、柔轮和 CRB 轴承。机器人传动部件的安装，可按上述相反的步骤依次进行。

3.2.2　后驱 SCARA 结构

后驱 SCARA 机器人的全部驱动电机均安装在基座上，其摆臂结构非常紧凑，为了缩小摆臂体积和厚度，它一般采用同步带传动，并使用刚轮和 CRB 轴承内圈一体式设计的超薄型减速器减速。

双摆臂后驱 SCARA 机器人的传动系统参考结构如图 3.2-3 所示，其中 C1、C2 轴的驱动电机 29、23 均安装在机身 21 的内腔。为了布置 C2 轴传动系统，C1 轴谐波减速器采用的是中空轴、单元型谐波减速器（如 Harmonic Drive System SHG-2UH 系列等），减速器的谐波发生器输入轴和驱动电机 29 间通过齿轮 25、28 传动；减速器的中空内腔上，安装有 C2 轴的中间传动轴。谐波减速器采用的是壳体（柔轮）固定、输出轴（刚轮）回转的安装方式，壳体固定在机身 21 上；当谐波发生器 18 在驱动电机 29、齿轮 28、25 带动下旋转时，输出轴将带动 C1 轴摆臂 15 减速摆动。

C2 轴谐波减速器采用的是刚轮、柔轮和 CRB 轴承一体化设计的简易单元型谐波减速器（如 Harmonic Drive System SHG-2SO 系列等），减速器输入与驱动电机 23 间采用了 2 级同步带传动。减速器的谐波发生器 14 通过输入轴上的同步带轮 2、同步带 3，与中间传动轴输出侧的同步带轮 6 连接；中间传动轴的输入侧，通过同步带轮 26 及同步皮带与 C2 轴驱动电机 23 输出轴上的同步带轮 24 连接。

C2 轴谐波减速器同样采用壳体（柔轮）固定、输出轴（刚轮）回转的安装方式，壳体固定在 C1 轴摆臂 15 上；当谐波发生器 14 在同步皮带传动系统带动下旋转时，输出轴将带动 C2 轴摆臂 9 减速摆动。

图 3.2-3 所示的后驱 SCARA 机器人维修时，可先取下 C1 轴摆臂上方的盖板 1、5，松开同步带轮 2、6 上的轴端螺钉，取下同步带带轮后，便可逐一分离 C1 轴和 C2 轴传动部件，进行维护、更换和维修。例如，取下连接螺钉 8，摆臂 15 连同前端 C2 轴传动部件就可整体与机身 21 分离；取下连接螺钉 11，则可将摆臂 9 连同前端部件，从 C2 轴减速器的输出轴上取下；将其与 C1 轴摆臂 15 分离。

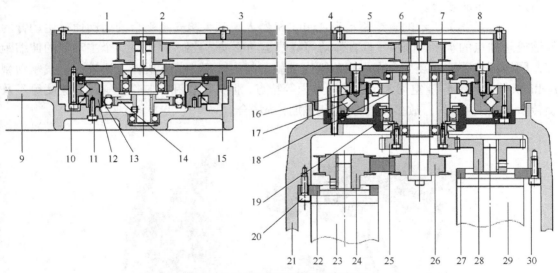

图 3.2-3　双摆臂后驱传动系统结构

1、5—盖板　2、6、24、26—同步带轮　3—同步带　4、7、8、10、11、20、30—螺钉　9—C2 轴摆臂
12、17—CRB 轴承　13、16—柔轮　14、18—谐波发生器　15—C1 轴摆臂　19—壳体　21—机身
22、27—电机安装板　23—C2 轴电机　25、28—齿轮　29—C1 轴电机

在机身 21 的内侧，取下 C1 轴驱动电机安装板的固定螺钉 30，便可将驱动电机连同安装板 27、齿轮 28，从机身 21 内取出。松开同步带轮 26 的轴端固定螺钉后，如取下 C2 轴驱动电机安装板 22 的固定螺钉 20，便可将驱动电机 23 连同安装板 22、同步带轮 24，从机身内取出。

如果需要，还可按图继续取下谐波减速器、中间传动轴等部件。机器人传动部件的安装，可按上述相反的步骤依次进行。

3.2.3 Delta 结构简介

并联机器人是机器人研究的热点之一，从而出现了种种不同的结构形式，但是，由于并联机器人大都属于多参数耦合的非线性系统，其控制十分困难，正向求解等理论问题尚未完全解决；加上机器人通常只能倒置式安装，其作业空间较小等原因，因此，绝大多数并联机构都还处于理论或实验研究阶段，尚不能在实际工业生产中应用和推广。

目前，实际产品中所使用的并联机器人结构，以 Clavel 发明的 Delta 机器人为主。Delta 结构克服了其他并联机构的诸多缺点，它具有承载能力强、运动耦合弱、力控制容易、驱动简单等优点，因而，在电子电工、食品药品等行业的装配、包装、搬运等场合，得到了较广泛的应用。

从机械结构上说，当前实用型的 Delta 机器人，总体可分为图 3.2-4 所示的回转驱动型（Rotary Actuated Delta）和直线驱动型（Linear Actuated Delta）两大类。

图 3.2-4（a）所示的回转驱动型 Delta 机器人，其手腕安装平台的运动通过主动臂的摆动驱动，控制 3 个主动臂的摆动角度，就能使手腕安装平台在一定范围内运动与定位。旋转型 Delta 机器人的控制容易、动态特性好，但其作业空间较小、承载能力较低，故多用于高速、轻载的场合。

图 3.2-4（b）所示的直线驱动型 Delta 机器人，其手腕安装平台的运动通过主动臂的伸缩或悬挂点的水平、倾斜、垂直移动等直线运动驱动，控制 3（或 4）个主动臂的伸缩距离，同样可使手腕安装平台在一定范围内定位。与旋转型 Delta 机器人比较，直线驱动型 Delta 机器人具有作业空间大、承载能力强等特点，但其操作和控制性能、运动速度等不及旋转型 Delta 机器人，故多用于并联数控机床等场合。

（a）回转驱动型　　　　　　　　　（b）直线驱动型

图 3.2-4　Delta 机器人的结构

由图 3.2-4 可见，Delta 机器人尽管控制复杂，但其机械传动系统的结构却非常简单。例如，回转驱动型机器人的传动系统是 3 组完全相同的摆动臂，摆动臂的摆动直接由驱动电机经减速器减速后驱动，无其他中间传动部件，故只需要根据不同的要求，选择类似前述垂直串联机器人机身、前驱 SCARA 机器人摆臂等减速摆动机构便可实现；对于直线驱动型机器人，则是 3 组完全相同的伸缩臂，它与 SCARA 机器人的垂直升降运动一样，通常都可采用传统的滚珠丝杠驱动，其传动系统结构与数控机床进给轴类似，本书不再对此进行说明。

3.3 工业机器人结构实例

3.3.1 MH6 机器人简介

虽然工业机器人有不同的结构形式，但是，相近规格的同类机器人的机械结构大多相似，部分产品甚至只是结构件外形有区别，其机械传动系统几乎完全一致。因此，全面了解一种典型产品的结构，就可为此类机器人的机械结构设计、维护维修奠定基础。

6 轴垂直串联是工业机器人使用最广、最典型的结构形式，日本安川公司是全球著名的工业机器人生产厂家，其产品产量长期位居世界前列（前 2 位），同时，安川也是目前国内使用最为广泛的机器人品牌之一。本节将以安川垂直串联机器人的典型产品——MOTOMAN-MH6系列通用型机器人（以下简称 MH6）为例，来完整介绍工业机器人的机械结构。

MH6 系列通用机器人的外观如图 3.3-1 所示，它采用了小规格工业机器人最常用的 6 轴典型结构，产品可配套采用安川 DX100、DX200 等机器人控制器和操作单元（示教器）。

（a）机器人本体   （b）控制系统

图 3.3-1　安川 MH6 机器人

MH6 机器人的主要技术参数可参见第 2 章，机器人本体的机械部件结构简图如图 3.3-2 所示，它总体可分机身和手腕两大部分。

1. 机身及驱动部件

机器人的机身通常由基座、定位机构和行走机构组成。工业机器人由于作业环境固定不变，多数不需要行走，其机身通常只有基座和定位机构。

MH6 机器人的机身由图 3.3-2 所示的基座和腰、下臂、上臂 3 个关节所构成。基座是整个机器人的支持部分，用于机器人的安装和固定；腰、下臂、上臂用来控制机器人手腕参考点的移动和定位。

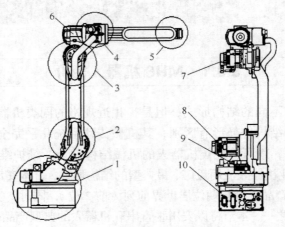

图 3.3-2　MH6 的本体机械结构

1—基座及腰回转　2—下臂摆动　3—上臂摆动　4—手腕回转　5—腕弯曲与手回转
6—R 轴电机　7—U 轴电机　8—L 轴电机　9—S 轴电机　10—电气连接板

2. 手腕及驱动部件

MH6 机器人手腕采用了典型的前驱结构。连接手部和上臂的腕部和上臂同轴安装，可视为上臂的延长部分；手部可通过标准工具安装法兰安装作业工具。

为了实现末端执行器（作业工具）的 6 自由度完全控制，MH6 机器人的手腕设置有手腕回转轴 R、腕弯曲摆动轴 B 和手回转轴 T 共 3 个关节。手腕回转轴 R 由安装在上臂后端的伺服电机 6，通过谐波减速器减速驱动；腕弯曲摆动轴 B、手回转轴 T 的驱动电机均安装在上臂前端内腔，电机通过同步带、伞齿轮等传动部件，与 B、T 轴的谐波减速器连接，驱动 B、T 轴低速摆动及回转。

3. 机器人安装

机器人可通过基座底部的安装孔固定。由于机器人的工作范围较大，但基座的安装面较小，当机器人直接安装于地面时，为了保证安装稳固，减小地面压强，一般需要在地基和底座间安装图 3.3-3 所示的过渡板 1。

基座安装过渡板后，过渡板相当于基座的一部分，因此，它需要有一定的厚度（MH 要求在 40mm 以上）和面积，以保证刚性、减小地面压强。

为了保证安装稳固，基座过渡板一般需要通过图 3.3-3 所示的地脚螺钉和混凝土地基连接，安装机器人的地基需要有足够的深度和面积。

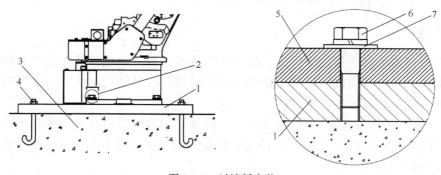

图 3.3-3　过渡板安装

1—过渡板　2—过渡板连接　3—地基　4—地脚螺钉　5—基座　6—螺钉　7—垫圈

3.3.2　基座和腰部结构

1．基座结构

基座是整个机器人的支持部分，它既是机器人的安装和固定部位，也是机器人的电线电缆、气管油管输入连接部位。

MH6 机器人的基座外观及内部机械结构如图 3.3-4 所示。

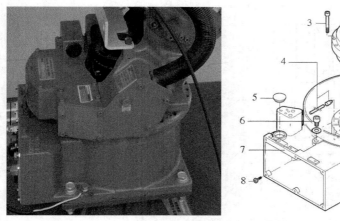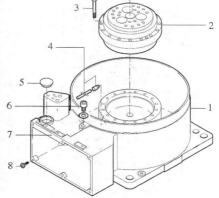

图 3.3-4　基座结构图

1—基座体　2—RV 减速器　3、6、8—螺钉　4—润滑管　5—盖　7—管线盒

基座的底部为机器人安装固定板；基座内侧上方的凸台用来固定腰部回转轴 S 的 RV（Rotary Vector）减速器的壳体（针轮），RV 减速器的输出轴连接腰体。基座的后侧面安装有机器人的电线电缆、气管油管连接用的管线连接盒 7，连接盒的正面布置有电线电缆插座、气管油管接头连接板。

为了简化结构、方便安装，腰回转轴 S 的 RV 减速器 2 采用了输出轴固定、针轮（壳体）回转的安装方式，由于针轮（壳体）被固定安装在基座 1 上，因此，实际进行回转运动的是 RV 减速器的输出轴，即腰体和驱动电机部件。

2. 腰结构

腰部是连接基座和下臂的中间体，腰部可以连同下臂及后端部件在基座上回转，以改变整个机器人的作业面方向。腰部是机器人的关键部件，其结构刚性、回转范围、定位精度等都直接决定了机器人的技术性能。

MH6 机器人腰部的组成如图 3.3-5 所示。腰体 2 的内侧安装有腰回转的 S 轴伺服驱动电机 1；右侧安装线缆管 3；上部突耳的左右两侧用来安装下臂及其驱动电机。机器人的腰以上部分均可随腰部回转。

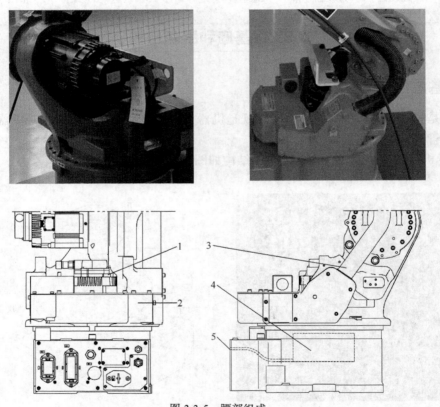

图 3.3-5　腰部组成

1—驱动电机　2—腰体　3—线缆管　4—减速器　5—润滑油管

MH6 机器人腰回转轴 S 的内部结构如图 3.3-6 所示。腰回转驱动的 S 轴伺服电机 1 安装在电机座 4 上，电机轴直接与 RV 减速器的输入轴连接。RV 减速器的针轮（壳体）固定在基座上，电机座 4 和腰体 6 安装在 RV 减速器的输出轴上，因此，当电机旋转时，减速器的输出轴将带动腰体、驱动电机在基座上回转。

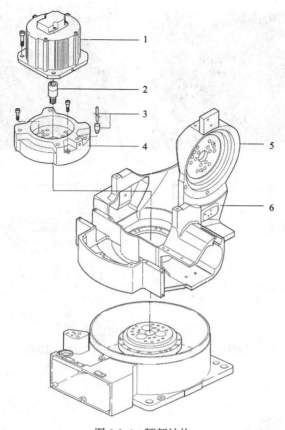

图 3.3-6　腰部结构
1—驱动电机　2—减速器输入轴　3—润滑管　4—电机座　5—下臂安装端面　6—腰体

3.3.3　上/下臂结构

1.　下臂结构

　　下臂是连接腰部和上臂的中间体，下臂可以连同上臂及后端部件在腰上摆动，以改变参考点的前后及上下位置。

　　MH6 机器人下臂的组成如图 3.3-7 所示。下臂体 3 和回转摆动的 L 轴伺服驱动电机 2 分别安装在腰体上部突耳的左右两侧；RV 减速器安装在腰体 1 上，伺服电机 2 通过减速器驱动下臂摆动。

　　MH6 机器人下臂的机械传动系统结构如图 3.3-8 所示。下臂体 5 的下端形状类似端盖，它用来连接 RV 减速器 7 的针轮（壳体）；臂的上端类似法兰盖，它用来连接上臂回转驱动的 RV 减速器输出轴；臂中间部分的截面为 U 形，内腔用来安装线缆管。

　　下臂摆动的 RV 减速器同样采用输出轴固定、针轮回转的安装方式。L 轴伺服驱动电机 1 安装在腰体突耳的左侧，电机轴直接与 RV 减速器 7 的输入轴 2 连接；RV 减速器的输出轴通过螺钉 4 固定在腰体上，针轮通过螺钉 8 连接下臂；当电机旋转时，减速器针轮将带动下臂在腰体上摆动。

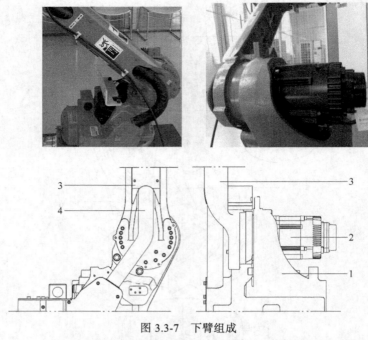

图 3.3-7　下臂组成
1—腰体　2—驱动电机　3—下臂体　4—线缆管

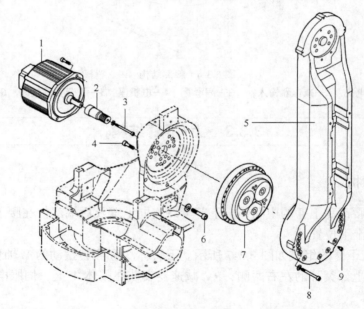

图 3.3-8　下臂结构
1—驱动电机　2—减速器输入轴　3、4、6、8、9—螺钉　5—下臂体　7—RV 减速器

2．上臂结构

上臂是连接下臂和手腕的中间体，上臂可以连同手腕及后端部件在上臂上摆动，以改变参考点的上下及前后位置。

MH6 机器人上臂的组成如图 3.3-9 所示。上臂 3 安装在下臂的左上侧，上臂回转摆动的 U 轴伺服驱动电机 4、RV 减速器安装在上臂关节左侧；电机、减速器的轴线和上臂回转轴线同轴；伺服驱动电机 4 的连接线从右侧线缆管 2 引入。电机旋转时，电机、减速器将随同上臂在下臂上摆动。

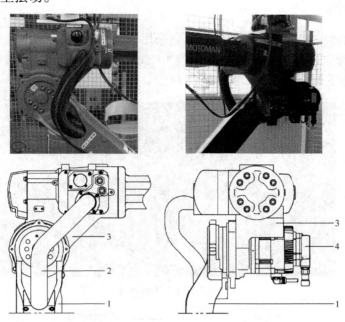

图 3.3-9　上臂组成

1—下臂　2—线缆管　3—上臂　4—驱动电机

MH6 机器人上臂的传动系统结构如图 3.3-10 所示。上臂 6 的上方为箱体结构，内腔用来安装手腕回转的 R 轴伺服驱动电机及减速器。上臂回转的 U 轴伺服驱动电机 1 安装在臂的左下方，电机利用螺钉 2 安装于上臂，电机轴直接与 RV 减速器 7 的输入轴 3 连接。RV 减速器 7 安装在上臂右下方的内侧，减速器的针轮（壳体）利用连接螺钉 5 或 8 与上臂连接；输出轴通过螺钉 10 连接下臂 9；电机旋转时，上臂及电机可绕下臂摆动。

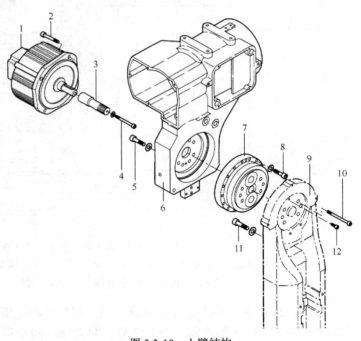

图 3.3-10　上臂结构

1—驱动电机　3—RV 减速器输入轴

2、4、5（8）、10、11、12—螺钉　6—上臂　7—减速器　9—下臂

3.3.4　手腕结构

1．总体结构

MH6 机器人的手腕如图 3.3-11 所示，它采用前驱 RBR 结构，所使用的谐波减速器均为刚轮、柔轮、谐波发生器可分离的部件型（Component Type）谐波减速器。手腕单元的 B、T 轴机械传动系统总体结构如图 3.3-12 所示。

图 3.3-11　手腕外观

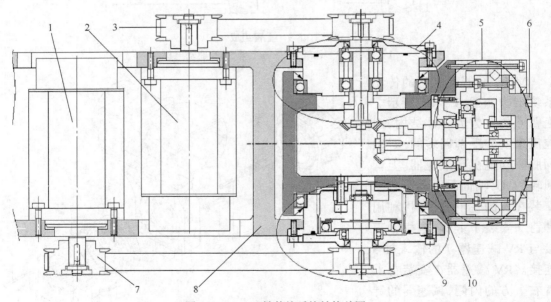

图 3.3-12　B/T 轴传统系统结构总图

1—B 轴驱动电机　2—T 轴驱动电机　3—T 轴传动　4—B 支承及 T 传动　5—T 减速器　6—法兰
7—B 轴传动　8—手腕体　9—B 减速器　10—B 摆动体

摆动轴 B 的驱动系统布置于手腕右侧。伺服驱动电机 1 安装在手腕体 8 的后部，B 轴谐波减速器 9 安装在手腕体 8 的右前侧，两者通过同步带传动部件 7 连接后，将动力传递到减速器的输入轴（谐波发生器）上。B 轴减速器的输出（柔轮）连接腕弯曲摆动体 10，驱动电机 1 回转时，摆动体便可低速摆动。

　　手回转轴 T 的驱动系统主要布置于摆动体上。伺服驱动电机 2 安装在手腕体 8 的中部，T 轴减速器 5 安装在摆动体 10 上。为了将驱动电机 2 的动力传递到摆动体 10 上，首先，通过位于手腕体 8 左侧的同步带传动部件 3，将动力传递至手腕体 8 的左前侧的伞齿轮上，通过伞齿轮变换方向后，将动力传递至 T 轴谐波减速器的输入轴（谐波发生器）上。T 轴减速器的输出（谐波减速器的柔轮）连接末端执行器安装法兰 6，驱动电机 2 回转时，末端执行器安装法兰便可进行手回转运动。

　　MH6 机器人手腕单元各轴的传统系统结构如下。

2．R 轴结构

　　MH6 机器人的手腕回转轴 R 的组成及安装如图 3.3-13 所示。

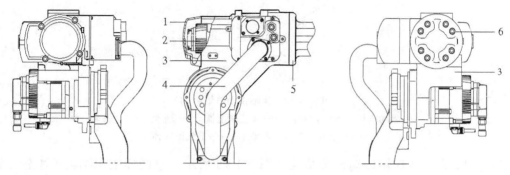

图 3.3-13　R 轴组成及安装

1—保护罩　2—驱动电机　3—上臂　4—线缆管　5—手腕回转体　6—安装螺钉

　　手腕回转轴 R 采用的是刚轮、柔轮、谐波发生器可分离的部件型谐波减速器。R 轴驱动电机、减速器、过渡轴等传动部件均安装在上臂的内腔中；手腕回转体安装在上臂的前端；减速器输出和手腕回转体之间，通过过渡轴进行连接；因此，手腕回转体可起到延长上臂的作用，故 R 轴又称上臂回转。R 轴驱动电机的电缆从右侧线缆管进入内腔；电机后侧安装有保护罩 1。

　　R 轴传动系统主要由伺服驱动电机、谐波减速器、过渡轴等主要部件组成，其机械传动系统结构如图 3.3-14 所示。

　　谐波减速器 3 的刚轮和电机座 2 固定在上臂的内壁上；R 轴伺服驱动电机 1 的输出轴和减速器的谐波发生器连接；谐波减速器的柔轮输出和过渡轴 5 连接。

　　过渡轴 5 是连接谐波减速器和手腕回转体 8 的中间轴，它安装在上臂内部，可在上臂内回转。过渡轴的前端面安装有交叉滚子轴承（CRB）7；后端面与谐波减速器的柔轮连接。过渡轴的后支承为径向轴承 4，轴承的外圈安装于上臂的内侧；内圈与过渡轴 5 的后端配合。过渡轴的前支承采用了可同时承受径向和轴向载荷的 CRB 轴承 7，轴承的外圈固定在上臂前端面上，作为回转支承；内圈与过渡轴 5、手腕回转体 8 连接，它们可在减速器输出的驱动下回转。

3．B 轴结构

　　MH6 机器人的手腕采用的前驱结构，其摆动轴 B 和手回转轴 T 的伺服驱动电机，均安装在手腕体上。

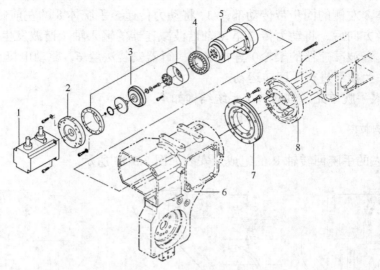

图 3.3-14 R 轴传动系统结构

1—驱动电机 2—电机座 3—谐波减速器 4—轴承 5—过渡轴

6—上臂 7—CRB 轴承 8—手腕回转体

MH6 机器人的 B 轴传动系统结构如图 3.3-15 所示。它同样采用刚轮、柔轮、谐波发生器可分离的部件型谐波减速器。B 轴伺服驱动电机 2 安装在手腕体 17 的后部，电机通过同步带 5 与安装在手腕前端的谐波减速器 8 输入轴连接，减速器柔轮连接摆动体 12。安装在手腕体 17 右前侧的谐波减速器刚轮和安装在左前侧的支承座 14，是摆动体 12 摆动回转的支承，它们分别用来安装轴承 11、13 的内圈；轴承 11、13 的外圈和摆动体 12 连接，可随摆动体 12 回转。摆动体 12 的回转驱动力来自右前侧谐波减速器 8 的柔轮输出，减速器的柔轮与摆动体 12 间利用连接螺钉 10 固定。因此，当驱动电机 2 旋转时，将通过同步带 5 带动减速器的谐波发生器旋转，减速器的柔轮输出将带动摆动体 12 摆动。

4. T 轴结构

T 轴机械传动系统由中间传动部件和回转减速部件组成，其传统系统分别如下。

（1）T 轴中间传动部件

MH6 机器人手回转轴 T 的中间传动部件的传动系统结构如图 3.3-16 所示。手回转轴 T 的驱动电机 1 安装在手腕体 2 的中部，电机通过同步带，将动力传递至手腕回转体的左前侧。安装在手腕回转体左前侧的支承座 13 为中空结构，其外圈作为腕弯曲摆动轴 B 的支承；其内部安装有手回转轴 T 的中间传动轴。

中间传动轴的外侧安装有与电机连接的同步带轮 8，内侧安装有伞齿轮 14。伞齿轮 14 的倾斜角为 45°，它和安装在摆动体上的另一倾斜角为 45° 的伞齿轮配合后，不仅可实现将传动方向的 90° 变换，将动力传递到手腕摆动体上；而且，也能保证摆动体成不同角度时的齿轮可靠啮合。

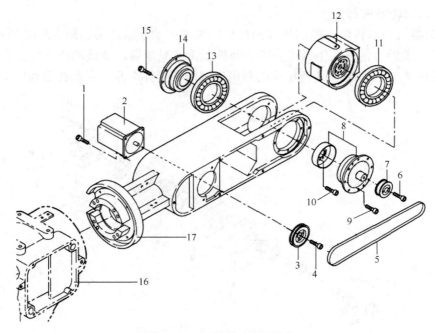

图 3.3-15　B 轴传动系统结构

1、4、6、9、10、15—螺钉　2—驱动电机　3、7—同步带轮　5—同步带　8—谐波减速器

11、13—轴承　12—摆动体　14—支承座　16—上臂　17—手腕体

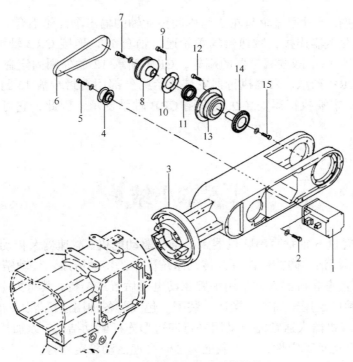

图 3.3-16　T 轴中间传动系统结构

1—驱动电机　2、5、7、9、12、15—螺钉　3—手腕回转体　4、8—同步带轮　6—同步带

10—端盖　11—轴承　13—支承座　14—伞齿轮

（2）T轴回转减速部件

MH6机器人手回转轴T的回转减速部件的机械传动系统结构如图3.3-17所示，T轴同样采用刚轮、柔轮、谐波发生器可分离的部件型谐波减速器。谐波减速器等主要传动部件安装在由壳体7、密封端盖15所组成的封闭空间内；壳体7直接安装在摆动体1上。

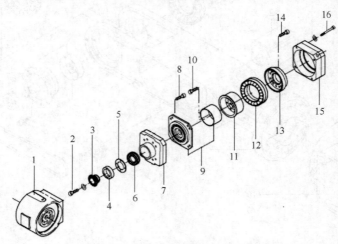

图3.3-17　T轴回转减速传动系统结构

1—摆动体　2、8、10、14、16—螺钉　3—伞齿轮　4—锁紧螺母　5—垫　6、12—轴承
7—壳体　9—谐波减速器　11—轴套　13—安装法兰　15—密封端盖

T轴回转减速传动轴通过伞齿轮3与中间传动轴的输出伞齿轮啮合。伞齿轮3与谐波减速器9的谐波发生器连接，减速器的柔轮通过轴套11，连接CRB轴承12的内圈及末端执行器安装法兰13；谐波减速器的刚轮、CRB轴承12的外圈固定在壳体7上。谐波减速器、轴套、CRB轴承、末端执行器安装法兰的外部用密封端盖15封闭，并和摆动体1连为一体。由于末端执行器安装法兰采用CRB轴承支承，因此，它可同时承受径向和轴向载荷。

本章小结

1. 小规格、轻量6轴垂直串联机器人的伺服驱动电机、减速器及传动部件均安装于机器人内部，其外形简洁、防护性能好；传动系统简单、传动链短、传动精度高、刚性好。

2. 大中型垂直串联机器人常采用手腕驱动电机后置式结构；其重力平衡性更好，运动更稳定，这是一种广泛用于加工、搬运、装配、包装等各种用途机器人的结构形式。

3. 大型、重载机器人通常需要采用平行四边形连杆驱动结构，以加长驱动力臂、降低机器人重心、提高运动稳定性，其承载能力强、高速运动稳定性好。

4. 垂直串联机器人的机身关节结构单一、传动简单，它只是若干电机带动减速器再驱动连杆回转摆动的机构组合。

5. 垂直串联机器人的手腕结构主要有3R（RRR）、BRR（或BBR）、RBR三种。RBR

结构的手腕操作简单、控制容易、结构紧凑、动作灵活，是最为常用的结构。

6. 手腕采用单元型谐波减速器可解决机器人安装与维修时的减速器及传动部件分离问题，提高 B、T 轴的传动精度和运动速度、延长使用寿命、减少机械零部件数量。

7. SCARA 机器人的手臂轴为水平方向串联延伸，驱动摆动臂回转的伺服电机可前置在关节部位，也可统一后置在基座部位。

8. Delta 机器人可分回转驱动型和直线驱动型两类。回转驱动型的控制容易、动态特性好，可用于高速、轻载机器人；直线驱动型的作业空间大、承载能力强，多用于并联数控机床等场合。

复习思考题

一、多项选择题

1. 小型垂直串联机器人手腕驱动常用的结构形式是（　　　）。
   A. 前驱
   B. 后驱
   C. 平行四边形连杆驱动
   D. 直线驱动

2. 垂直串联机器人采用手腕驱动电机后置结构的优点是（　　　）。
   A. 上臂轻
   B. 重心低
   C. 结构简单
   D. 运动稳定

3. 垂直串联机器人采用平行四边形连杆驱动的优点是（　　　）。
   A. 结构简单
   B. 运动稳定
   C. 传动精度高
   D. 承载能力强

4. 以下属于垂直串联机器人手腕基本结构的是（　　　）。
   A. 3R
   B. BRR（或 BBR）
   C. RBR
   D. 3B

5. 以下机器人结构中，可用于并联数控机床的结构是（　　　）。
   A. 前驱 SCARA
   B. 后驱 SCARA
   C. 回转驱动 Delta
   D. 直线驱动 Delta

二、简答题

1. 简述垂直串联工业机器人机身的结构特点。
2. 简述垂直串联工业机器人的 RBR 手腕的结构特点。
3. 简述 SCARA 工业机器人的结构特点。
4. 简述 Delta 工业机器人的结构特点。

三、实践题

1. 根据实验条件，说出相关工业机器人的结构形式与结构特点。
2. 在有条件时，进行工业机器人的结构分解与装配实习。

第4章

工业机器人核心部件

4.1 CRB 轴承及同步皮带

4.1.1 机械传动核心部件

1. 机械核心部件

由工业机器人的结构可知，尽管工业机器人的形态各异，但它们都是由若干关节和连杆，通过不同的结构设计和机械连接所组成的机械装置。与数控机床、FMC、FMS 等自动化加工设备相比，工业机器人实际上只是一种小型、简单的机电一体化设备。机械传动系统结构简单、形式相似、部件相似是工业机器人机械结构的基本特点。

工业机器人的机身、手臂体、手腕体等部件大都是支撑、连接机械传动部件的普通零件，它们仅对机器人的外形、结构刚性等产生一定的影响。这些零件的结构简单、加工制造容易，且在机器人正常使用过程中不存在运动和磨损，部件损坏的可能性较小，实际上很少需要维护和维修。

减速器、轴承、同步皮带、滚珠丝杠、直线导轨等传动部件是直接决定机器人运动速度、定位精度、承载能力等关键技术指标的核心部件。它们的结构大都比较复杂，加工制造难度大，而且存在运动和磨损，它们是工业机器人机械维护、修理的主要对象。

机械核心部件的制造需要有特殊的工艺、材料及加工、检测设备，目前一般都由专业生产厂家进行标准化生产，机器人生产厂家只需要根据性能要求，选购相应的标准化产品。机械核心通常都为运动部件，为了保证其工作可靠，其维护显得十分重要；此外，在工业机器人使用过程中，如出现机械核心部件损坏，就需要对其进行更换、重新安装及调整。因此，机械核心部件的安装与维护是工业机器人生产制造、使用维护、维修的重要内容。

2. 重要基础件

工业机器人的机械传动系统同样需要使用齿轮、轴承、同步皮带等基础零件，以及滚珠丝杠、直线导轨等机电一体化设备通用传动部件。

轴承是支撑机械旋转体的基本部件，几乎任何机电设备都需要使用。工业机器人所使用的轴承除了常规的球轴承、圆柱圆锥滚子轴承外，还较多地使用刚性高、承载能力强、安装简单、间隙调整和预载方便，且能同时承受径向和双向轴向载荷的交叉滚子轴承（Cross Roller Bearing，CRB）。

同步皮带传动无滑差、速比恒定、传动平稳，吸震性好、噪声小，而且无需润滑、使用灵活，因此，是工业机器人常用的传动部件。

滚珠丝杠具有传动效率高、运动灵敏平稳、定位精度高、精度保持性好、维护简单等优点，它是机电一体化设备直线运动系统使用最广泛的传动部件，工业机器人的直线运动轴几乎都需要采用滚针丝杠传动。

直线滚动导轨的灵敏性好、精度高、使用简单，它是高速、高精度设备最常用的直线导向部件，工业机器人的直线运动轴同样经常使用直线滚动导轨。

由于工业机器人大多采用多关节串、并联结构，CRB 轴承、同步皮带是广泛使用的机械基础部件；而滚珠丝杠、滚动导轨等直线传动部件则多用于直角坐标型机器人或直线型变位器，其使用相对较少，本书将不再对此进行介绍。

3. 减速器

在工业机器人的机械核心部件中，减速器是工业机器人所有回转运动关节都必须使用的关键部件。基本上，减速器的输出转速、传动精度、输出转矩和刚性，实际上决定了工业机器人对应运动轴的运动速度、定位精度、承载能力。因此，工业机器人对减速器的要求非常之高，传统的普通齿轮减速器、行星齿轮减速器、摆线针轮减速器等都不能满足工业机器人高精度、大比例减速的要求；为此，它需要使用特殊的减速器。

谐波减速器和 RV 减速器是工业机器人最常用的减速装置，几乎所有多关节串、并联结构的工业机器人都必不可少，它们是工业机器人最关键的机械传动部件。

谐波减速器是谐波齿轮传动装置（Harmonic Gear Drive）的简称，这种减速器的结构简单、传动精度高、安装方便，但输出转矩相对较小，故多用于机器人的手腕驱动。日本 Harmonic Drive System（哈默纳科）是全球最早研发生产谐波减速器的企业和目前全球最大、最著名的谐波减速器生产企业，其产量占全世界总量的 15%左右，世界著名的工业机器人几乎都使用 Harmonic Drive System 生产的谐波减速器。

RV 减速器（Rotary Vector Speed Reducer）的刚性好、输出转矩大，但结构复杂、传动精度较低，故多用于机器人的机身驱动。日本 Nabtesco Corporation（纳博特斯克公司）既是 RV 减速器的发明者，又是目前全球最大、技术最领先的 RV 减速器生产企业，其产品占据了全球 60%以上的多关节工业机器人 RV 减速器市场和日本 80%以上的数控机床自动换刀（ATC）装置的 RV 减速器市场。世界著名的工业机器人几乎都使用生产的 RV 减速器。

4.1.2 CRB 轴承及安装维护

1. 结构特点

CRB 轴承是交叉滚子轴承英文 Cross Roller Bearing 的简称,这是一种滚柱呈 90°交叉排列、内圈或外圈分割的特殊结构轴承。与一般轴承相比,它具有体积小、精度高、刚性好、可同时承受径向和双向轴向载荷等优点,而且安装简单、调整方便,因此,特别适合于工业机器人、谐波减速器、数控机床回转工作台等设备或部件。它是工业机器人使用最广泛的基础传动部件。

CRB 轴承与传统的球轴承(深沟、角接触)、滚子轴承(圆柱、圆锥)的结构原理比较如图 4.1-1 所示。从轴承的结构可以明显地看出,深沟球轴承、圆柱滚子轴承等向心轴承一般只能承受径向载荷;角接触球轴承、圆锥滚子轴承等推力轴承可以承受径向载荷和单方向的轴向载荷,故在需要承受双向轴向载荷的场合,需要配对使用;而 CRB 轴承的滚子为间隔交叉地成直角方式排列,因此,它能同时承受径向和双向轴向载荷。由于 CRB 轴承的滚子与滚道表面为线接触,在承载后的弹性变形很小,因此,其刚性和承载能力比传统的球轴承、滚子轴承更高。

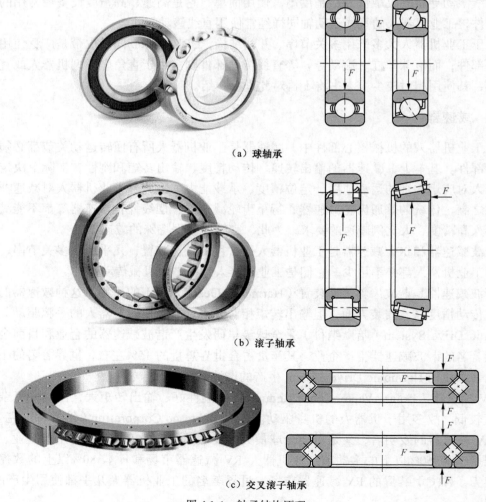

（a）球轴承

（b）滚子轴承

（c）交叉滚子轴承

图 4.1-1 轴承结构原理

CRB 轴承的内圈或外圈采用的是分割构造，滚柱和保持器装入后，通过轴环固定，轴承不仅安装简单，而且间隙调整和预载都非常方便。CRB 轴承的结构刚性好，其内外圈尺寸可以被最大限度地小型化，并接近极限尺寸；在谐波减速器上，CRB 轴承内圈还可直接加工成刚轮，实现 CRB 轴承与谐波减速器的一体化，以最大限度地减小减速器体积。

2. 安装要求

根据不同的结构，CRB 轴承有图 4.1-2 所示的压圈（或锁紧螺母）固定、端面螺钉固定等安装方式；轴承的间隙可以通过分割内圈或外圈上的调整垫或压圈厚度进行调整。

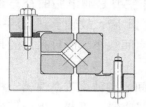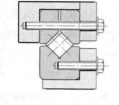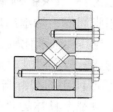

（a）压圈固定　　　（b）外圈分割螺钉固定　　　（c）内圈分割螺钉固定

图 4.1-2　CRB 轴承的安装

CRB 轴承一般采用油脂润滑，产品设计时可以根据轴承的结构形式和使用要求，加工图 4.1-3 所示的润滑脂充填孔。

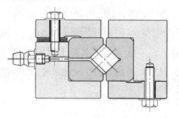

（a）内圈旋转　　　　　　　（b）外圈旋转

图 4.1-3　润滑油孔加工

作为一般要求，CRB 轴承的安装需要注意以下几点。

（1）CRB 轴承属于小型薄壁零件，安装时要充分考虑轴承座及压圈、固定螺钉的刚性，以保证内外圈均等受力，防止轴承变形而影响性能。

（2）为了防止产生预压，CRB 轴承安装应避免过硬的配合，在工业机器人的关节及旋转部位，一般建议采用 H7/g5 配合。

（3）安装轴承时，应对轴承座、压圈或其他安装零件进行清洗、去毛刺等处理；安装时应防止轴承倾斜、保证接触面配合良好。

（4）为了保证轴承的安装精度和稳定性，CRB 轴承对固定螺钉的规格和数量有具体的要求，安装时必须根据轴承的出厂规定，并按照图 4.1-4 所示的顺序，安装全部固定螺钉。

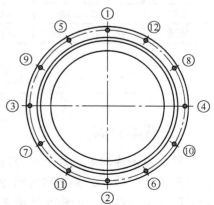

图 4.1-4　螺钉安装顺序

CRB 轴承安装螺钉必须固定可靠，当轴承座、压圈使用常用的中硬度钢材时，常用固定螺钉的拧紧扭矩推荐值如表 4.1-1 所示。

表 4.1-1　　　　　　　　　　　　固定螺钉的拧紧扭矩参考表

螺钉规格	M3	M4	M5	M6	M8	M10	M12	M14	M16	M20
拧紧扭矩（N·m）	2	4.5	9	15.3	37	74	128	205	319	493

3. 维护更换

（1）轴承维护。CRB 轴承正常使用时的维护工作主要是润滑脂的补充和更换。CRB 轴承一般采用脂润滑，轴承出厂时已按照规定填充了润滑脂，故轴承到货后一般可以直接使用；但是，与其他轴承比较，CRB 轴承不仅内部的空间很小，而且采用的是对润滑要求较高的滚动构造，故必须及时加注润滑脂。

CRB 轴承所使用的润滑脂型号、注入量、补充时间，在轴承或减速器、机器人的使用维护手册上一般都有具体的要求；用户应按照轴承或减速器、机器人生产厂的要求进行使用。润滑脂的补充和更换时间与减速器的实际工作转速、环境温度有关，实际工作转速、环境温度越高，补充和更换润滑脂的周期就越短。

（2）轴承更换。更换 CRB 轴承时，最好用同厂家、同型号的轴承替代；但是，如果购买困难，在安装尺寸一致、规格性能相同的情况下，也可用同规格的其他产品进行替换。

由于不同国家的标准不同，更换轴承时，需要保证轴承的精度等级一致，表 4.1-2 所示为国内常用的进口轴承和我国的精度等级对照表，可供选配时参考。轴承精度等级中，ISO0492 的 0 级（旧国标的 G 级）为最低，然后，从 6 到 2 精度依次增高，2 级（旧国标的 B 级）为最高；如果不考虑价格因素，也可用高精度等级的轴承替代低等级的轴承；但反之不允许。

表 4.1-2　　　　　　　　　　　轴承精度等级对照表

国别	标准号	精度等级对照				
国际	ISO 0492	0	6	5	4	2
德国	DIN 620/2	P0	P6	P5	P4	P2
日本	JISB 1514	JIS0	JIS6	JIS5	JIS4	JIS2
美国	ANSI B3.14	ABEC1	ABEC3	ABEC5	ABEC7	ABEC9
中国	GB 307	0（G）	6（E）	5（D）	4（C）	2（B）

4.1.3　同步皮带及安装维护

1. 基本特点

同步皮带传动系统是通过带齿与轮的齿槽的啮合来传递动力的一种带传动系统，它综合了普通带传动、链传动和齿轮传动的优点，具有速比恒定、传动比大，传动无滑差、传动平稳，吸震性好、噪声小等诸多优点。因此，在机械制造、汽车、轻工、化工、冶金等各行业，得到了广泛的应用，它也是工业机器人最为常用的传动装置之一。

同步皮带的耐油、耐磨和抗老化性能好，其正常的使用温度范围为−20℃～80℃。同步皮带传动系统无需润滑、不产生污染，它既可用于不允许有污染的工作环境，且也能在较为恶劣的场所下正常工作。

同步皮带传动系统的结构紧凑，传动中心距可达 10m 以上；相对于 V 型带，同步皮带的预紧力较小、传动轴和轴承的载荷小。采用同步皮带传动系统时，不像齿轮传动那样对电机和传动轴的安装位置有精度要求，驱动电机的安装灵活、调整方便。

同步皮带传动系统的允许线速度可达 50～80m/s，传递功率可达 300kW，传动速比可达 1：10 以上，传动效率可达 98%～99.5%，故可满足较大多数工业机器人的传动要求。

2. 结构原理

同步皮带传动系统由图 4.1-5 所示的内周表面有等间距齿形的环行带和具有相应啮合齿形的带轮所组成。

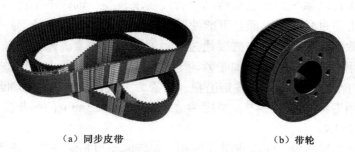

（a）同步皮带　　　　　　　（b）带轮

图 4.1-5　同步皮带传动系统组成

（1）同步皮带。同步皮带的构成如图 4.1-6 所示，它由强力层和基体组成，基体又包括带齿和带背两部分。

强力层是同步皮带的抗拉元件，用于传递动力。强力层多采用伸长率小、疲劳强度高的钢丝绳或玻璃纤维绳，沿着同步皮带的节线绕成螺旋线形状布置，由于它在受力后基本不产生变形，故能保持同步皮带的齿距不变，实现同步传动。

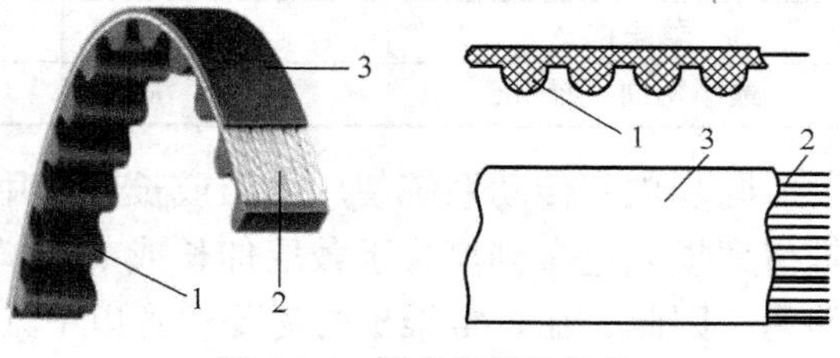

图 4.1-6　同步皮带的构成
1—同步齿　2—强力层　3—带背

同步皮带的带齿用来啮合带轮的轮齿，有梯形齿和圆弧齿两类。由于圆弧齿的齿高、齿根厚和齿根圆角半径等均比梯形齿大，带齿受载后，其应力的分布状态较好，并可平缓齿根应力的集中，提高带齿的承载能力。因此，圆弧齿同步皮带的啮合性能好、传递功率大，且能防止啮合过程中齿的干涉，故数控机床、工业机器人多使用圆弧同步齿传动。

带背用来粘接、包覆强力层；基体通常采用强度高、弹性好、耐磨损及抗老化性能好的聚氨酯或氯丁橡胶制造。在同步皮带的内表面，一般有尖角的凹槽，以增加带的挠性，改善带的弯曲疲劳强度。

（2）带轮。同步皮带传动系统的带轮，除两侧通常有凸出轮齿的轮缘外，其他结构与平带的带轮基本相似。为了减小惯量，同步皮带轮的材料一般采用密度较小的铝合金制造；

带轮通常直接安装在驱动电机和传动轴上，以避免中间环节增加系统的附加惯量。支撑带轮的传动轴、机架，需要有足够的刚度，以免带轮在高速运转时造成轴线的不平行。

3. 安装维护

总体而言，同步皮带传动系统的安装调整较为方便，传动部件安装时需要注意如下几点。

（1）安装同步皮带时，如带轮的中心距可以移动，应先缩短带轮的中心距，待同步皮带安装到位后，再恢复中心距。如传动系统配有张紧轮，则应先放松张紧轮，然后安装同步皮带、再张紧张紧轮。

（2）安装同步皮带时，不能用力过猛，不能用螺丝刀等工具强制剥离同步皮带，以防止强力层折断。如带轮的中心距不能调整，安装时最好将同步皮带随同带轮，同时安装到相应的传动轴上。

（3）同步皮带传动系统对带轮轴线的平行度要求较高，轴线不平行不但会引起同步皮带受力不均匀、带齿过早磨损，而且可能使同步皮带工作时产生偏移，甚至脱离带轮。

（4）为了消除间隙，同步皮带需要通过张力调整进行预紧。张力调整的方法与结构有关，例如，可采用改变中心距、增加张紧轮等。同步皮带的张紧力应调整适当，若张紧力不足，可能发生打滑，并增大同步皮带磨损；张紧力太大，会增加传动轴载荷、产生变形，降低同步皮带使用寿命。作为参考，宽度为 15mm/20mm/25mm 的同步皮带，推荐的张紧力为 176N/235N/294N。

（5）为避免强力层折断，同步皮带在使用、安装时不可扭结皮带，不允许大幅度折曲，同步皮带允许弯曲的最小直径如表 4.1-3 所示。

表 4.1-3　　　　　　　　　　　圆弧同步皮带的最小弯曲直径

节距代号	3M	5M	8M	14M
最小弯曲直径/mm	15	25	40	80

同步皮带传动系统使用不当或长期使用可能产生疲劳断裂、带齿剪断和压溃、带侧及带齿磨损或包布剥离、承载层伸长或节距增大、带出现裂纹或变软、运行噪声过大等常见问题。因此，在日常维护时需要注意以下几点。

（1）保持同步皮带清洁，防止油脂等脏物污染，以免破坏同步皮带材料的内部结构。清洗同步皮带时，不能通过清洁剂浸泡、清洁剂刷洗、砂纸擦、刀刮的方式去除脏物。

（2）同步皮带抗拉层的允许伸长量极小，使用时应防止固体物质轧入齿槽，避免同步皮带运行时断裂。

（3）检查同步皮带是否有异常发热、震动和噪声，防止同步皮带过紧或过松，避免传动部件因润滑不良等原因引起的负荷过大。

（4）同步皮带的张紧力较大，在通过移动中心距调整张力的传动系统上，检修时应经常检查电机的紧固情况，防止同步皮带松脱。

（5）如果设备长时间不使用，一般应将同步皮带取下后保存，防止同步皮带发生变形，而影响使用寿命。当同步皮带出现磨损、裂纹、包布剥离时，应检查原因并及时更换。

4.2 谐波减速器及安装维护

4.2.1 结构与原理

1. 基本结构

谐波减速器是谐波齿轮传动装置（Harmonic Gear Drive）的俗称。谐波齿轮传动装置实际上既可用于减速、也可用于升速，但由于其传动比很大（通常为 50～160），因此，在工业机器人、数控机床等机电产品上应用时，多用于减速，故习惯上称为谐波减速器。本书在一般场合也将使用这一名称。

谐波齿轮传动装置是美国发明家 C.W.Musser（马瑟，1909—1998）在 1955 年发明的一种特殊齿轮传动装置，最初称为变形波发生器（Strain Wave Gearing）。该技术在 1957 年获美国发明专利；1960 年，美国 United Shoe Machinery 公司（USM）率先研制出样机。1964 年，日本的长谷川齿车株式会社（Hasegawa Gear Works, Ltd.）和 USM 合作，开始对其进行产业化研究和生产，并将产品定名为谐波齿轮传动装置（Harmonic Gear Drive）；1970 年，长谷川齿车和 USM 合资，在东京成立了 Harmonic Drive（哈默纳科）公司；1979 年，公司更名为现在的 Harmonic Drive System Co.Ltd。

谐波减速器的基本结构如图 4.2-1 所示，它主要由刚轮（Circular Spline）、柔轮（Flex Spline）、谐波发生器（Wave Generator）3 个基本部件构成。刚轮、柔轮、谐波发生器可任意固定其中 1 个，其余 2 个部件一个连接输入（主动），另一个即可作为输出（从动），以实现减速或增速。

图 4.2-1　谐波减速器的基本结构

1—谐波发生器　2—柔轮　3—刚轮

（1）刚轮。刚轮（Circular Spline）是一个圆周上加工有连接孔的刚性内齿圈，其齿数比柔轮略多（一般多 2 或 4 个）。当刚轮固定、柔轮旋转时，刚轮的连接孔用来连接安装座；

当柔轮固定、刚轮旋转时，连接孔可用来连接输出。为了减小体积，在薄形、超薄形或微型谐波减速器上，刚轮有时和减速器 CRB 轴承设计成一体，构成谐波减速器单元。

（2）柔轮。柔轮（Flex Spline）是一个可产生较大变形的薄壁金属弹性体，它既可被制成图 4.2-1 所示的水杯形，也可被制成礼帽形、薄饼形等其他形状。弹性体与刚轮啮合的部位为薄壁外齿圈；水杯形柔轮的底部是加工有连接孔的圆盘；外齿圈和底部间利用弹性膜片连接。当刚轮固定、柔轮旋转时，底部安装孔可用来连接输出；当柔轮固定、刚轮旋转时，底部安装孔可用来固定柔轮。

（3）谐波发生器。谐波发生器（Wave Generator）一般由凸轮和滚珠轴承构成。谐波发生器的内侧是一个椭圆形的凸轮，凸轮的外圆上套有一个能弹性变形的薄壁滚珠轴承，轴承的内圈固定在凸轮上，外圈与柔轮内侧接触。凸轮装入轴承内圈后，轴承将产生弹性变形成为椭圆形，并迫使柔轮外齿圈变成椭圆形；从而使椭圆长轴附近的柔轮齿与刚轮齿完全啮合，短轴附近的柔轮齿与刚轮齿完全脱开。当凸轮连接输入轴旋转时，柔轮齿与刚轮齿的啮合位置可不断变化。

2. 变速原理

谐波减速器的变速原理如图 4.2-2 所示。

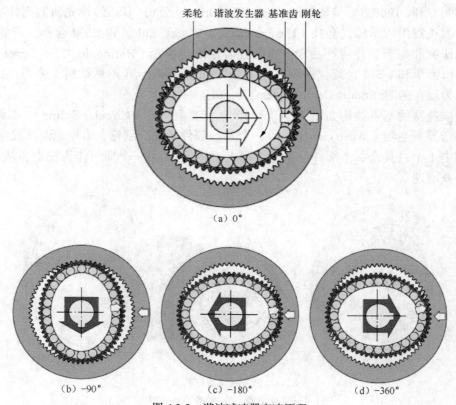

（a）0°

（b）−90°　　　　　（c）−180°　　　　　（d）−360°

图 4.2-2　谐波减速器变速原理

假设旋转开始时，谐波发生器椭圆长轴位于 0°位置，这时，柔轮基准齿和刚轮 0°位置的齿完全啮合。当谐波发生器在输入轴的驱动下产生顺时针旋转时，椭圆长轴也将顺时针回转，使柔轮和刚轮啮合的齿顺时针移动。

当减速器刚轮固定、柔轮旋转时，由于柔轮的齿形和刚轮完全相同，但齿数少于刚轮（如相差 2 齿），因此，当椭圆长轴的啮合位置到达刚轮−90°位置时，由于柔轮、刚轮所转过的齿数必须相同，故柔轮转过的角度将大于刚轮；如齿差为 2 齿，柔轮上的基准齿将逆时针偏离刚轮 0°基准位置 0.5 个齿。进而，当椭圆长轴到达刚轮−180°位置时，柔轮上基准齿将逆时针偏离刚轮 0°基准位置 1 个齿；而当椭圆长轴绕柔轮回转一周后，柔轮的基准齿将逆时针偏离刚轮 0°位置一个齿差（2 个齿）。

这就是说，当刚轮固定、谐波发生器连接输入轴、柔轮连接输出轴时，如谐波发生器绕柔轮顺时针旋转 1 转（−360°），柔轮将相对于固定的刚轮逆时针转过一个齿差（2 个齿）。因此，假设谐波减速器的柔轮齿数为 Z_f、刚轮齿数为 Z_c；柔轮输出和谐波发生器输入间的传动比为：

$$i_1 = \frac{Z_c - Z_f}{Z_f}$$

同样，如谐波减速器柔轮固定、刚轮可旋转，当谐波发生器绕柔轮顺时针旋转 1 转（−360°）时，由于柔轮与刚轮所啮合的齿数必须相同，而柔轮又被固定，因此，将使刚轮的基准齿顺时针偏离柔轮一个齿差，其偏移的角度为：

$$\theta = \frac{Z_c - Z_f}{Z_c} \times 360°$$

因此，当柔轮固定、谐波发生器连接输入轴、刚轮作为输出轴时，其传动比为：

$$i_2 = \frac{Z_c - Z_f}{Z_c}$$

这就是谐波齿轮传动装置的减速原理。

相反，如果谐波减速器的刚轮被固定，柔轮连接输入轴、谐波发生器作为输出轴，则柔轮旋转时，将迫使谐波发生器的椭圆长轴快速回转，起到增速的作用。同样，当谐波减速器的柔轮被固定，刚轮连接输入轴、谐波发生器作为输出轴时，刚轮的回转也可迫使谐波发生器的椭圆长轴快速回转，起到增速的作用。

这就是谐波齿轮传动装置的增速原理。

3. 变速比

根据不同的安装方式，谐波齿轮传动装置可有图 4.2-3 所示的 5 种不同使用方法，图 4.2-3（a）、图 4.2-3（b）用于减速；图 4.2-3（c）～图 4.2-3（e）用于增速。

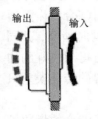   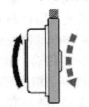 

（a）刚轮固定/　　　（b）柔轮固定/　　　（c）谐波发生器固定/　　（d）刚轮固定/　　　（e）柔轮固定/
　柔轮输出　　　　　刚轮输出　　　　　刚轮输出　　　　　谐波发生器输出　　谐波发生器输出

图 4.2-3　谐波齿轮传动装置的使用

如果用正、负号代表转向，并定义谐波传动装置的基本减速比 R 为：

$$R = \frac{Z_f}{Z_c - Z_f}$$

则，对于图 4.2-3（a）所示的刚轮固定、柔轮输出安装方式，其输出转速/输入转速（传动比）为：

$$i_a = \frac{-(Z_c - Z_f)}{Z_f} = \frac{-1}{R}$$

对于图 4.2-3（b）所示的柔轮固定、刚轮输出安装方式，其传动比为：

$$i_b = \frac{Z_c - Z_f}{Z_c} = \frac{1}{R+1}$$

对于图 4.2-3（c）所示的谐波发生器固定、刚轮输出安装方式，其传动比为：

$$i_c = \frac{Z_c}{Z_f} = \frac{R+1}{R}$$

对于图 4.2-3（d）所示的刚轮固定、谐波发生器输出安装方式，其传动比为：

$$i_d = \frac{-Z_f}{Z_c - Z_f} = -R$$

对于图 4.2-3（e）所示的柔轮固定、谐波发生器输出安装方式，其传动比为：

$$i_e = \frac{Z_c}{Z_c - Z_f} = R+1$$

在谐波齿轮传动装置生产厂家的样本上，一般只给出基本减速比 R，用户使用时，可根据实际安装情况，按照上面的方法计算对应的传动比。

4.2.2　技术特点与常用产品

1. 主要技术特点

由谐波齿轮传动装置的结构和原理可见，与其他传动装置相比，它主要有以下特点。

（1）承载能力强、传动精度高。齿轮传动装置的承载能力、传动精度与其同时啮合的齿数（称重叠系数）密切相关，多齿同时啮合可起到减小单位面积载荷、均化误差的作用，故在同等条件下，同时啮合的齿数越多，传动装置的承载能力就越强、传动精度就越高。

一般而言，普通直齿圆柱渐开线齿轮的同时啮合齿数只有 1～2 对，同时啮合的齿数通常只占总齿数的 2%～7%。谐波齿轮传动装置有两个 180° 对称方向的部位同时啮合，其同时啮合齿数远多于齿轮传动，故其承载能力强，齿距误差和累积齿距误差可得到较好的均化。因此，它与部件制造精度相同的普通齿轮传动相比，谐波齿轮传动装置的传动误差只有普通齿轮传动装置的 1/4 左右，即传动精度可提高 4 倍。

以 Harmonic Drive System（哈默纳科）谐波齿轮传动装置为例，其同时啮合的齿数最大可达 30% 以上；最大转矩（Peak Torque）可达 4470N·m，最高输入转速可达 14000r/min；角传动精度（Angle Transmission Accuracy）可达 1.5×10^{-4} rad，滞后误差（Hysteresis Loss）

可达 2.9×10^{-4} rad。这些指标基本上代表了当今世界谐波减速器的最高水准。

需要说明的是：虽然谐波减速器的传动精度比其他减速器要高很多，但目前它只能达到角分级（2.9×10^{-4} rad $\approx 1'$），与数控机床回转轴所要求的角秒级（$1'' \approx 4.85 \times 10^{-6}$ rad）定位精度比较，仍存在很大差距，这也是目前工业机器人的定位精度普遍低于数控机床的主要原因之一。因此，谐波减速器一般不能直接用于数控机床的回转轴驱动和定位。

（2）传动比大、传动效率较高。在传统的单级传动装置上，普通齿轮传动的推荐传动比一般为 8～10、传动效率为 0.9～0.98；行星齿轮传动的推荐传动比为 2.8～12.5、齿差为 1 的行星齿轮传动效率为 0.85～0.9；蜗轮蜗杆传动装置的推荐传动比为 8～80、传动效率为 0.4～0.95；摆线针轮传动的推荐传动比为 11～87、传动效率为 0.9～0.95。而谐波齿轮传动的推荐传动比为 50～160、可选择 30～320；正常传动效率为 0.65～0.96（与减速比、负载、温度等有关）。

（3）结构简单，体积小，重量轻、使用寿命长。谐波齿轮传动装置只有 3 个基本部件，它与传动比相同的普通齿轮传动比较，其零件数可减少 50% 左右，体积、重量只有普通齿轮传动的 1/3 左右。此外，在传动过程中，由于谐波齿轮传动装置的柔轮齿进行的是均匀径向移动，齿间的相对滑移速度一般只有普通渐开线齿轮传动的百分之一；加上同时啮合的齿数多、轮齿单位面积的载荷小、运动无冲击，因此，齿的磨损较小，传动装置使用寿命可长达 7000～10000 小时。

（4）传动平稳，无冲击、噪声小。谐波齿轮传动装置可通过特殊的齿形设计，使得柔轮和刚轮的啮合、退出过程实现连续渐进、渐出，啮合时的齿面滑移速度小，且无突变，因此，其传动平稳，啮合无冲击，运行噪声小。

（5）安装调整方便。谐波齿轮传动装置只有刚轮、柔轮、谐波发生器三个基本构件，三者为同轴安装；刚轮、柔轮、谐波发生器可按部件提供（称部件型谐波减速器），由用户根据自己的需要，自由选择变速方式和安装方式，并直接在整机装配现场组装，其安装十分灵活、方便。此外，谐波齿轮传动装置的柔轮和刚轮啮合间隙，可通过微量改变谐波发生器的外径调整，甚至可做到无侧隙啮合，因此，其传动间隙通常非常小。

但是，谐波齿轮传动装置需要使用高强度、高弹性的特种材料制作，特别是柔轮、谐波发生器的轴承，它们不但需要在承受较大交变载荷的情况下不断变形，而且，为了减小磨损，材料还必须要有很高的硬度，因而，它对材料的材质、抗疲劳强度及加工精度、热处理的要求均很高，制造工艺较复杂。截至目前，除了 Harmonic Drive System 外，全球能够真正产业化生产谐波减速器的厂家还不多。

2．常用产品

根据谐波减速器的结构形式，工业机器人常用的有部件型（Component Type）、单元型（Unit Type）、简易单元型（Simple Unit Type）、齿轮箱型（Gear Head Type）、微型 5 大类。

（1）部件型。部件型（Component Type）谐波减速器只提供刚轮、柔轮、谐波发生器 3 个基本部件；用户可根据自己的要求，自由选择变速方式和安装方式。根据柔轮形状，部件型谐波减速器又分为水杯形（Cup Type）、礼帽形（Silk Hat Type）、薄饼形（Pancake Type）3 类。

部件型减速器的规格齐全、产品的使用灵活、安装方便、价格低，它是目前工业机器人广泛使用的产品。部件型谐波减速器采用的是刚轮、柔轮、谐波发生器分离型结构，无论是工业机器人生产厂家的产品制造，还是机器人使用厂家维修，都需要进行谐波减速器和传动零件的分离和安装，其装配调试的要求非常高。

（2）单元型。单元型（Unit Type）谐波减速器又称谐波减速单元，它带有外壳和输出轴承，减速器刚轮、柔轮、谐波发生器、壳体、CRB 轴承被设计成统一的单元；并带有输入/输出连接法兰或连接轴，输出采用高刚性、精密 CRB 轴承支撑，可直接驱动负载。谐波减速单元的柔轮形状有水杯形和礼帽形 2 类；谐波发生器的输入可选择标准轴孔、中空轴、实心轴（轴输入）等。

单元型谐波减速器虽然价格高于部件型，但是，由于减速器的安装在生产厂家已完成，产品的使用简单、安装方便、传动精度高、使用寿命长，无论工业机器人生产厂家的产品制造或机器人使用厂家的维修更换，都无需分离谐波减速器和传动部件，因此，它同样是目前工业机器人常用的产品之一。

（3）简易单元型。简易单元型（Simple Unit Type）谐波减速器又称简易谐波减速单元，这是单元型谐波减速器的结构简化，它将谐波减速器的刚轮、柔轮和谐波发生器 3 个基本部件和 CRB 轴承整体设计成统一的单元；但无壳体和输入/输出连接法兰或轴。简易单元型减速器的柔轮形状一般为礼帽形，谐波发生器的输入轴有标准轴孔、中空轴两种。简易单元型减速器的结构紧凑、使用方便，性能和价格介于部件型和单元型之间，它经常用于机器人手腕、SCARA 结构机器人。

（4）齿轮箱型。齿轮箱型（Gear Head Type）谐波减速器可像齿轮减速箱一样，直接在其上安装驱动电机，以实现减速器和驱动电机的结构整体化，简化减速器的安装。齿轮箱型减速器的柔轮形状均为水杯形，有通用系列、高转矩系列产品。齿轮箱型减速器多用于电机的轴向安装尺寸不受限制的后驱手腕、SCARA 结构机器人。

（5）微型和超微型。微型（Mini）和超微型（Supermini）谐波减速器是专门用于小型、轻量工业机器人的特殊产品，它常用于 3C 行业电子产品、食品、药品等小规格搬运、装配、包装工业机器人，微型减速器有单元型、齿轮箱型两种基本结构形式。超微型减速器实际上只是对微型系列产品的补充，其内部结构、安装使用要求都和微型减速器相同。

3. 回转执行器

机电一体化集成是当前工业自动化的发展方向。为了进一步简化谐波减速器的结构、缩小体积、方便使用，Harmonic Drive System 等公司在传统的谐波减速器基础上，推出了图 4.2-4 所示的新一代谐波减速器/驱动电机集成一体化结构的回转执行器（Rotary Actuator）产品，代表了机电一体化技术在谐波减速器领域的最新成果和发展方向。

图 4.2-4　回转执行器与驱动器

回转执行器又称伺服执行器（Servo Actuator），这是一种用于回转运动控制的新型机电一体化集成驱动装置，它将传统的驱动电机和谐波减速器集成为一体，可直接替代传统由驱动电机和减速器组成的回转减速传动系统。回转执行器只需要配套交流伺服驱动器，便可在驱动器的控制下，直接对负载的转矩、速度和位置进行控制；它与传统减速系统相比，其机械传动部件大大减少、传动精度更高、结构刚性更好、体积更小、使用更方便。

回转执行器的结构原理如图 4.2-5 所示，它是由交流伺服驱动电机、谐波减速器、CRB 轴承、位置/速度检测编码器等部件组成的机电一体化回转减速单元，可直接用于工业机器人的回转轴驱动。

图 4.2-5　回转执行器结构原理
1—谐波减速器　2—位置/速度检测编码器　3—伺服驱动电机　4—CRB 轴承

回转执行器的谐波传动装置一般采用刚轮固定、柔轮输出、谐波发生器输入的减速设计方案。执行器的输出采用了可直接驱动负载的高刚性、高精度 CRB 轴承；CRB 轴承内圈的内部与谐波减速器的柔轮连接，外部加工有连接输出轴的连接法兰；CRB 轴承外圈和壳体连接一体，构成了单元的外壳。谐波减速器的刚轮固定在壳体上，谐波发生器和交流伺服电机的转子设计成一体，伺服电机的定子、速度/位置检测编码器安装在壳体上，因此，当电机旋转时，可在输出轴连接法兰上得到可直接驱动负载的减速输出。

回转执行器省略了传统谐波减速系统所需要的驱动电机和谐波发生器间、柔轮和输出轴间的机械连接件，其结构刚性好、传动精度高，整体结构紧凑、安装容易、使用方便，真正实现了机电一体化。

回转执行器需要综合应用谐波减速器、交流伺服电机、精密速度/位置检测编码器等多项技术，不仅产品本身需要进行机电一体化整体设计，而且还必须有与之配套的交流伺服驱动器，因此，目前只有 Harmonic Drive System 等少数厂家能够生产。

4.2.3　部件型减速器

1．产品与结构

从基本结构及外形上，部件型谐波减速器一般有如图 4.2-6 所示的水杯形（Cup Type）、礼帽形（Silk Hat Type）、薄饼形（Pancake Type）3 大类，不同类型减速器的内部结构分别如下。

（a）水杯形　　　　　　　（b）礼帽形　　　　　　　（c）薄饼形

图 4.2-6　部件型减速器结构与外形

（1）水杯形。标准水杯形谐波减速器的结构如图 4.2-7 所示，它由输入连接件、谐波发生器、柔轮、刚轮 4 部分组成，其柔轮呈水杯状，故又称水杯形（Cup Type）减速器。

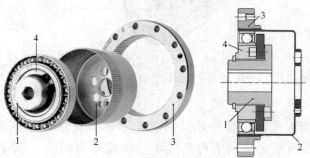

图 4.2-7　水杯形减速器结构

1—输入连接件　2—柔轮　3—刚轮　4—谐波发生器

标准减速器的输入连接件 1 包括轴套、连接板等件，轴套可连接输入轴、带动谐波发生器 4 旋转。由于输入连接件需要有相应的安装位置，增加减速器的轴向厚度，为了适应轴向尺寸有限制的 SCARA 结构机器人等的需要，也可选择谐波发生器只有椭圆凸轮和轴承、而无输入连接件 1 的结构，这种减速器的输入与谐波发生器 4 间通过端面螺钉直接连接，整体厚度只有标准减速器的 2/3 左右，称为超薄型谐波减速器。

（2）礼帽形。礼帽形减速器的结构如图 4.2-8 所示，它同样由谐波发生器及输入组件、柔轮、刚轮等部分组成，因其柔轮采用了大直径、中空开口的结构设计，形状类似绅士礼帽，故称为礼帽形（Silk Hat Type）减速器。

礼帽形减速器的柔轮为大直径、中空开口形，它可为内部连接提供足够的空间，以缩小传动部件的外形,降低支撑面的公差要求,因此,多用于安装空间受限的工业机器人手腕、SCARA 结构机器人。

（3）薄饼形。薄饼形谐波减速器的结构如图 4.2-9 所示，减速器的外形扁平，状似薄饼，故称为薄饼形（Pancake Type）减速器。

薄饼形减速器由谐波发生器、柔轮、刚轮 S、刚轮 D 共 4 个部件组成，柔轮是一个薄壁外齿圈，它不能连接输入/输出部件；刚轮 D 是减速器的基本刚轮，它和柔轮存在齿差，用来实现减速；刚轮 S 的齿数和柔轮相

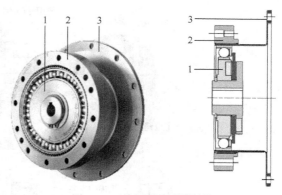

图 4.2-8 礼帽形减速器结构
1—谐波发生器及输入组件 2—柔轮 3—刚轮

同，它可随柔轮同步运动，故可替代柔轮、连接输入/输出。减速器的谐波发生器、刚轮 S、刚轮 D 这 3 个部件中，可任意固定一个，而将另外两个作为输入、输出。这种减速器的结构紧凑、使用方便、刚性高、承载能力强，是谐波减速器中输出转矩最大、刚性最高的产品，故可用于大型搬运、装卸的机器人。

图 4.2-9 薄饼形减速器的结构
1—谐波发生器组件 2—柔轮 3—刚轮 S 4—刚轮 D

2. 安装要求

部件型谐波加速器的安装连接件需要工业机器人生产厂家自行设计，减速器需要在工业机器人生产现场组装，不同结构减速器对定位孔、安装面都有规定的公差要求，具体可参见减速器使用说明书。减速器安装、连接的基本要求如下。

（1）水杯形。水杯形减速器安装时必须注意图 4.2-10 所示的问题，即为了防止柔轮变形，连接柔轮和轴时，必须使用专门的固定圈，夹紧轴的支撑端面和柔轮，然后再用连接螺钉紧固；而不能通过普通垫圈压紧柔轮。

（2）礼帽形。礼帽形减速器安装时需要注意图 4.2-11 所示的两点：第一，柔轮的固定要求，柔轮固定螺钉不得使用普通垫圈，也不能反向安装、固定柔轮；第二，由于柔轮的根部变形十分困难，在装配谐波发生器时，必须注意安装方向，不能将谐波发生器反向装入柔轮。

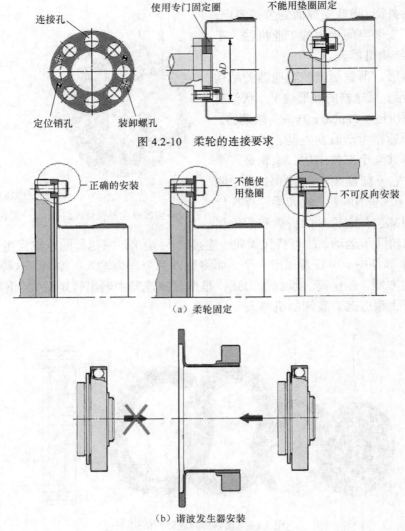

图 4.2-10　柔轮的连接要求

（a）柔轮固定

（b）谐波发生器安装

图 4.2-11　礼帽形减速器安装注意点

3.　使用与维护

　　良好的润滑是保证减速器正常工作的重要条件，工业机器人一般采用润滑脂润滑，用户使用时必须及时补充润滑脂。润滑脂的型号、注入量、补充时间，在减速器、机器人使用维护手册上，一般都有具体的要求，用户使用时，应按照生产厂家的要求进行。减速器润滑脂的补充和更换时间与减速器的实际工作转速、环境温度有关，实际工作转速、环境温度越高，补充和更换润滑脂的周期就越短。不同结构减速器的润滑脂充填要求如下。

　　（1）水杯形。水杯形谐波减速器的润滑要求充填要求如图 4.2-12 所示。

　　（2）礼帽形。礼帽形减速器的润滑脂充填要求如图 4.2-13 所示。

　　（3）薄饼形。薄饼形减速器的润滑要求高于其他谐波减速器。它只能在低于产品样本规定的平均输入转速的低速，负载率 ED%≤10%，断续、连续运行时间≤10min 的短时间工作场合，才可使用脂润滑；其他情况需要使用油润滑，并按图 4.2-14 所示的要求，保证润滑油的液面在浸没轴承内圈的同时，还能与轴孔保持一定的距离，以防止油液的渗漏和溢出。

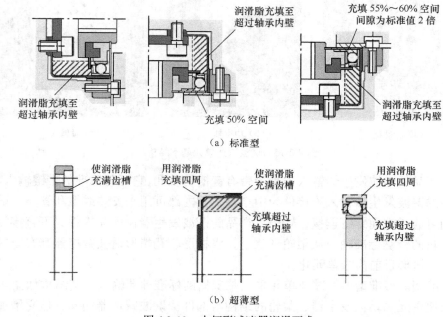

（a）标准型

（b）超薄型

图 4.2-12　水杯形减速器润滑要求

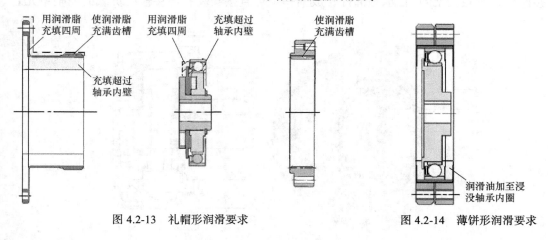

图 4.2-13　礼帽形润滑要求　　　　图 4.2-14　薄饼形润滑要求

4.2.4　单元型减速器

1. 结构形式

单元型谐波减速器是一个可以独立安装，直接连接输入、输出的整体，故又称谐波减速单元。谐波减速单元在部件型谐波减速器的谐波发生器、柔轮、刚轮 3 个基本部件的基础上，增加了壳体、CRB 轴承以及谐波发生器输入连接、柔轮输出连接等部件，并通过整体设计，使之成为可直接安装和连接输入、输出的完整单元，因此，它可以解决部件型谐波减速器所存在的机器人安装维修时的减速器和传动零件分离问题。

谐波减速单元的基本结构主要有图 4.2-15 所示的标准型、中空轴和轴输入三大类。

（a）标准型　　　　　　（b）中空轴　　　　　　（c）轴输入

图 4.2-15　谐波减速单元基本结构

　　标准型产品的谐波发生器输入连接为带有键槽的轴孔，它可与标准的带键输入轴连接；中空轴产品的谐波发生器输入连接件为中空轴，其内部可用来安装线缆和管路，谐波发生器和输入轴可通过端面螺钉连接；轴输入产品的谐波发生器输入连接件为可直接安装齿轮或同步皮带轮的带键标准轴。从柔轮形状上，水杯形、礼帽形谐波减速器都有对应的单元型产品，但薄饼形目前尚未单元化。

　　（1）标准型。标准型谐波减速单元采用带键槽的标准轴孔输入，其结构如图 4.2-16 所示。谐波减速单元的谐波发生器、柔轮的结构与部件型谐波减速器相同，但它增加了壳体及连接刚轮、柔轮的 CRB 轴承等部件，成为一个可直接安装和连接输出负载的完整单元。

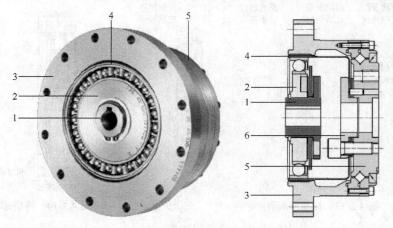

图 4.2-16　标准型谐波减速单元结构

1—输入连接件　2—谐波发生器　3—刚轮与壳体　4—柔轮　5—CRB 轴承　6—连接板

　　减速器的刚轮齿直接加工在壳体上，并与 CRB 轴承的外圈连为一体；柔轮通过连接板和 CRB 轴承内圈连接，使得刚轮和柔轮间能够承受径向、轴向载荷和直接连接负载。因此，它可直接以壳体替代刚轮、以 CRB 轴承内圈替代柔轮进行安装和连接，而无需考虑刚轮、柔轮本身的安装连接问题，其使用简单、安装维护方便。

　　同样，为了适应轴向尺寸有限制的 SCARA 结构机器人等的需要，也可选择无输入连接件 1、输入与谐波发生器 2 间通过端面螺钉直接连接的谐波减速单元，这种单元称为超薄型谐波减速单元，并可设计成中空轴结构。

　　（2）中空轴型。礼帽形谐波减速器的柔轮为大直径、开口状，其内部空间大，采用单元型结构时，一般将其设计成中空轴或轴输入形式。

中空轴谐波减速单元的结构如图 4.2-17 所示。谐波减速单元的刚轮 6、柔轮 5 与部件型减速器完全相同，但它在刚轮和柔轮间增加了 CRB 轴承 3，CRB 轴承的内圈与刚轮连接，外圈与柔轮连接，使得刚轮和柔轮间能够承受径向、轴向载荷和直接连接负载。

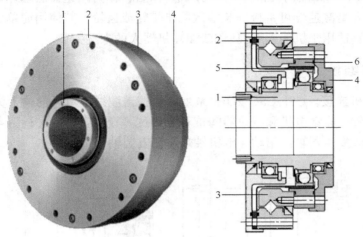

图 4.2-17　中空轴谐波减速单元结构

1—中空轴　2—前端盖　3—CRB 轴承　4—后端盖　5—柔轮　6—刚轮

这种谐波减速单元的谐波发生器输入轴是一个贯通整个减速器的中空轴；输入轴的前端面加工有连接螺孔，以连接谐波发生器的输入；中间部分直接加工成谐波发生器的凸轮；前后端安装有支承轴承及安装支承轴承的前端盖 2 和后端盖 4；前端盖 2 与柔轮 5、CRB 轴承 3 的外圈连接成一体后，作为减速器前端外壳，用来连接柔轮；后端盖 4 和刚轮 6、CRB 轴承 3 的内圈连接成一体后，作为减速器后端外壳，用来连接刚轮。中空轴谐波减速单元的内部可布置其他传动部件或线缆、管路，其使用简单、安装方便、结构刚性好，它是垂直串联机器人手腕及 SCARA 机器人常用的减速器。

（3）轴输入型。轴输入谐波减速单元的组成及结构如图 4.2-18 所示，它是一个带有输入轴、输出连接法兰，可整体安装与直接连接负载的完整单元。

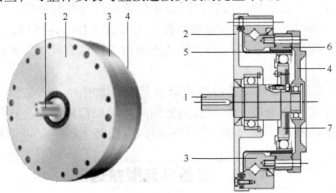

图 4.2-18　轴输入谐波减速单元结构

1—输入轴　2—前端盖　3—CRB 轴承　4—后端盖　5—柔轮　6—刚轮　7—谐波发生器

轴输入谐波减速单元的刚轮、柔轮和 CRB 轴承的结构与中空轴减速器相同，但其谐波发生器的输入是一个带键槽的标准轴，可直接安装同步带轮或齿轮。输入轴的前后支承轴承分别安装在减速器的前端盖 2 和后端盖 4 上，中间部分用来连接谐波发生器凸轮。前端盖 2 与柔轮 5、CRB 轴承 3 的外圈连接成一体后，作为减速器前端外壳，用来连接柔轮；后端盖 4 和刚轮 6、CRB 轴承 3 的内圈连接成一体后，作为减速器后端外壳，用来连接刚轮。轴输入、单元型减速器可直接安装输入同步带轮或齿轮，其使用简单、安装方便，结构刚性好，故特别适用于机器人手腕、SCARA 机器人的末端关节。

2. 安装与维护

（1）驱动电机连接。CSF/CSG-2UH 系列标准型谐波减速单元的输入为轴孔，它可直接连接驱动电机轴。驱动电机和减速器间推荐通过过渡板或安装座进行图 4.2-19 所示的连接，为了避免谐波发生器轴向窜动，电机轴端需要安装轴向定位块 7。

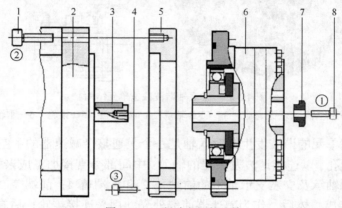

图 4.2-19　驱动电机的连接

1、4、8—螺钉　2—驱动电机　3—键　5—过渡板或安装座　6—减速器　7—定位块

中空轴谐波减速单元一般利用同步皮带、齿轮和驱动电机连接，其谐波发生器的输入轴上可以安装中空同步皮带轮或中空齿轮，同步皮带轮或齿轮可利用端面螺钉固定。

轴输入谐波减速单元同样可利用同步皮带、齿轮和驱动电机连接，其谐波发生器的输入轴上可以直接安装同步皮带轮或齿轮，同步皮带轮或齿轮可利用中心螺钉固定。

CSD 系列谐波减速单元的输入轴需要直接与谐波发生器凸轮连接，它对输入轴和谐波发生器连接面的公差要求很高，减速器安装或更换时，要认真检查、严格保证公差要求，避免两者倾斜。

（2）润滑要求。采用基本结构的谐波减速单元为整体密封，产品出厂时已充填润滑脂，用户首次使用时无需充填润滑脂。单元长期使用时，可根据减速器生产厂家的要求，定期补充润滑脂，润滑脂的型号、注入量、补充时间，应按照生产厂家的要求进行。

4.2.5　简易单元型减速器

1. 结构形式

谐波减速单元解决了机器人安装、维修过程中的减速器及传动部件分离问题，但其安装连接只能按照规定进行，加上基本结构的体积相对较大、成本较高，也给用户使用带来了一些问题，为此，Harmonic Drive System 等公司开发了介于部件型和单元型之间的简易单元型（Simple Unit Type）谐波减速器产品。

简易单元型谐波减速器，又称简易谐波减速单元，它保留了单元型减速器的核心部件，即刚轮、柔轮、谐波发生器和 CRB 轴承的结构，但取消了壳体和输入/输出连接法兰或轴；其结构紧凑、使用方便，性能和价格介于部件型和单元型之间，它是机器人手腕、SCARA 结构机器人常用的部件。

简易谐波减速单元的输入可以是标准轴孔或中空轴，其结构分别如下。

（1）标准型。标准型简易谐波减速单元是在标准结构的部件型减速器基础上发展起来的产品，它实际只是在部件型产品上增加了连接柔轮和刚轮的 CRB 轴承，两种减速器的柔轮、刚轮、谐波发生器输入组件的结构和形状相同；谐波发生器输入采用标准轴孔连接。简易谐波减速单元的组成部件及结构如图 4.2-20 所示，单元的 CRB 轴承内圈与刚轮连接、外圈与柔轮连接，使得减速器的柔轮、刚轮和 CRB 轴承构成了一个整体；但其谐波发生器仍需要由用户进行连接。

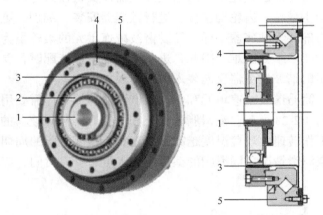

图 4.2-20　标准型简易谐波减速单元结构
1—输入连接件　2—谐波发生器　3—柔轮　4—刚轮　5—CRB 轴承

同样，在轴向尺寸有限制的 SCARA 结构机器人等产品上，也可选择无输入连接件 1、输入与谐波发生器 2 间通过端面螺钉直接连接的简易谐波减速单元，这种单元的刚轮齿直接加工在 CRB 轴承内圈上，其刚轮和 CRB 轴承合一，称为超薄型简易谐波减速单元。

（2）中空轴型。中空轴标准型简易谐波减速单元是在中空轴谐波减速单元基础上派生的产品，它保留了中空轴谐波减速单元的柔轮、刚轮、CRB 轴承和谐波发生器的中空输入轴；但取消了前后端盖，以及中空轴的前后支承轴承与相关的连接件。

中空轴简易谐波减速单元的结构如图 4.2-21 所示，其谐波发生器输入轴为中空结构。简易谐波减速单元的 CRB 轴承内圈与刚轮连接，外圈与柔轮连接，柔轮、刚轮和 CRB 轴承组成一个统一的整体。单元的谐波发生器中空轴前端面加工有连接输入轴的螺孔；中间部分直接加工成谐波发生器的凸轮；前后两侧加工有安装支承轴承的台阶面。简易单元型减速器的谐波发生器需要由用户安装，用户使用时，需要配置中空轴的前后支承轴承及固定件。

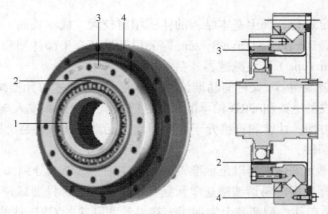

图 4.2-21　中空轴简易谐波减速单元结构

1—谐波发生器输入组件　2—柔轮　3—刚轮　4—CRB 轴承

2. 安装与维护

（1）安装要求。简易谐波减速单元的谐波发生器需要机器人生产厂家安装，它一般与驱动电机输出轴或同步带轮、齿轮轴连接，进行减速器安装、维护、更换时需要将其从减速器单元中分离。与部件型减速器一样，简易谐波减速单元的柔轮虽为大直径、中空开口结构，但柔轮根部的变形十分困难，因此，进行谐波发生器装配时，要注意安装方向，禁止出现图 4.2-22 所示的谐波发生器反向装入柔轮的现象。

（2）润滑要求。简易谐波减速单元和部件型谐波减速器一样需要用户充填润滑脂，润滑脂的填充要求如图 4.2-23 所示。润滑脂的补充和更换时间与减速器的实际工作转速、环境温度有关，实际工作转速、环境温度越高，补充和更换润滑脂的周期就越短。减速器使用时，必须定期检查润滑情况，润滑脂的型号、注入量、补充时间，应按照生产厂家的要求进行。

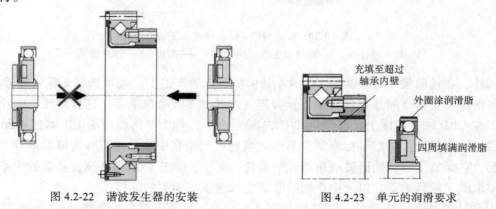

图 4.2-22　谐波发生器的安装　　　　图 4.2-23　单元的润滑要求

4.2.6　齿轮箱型减速器

1. 产品与结构

在并联结构、前驱 SCARA 结构等工业机器人上，用于驱动电机、减速器都安装在关节部位，驱动电机直接与减速器连接，且其轴向安装尺寸通常不受限制，因此，可将谐波减速器设计成能直接安装驱动电机、类似于传统齿轮减速箱的结构形式，这样的谐波减速器称为齿轮箱型（Gear Head Type）谐波减速器，又称谐波减速箱。谐波减速箱的输出连接形式有图 4.2-24 所示的法兰连接和轴连接 2 类。

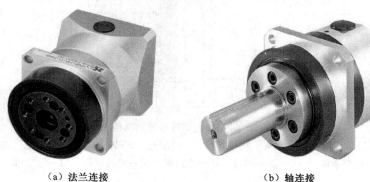

（a）法兰连接　　　　　　　　　（b）轴连接

图 4.2-24　谐波减速箱

　　谐波减速箱设计有标准的驱动电机安装法兰和联轴器，安装驱动电机后便可成为一个低速、大扭矩输出的机电一体化驱动单元，并通过减速箱安装座安装到机器人上，从而简化机械设计、方便安装维护。谐波减速箱的安装简单、结构刚性好、传动精度高，使用维护容易，特别适用于并联结构、前驱 SCARA 结构等安装空间大、关节轴向尺寸无太多限制的工业机器人。

　　法兰连接的谐波减速箱结构如图 4.2-25 所示，其输出连接法兰与 CRB 轴承内圈设计为一体；轴连接的谐波减速箱结构如图 4.2-26 所示，输出轴安装在 CRB 轴承内圈上，并通过端面螺钉固定为一体。其中，CRB 轴承的外圈、减速器安装座、刚轮、电机安装法兰连接为一体，构成了减速箱的外壳；谐波发生器的输入轴与联轴器设计为一体，它可利用弹性夹头连接电机轴；驱动电机安装法兰上加工有标准的电机安装法兰和固定螺孔，可直接安装驱动电机。

图 4.2-25　法兰连接的谐波减速箱结构

1—CRB 轴承　2—柔轮　3—电机安装法兰　4—连接轴　5—谐波发生器　6—刚轮

7—减速器安装座　8—输出轴（CRB 轴承内圈）

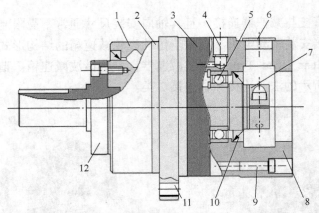

图 4.2-26　轴连接的谐波减速箱结构

1—CRB 轴承外圈　2—减速器安装座　3—刚轮　4—润滑孔　5—输入轴承　6—盖帽　7—输入轴

8—电机安装法兰　9—固定螺钉　10—密封圈　11—安装螺孔　12—输出轴

　　谐波减速箱通过整体设计，将谐波减速器的谐波发生器、柔轮、刚轮以及 CRB 轴承、谐波发生器输入联轴器、驱动电机安装法兰等部件集成一体；谐波减速器多采用的是刚轮固定、柔轮输出的安装形式，柔轮为水杯形。

2．安装与维护

　　谐波减速箱安装时，需要利用 CBR 轴承外圈作为定位基准，谐波减速箱结构刚性好，对安装精度要求低，但需要保证定位孔和定位面的平整、清洁，防止异物卡入和失圆。

　　谐波减速箱的驱动电机安装方法如图 4.2-27 所示，安装步骤如下。

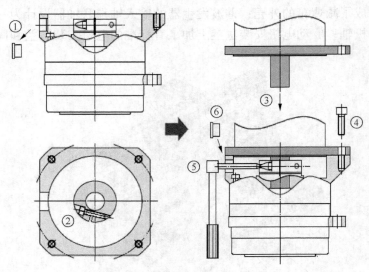

图 4.2-27　驱动电机的安装步骤

　　（1）取下装拆孔上的盖帽。

　　（2）旋转减速器的谐波发生器，使得联轴器上弹性夹头的锁紧螺钉对准装拆孔。

　　（3）将电机装入减速器电机安装座、电机轴插入联轴器的弹性夹头中。

　　（4）固定电机安装螺钉。

（5）利用扭力扳手拧紧联轴器弹性夹头锁紧螺钉、夹紧电机轴。

（6）安装装拆孔上的盖帽。

如果维护时仅仅需要进行驱动电机检测或更换，可按照与上述相反的步骤，将电机从减速器上取出。由于驱动电机本身的定位法兰、输出轴精度已在电机出厂时保证，安装时只需要保证减速器定位孔和定位面的平整、清洁，防止异物卡入和失圆，便可满足要求。

谐波减速箱为整体完全密封结构，其结构刚性和密封性已经满足正常使用的要求。减速器在产品出厂时内部已充填润滑脂，在规定的使用时间内，用户无需充填润滑脂。

4.3 RV 减速器及安装维护

4.3.1 结构与原理

1. 技术起源

RV 减速器是旋转矢量（Rotary Vector）减速器的简称，它是在传统摆线针轮、行星齿轮传动装置的基础上，发展出来的一种新型传动装置。与谐波减速器一样，RV 减速器实际上既可用于减速，也可用于升速，但由于传动比很大（通常为 30～260），因此，在工业机器人、数控机床等产品上应用时，一般较少用于升速，故习惯上称 RV 减速器。本书在一般场合也将使用这一名称。

RV 减速器由日本 Nabtesco Corporation（纳博特斯克）的前身帝人制机（Teijin Seiki）于 1985 年率先研发，并获得了专利；1986 年开始商品化生产和销售；2003 年和 NABCO 合并，成立了 Nabtesco Corporation，继续进行精密 RV 减速器的研发生产。

与传统的齿轮传动装置比较，RV 减速器具有传动刚度高、传动比大、惯量小、输出扭矩大，以及传动平稳、体积小、抗冲击力强等诸多优点；与同规格的谐波减速器比较，其结构刚性更好、惯量更小、使用寿命更长。因此，被广泛用于工业机器人、机床、医疗检测设备、卫星接收系统等领域。

RV 减速器的结构比谐波减速器复杂得多，其内部通常有 2 级减速机构，由于传动链较长，因此，减速器间隙较大，传动精度通常不及谐波减速器；此外，RV 减速器的生产制造成本也相对较高，维护修理较困难。因此，在工业机器人上，它多用于机器人机身的腰、上臂、下臂等大惯量、高转矩输出关节的回转减速，在大型搬运和装配工业机器人上，手腕有时也采用 RV 减速器驱动。

2. 基本结构

RV 减速器的基本结构如图 4.3-1 所示。减速器由芯轴、端盖、针轮、输出法兰、行星齿轮、曲轴组件、RV 齿轮等部件构成。

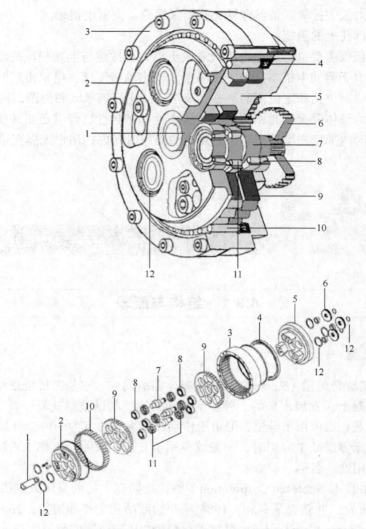

图 4.3-1　RV 减速器的内部结构

1—芯轴　2—端盖　3—针轮　4—密封圈　5—输出法兰　6—行星齿轮　7—曲轴

8—圆锥滚柱轴承　9—RV 齿轮　10—针齿销　11—滚针　12—卡簧

RV 减速器的径向结构可分为 3 层，由外向内依次为针轮层、RV 齿轮层（包括端盖 2、输出法兰 5 和曲轴组件 7）、芯轴层；每一层均可独立旋转。

（1）针轮层。外层的针轮 3 实际上是一个内齿圈，其内侧加工有针齿；外侧加工有法兰和安装孔，可用于减速器的安装固定。针齿和 RV 齿轮 9 间安装有针齿销 10，当 RV 齿轮 9 摆动时，针齿销 10 可推动针轮 3 相对于输出法兰 5 缓慢旋转。

（2）RV 齿轮层。减速器中间的 RV 齿轮层是减速器的核心，它由 RV 齿轮 9、端盖 2、输出法兰 5 和曲轴组件 7 等部件组成，RV 齿轮、端盖、输出法兰均为中空结构，其内孔用来安装芯轴。曲轴组件 7 的数量与减速器规格有关，小规格减速器一般布置 2 组，中大规格减速器布置 3 组。

输出法兰 5 的内侧是加工有 2～3 个曲轴 7 安装缺口的连接段，端盖 2 和输出法兰（亦称输出轴）5 利用连接段的定位销、螺钉连成一体。端盖和法兰的中间安装有两片可自由摆动的 RV 齿轮 9，它们可在曲轴偏心轴的驱动下进行对称摆动，故又称摆线轮。

驱动 RV 齿轮摆动的曲轴 7 安装在输出法兰 5 的安装缺口上，由于曲轴的径向载荷较大，其前后端均需要采用圆锥滚柱轴承进行支撑，前支承轴承安装在端盖 2 上、后支承轴承安装在输出法兰 5 上。

曲轴组件是驱动 RV 齿轮摆动的轴，它通常有 2～3 组，并在圆周上呈对称分布。曲轴组件由曲轴 7、前后支承轴承 8、滚针 11 等部件组成。曲轴 7 的中间部位是 2 段驱动 RV 齿轮摆动的偏心轴，偏心轴位于输出法兰 5 的缺口上；偏心轴的外圆上安装有驱动 RV 齿轮 9 摆动的滚针 11；当曲轴旋转时，2 段偏心轴将分别驱动 2 片 RV 齿轮 9 进行 180° 对称摆动。曲轴 7 的旋转通过后端的行星齿轮 6 驱动，它与曲轴一般为花键连接。

（3）芯轴层。芯轴 1 安装在 RV 齿轮 9、端盖 2、输出法兰 5 的中空内腔，其形状与减速器传动比有关，传动比较大时，芯轴直接加工成齿轮轴；传动比较小时，它是一根后端安装齿轮的花键轴。芯轴上的齿轮称为太阳轮，它和曲轴上的行星齿轮 6 啮合，当芯轴旋转时，可通过行星齿轮 6，同时驱动 2～3 组曲轴旋转、带动 RV 齿轮摆动。减速器用于减速时，芯轴一般连接输入驱动轴，故又称输入轴。

因此，RV 减速器具有 2 级变速：太阳轮和行星齿轮间的变速是 RV 减速器的第 1 级变速，称正齿轮变速；由 RV 齿轮 9 摆动所产生的、通过针齿销 10 推动针轮 3 的缓慢旋转，是 RV 减速器的第 2 级变速，称为差动齿轮变速。

3. 变速原理

RV 减速器的变速原理如图 4.3-2 所示，它可通过正齿轮变速、差动齿轮变速 2 级变速，实现大传动比变速。

（1）正齿轮变速。正齿轮减速原理如图 4.3-2（a）所示，它是由行星齿轮和太阳轮实现的齿轮变速，假设太阳轮的齿数为 Z_1、行星齿轮的齿数为 Z_2，行星齿轮输出/芯轴输入的转速比（传动比）为 Z_1/Z_2、转向相反。

（2）差动齿轮变速。当行星齿轮带动曲轴回转时，曲轴上的偏心段将带动 RV 齿轮做图 4.3-2（b）所示的摆动。因曲轴上的 2 段偏心轴为对称布置，故 2 片 RV 齿轮可在对称方向同时摆动。

图 4.3-2（c）所示为其中的 1 片 RV 齿轮的摆动情况，另一片的摆动过程相同，但相位相差 180°。由于减速器的 RV 齿轮和针轮间安装有针齿销，RV 齿轮摆动时，针齿销将迫使 RV 齿轮沿针轮的齿逐齿回转。

如果 RV 减速器的 RV 齿轮固定、芯轴连接输入、针轮连接输出，并假设 RV 齿轮的齿数为 Z_3，针轮的齿数为 Z_4（齿差为 1 时，$Z_4-Z_3=1$）。当偏心轴带动 RV 齿轮顺时针旋转 360° 时，RV 齿轮的 0° 基准齿和针轮基准位置间将产生 1 个齿的偏移；因此，相对于针轮而言，其偏移角度为

$$\theta = \frac{1}{Z_4} \times 360°$$

即：针轮输出/曲轴输入的转速比（传动比）为 $i = 1/Z_4$；考虑到行星齿轮（曲轴）输出/芯轴输入的转速比（传动比）为 Z_1/Z_2，故可得到减速器的针轮输出/芯轴输入的总转速比（总传动比）为

$$i = \frac{Z_1}{Z_2} \cdot \frac{1}{Z_4}$$

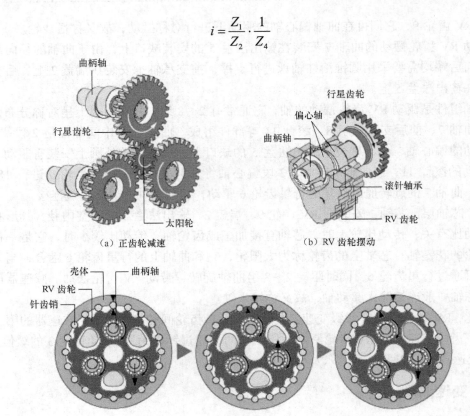

（a）正齿轮减速　　　　　　　（b）RV 齿轮摆动

（c）齿差减速

图 4.3-2　RV 减速器的变速原理

因 RV 齿轮固定时，针轮和曲轴的转向相同、行星轮（曲轴）和太阳轮（芯轴）的转向相反，故最终输出（针轮）和输入（芯轴）的转向相反。

当减速器的针轮固定、芯轴连接输入、RV 齿轮连接输出时，情况有所不同。因为一方面，通过芯轴的（Z_2/Z_1）×360°逆时针回转，可驱动曲轴产生 360°的顺时针回转，使得 RV 齿轮的 0°基准齿相对于固定针轮的基准位置，产生 1 个齿的逆时针偏移，即 RV 齿轮输出的回转角度为

$$\theta_\text{o} = \frac{1}{Z_4} \times 360°$$

另一方面，由于 RV 齿轮套装在曲轴上，当 RV 齿轮偏转时，也将使曲轴的中心逆时针偏转 θ_o；因曲轴中心的偏转方向（逆时针）与芯轴转向相同，因此，相对于固定的针轮，芯轴所产生的相对回转角度为

$$\theta_\text{i} = \left(\frac{Z_2}{Z_1} + \frac{1}{Z_4} \right) \times 360°$$

所以，RV 齿轮输出/芯轴输入的转速比（传动比）将变为

$$i = \frac{\theta_\text{o}}{\theta_\text{i}} = \frac{1}{1 + \frac{Z_2}{Z_1} \cdot Z_4}$$

输出（RV 齿轮）和输入（芯轴）的转向相同。

以上就是 RV 减速器的差动齿轮变速的减速原理。

相反，如减速器的针轮被固定，RV 齿轮连接输入、芯轴连接输出，则 RV 齿轮旋转时，将迫使曲轴快速回转，起到增速的作用。同样，当减速器的 RV 齿轮被固定，针轮连接输入、芯轴连接输出，针轮的回转也可迫使曲轴快速回转，起到增速的作用。这就是 RV 减速器差动齿轮变速部分的增速原理。

4. 变速比

通过不同形式的安装，RV 减速器可有图 4.3-3 所示的 6 种不同使用方法，图 4.3-3（a）～（c）用于减速；图 4.3-3（d）～（f）用于增速。

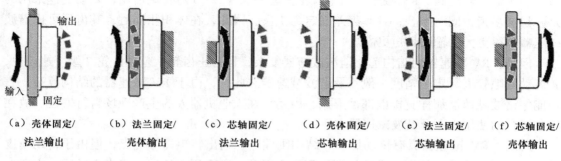

| （a）壳体固定/ | （b）法兰固定/ | （c）芯轴固定/ | （d）壳体固定/ | （e）法兰固定/ | （f）芯轴固定/ |
| 法兰输出 | 壳体输出 | 法兰输出 | 芯轴输出 | 芯轴输出 | 壳体输出 |

图 4.3-3　RV 减速器的使用方法

如果用正、负号代表转向，并定义针轮固定、芯轴输入、RV 齿轮输出时的基本减速比为 R，即：

$$R = 1 + \frac{Z_2}{Z_1} \cdot Z_4$$

则可得到如下结论：

对于图 4.3-3（a）所示的安装，其输出/输入转速比（传动比）为：$i_a = \dfrac{1}{R}$

对于图 4.3-3（b）所示的安装，其传动比为

$$i_b = -\frac{Z_1}{Z_2} \cdot \frac{1}{Z_4} = -\frac{1}{R-1}$$

对于图 4.3-3（c）所示的安装，其传动比为

$$i_c = \frac{R-1}{R}$$

对于图 4.3-3（d）所示的安装，其传动比为

$$i_d = R$$

对于图 4.3-3（e）所示的安装，其传动比为

$$i_e = -(R-1)$$

对于图 4.3-3（f）所示的安装，其传动比为

$$i_f = \frac{R}{R-1}$$

在 RV 减速器生产厂家的样本上，一般只给出基本减速比 R，用户使用时，可根据实际安装情况，按照上面的方法计算对应的传动比。

5. 主要特点

由 RV 减速器的结构和原理可见，它与其他传动装置相比，主要有以下特点。

（1）传动比大。RV 减速器设计有正齿轮、差动齿轮 2 级变速，其传动比不仅比传统的普通齿轮、行星齿轮传动、蜗轮蜗杆、摆线针轮传动大，且还可做得比前述的谐波齿轮减速器更大。

（2）结构刚性好。减速器的针轮和 RV 齿轮间通过直径较大的针齿销传动，曲轴采用的是圆锥滚柱轴承支撑；减速器的结构刚性好、使用寿命长。

（3）输出转矩高。RV 减速器的正齿轮变速一般有 2～3 对行星齿轮；差动变速采用的是硬齿面多齿销同时啮合，且其齿差固定为 1 齿，因此，在体积相同时，其齿形可比谐波减速器做得更大、输出转矩更高。

但是，RV 减速器的结构远比谐波减速器复杂，且有正齿轮、差动齿轮 2 级变速齿轮，其传动间隙较大，定位精度一般不及谐波减速器。此外，由于 RV 减速器的结构复杂，它不能像谐波减速器那样直接以部件形式、由用户在工业机器人的生产现场自行安装，故在某些场合的使用也不及谐波减速器方便。

总之，RV 减速器具有传动比大、结构刚性好、输出转矩高等优点，但由于传动精度较低、生产制造成本较高、维护修理较困难，因此，它多用于机器人机身上的腰、上臂、下臂等大惯量、高转矩输出关节减速；或用于大型搬运和装配工业机器人的手腕减速。

根据产品的结构形式，RV 减速器主要有部件型、齿轮箱型及减速器/驱动电机集成一体化的回转执行器（Rotary Actuator）3 类。回转执行器又称伺服执行器（Servo Actuator），这是一种 RV 减速器和驱动电机集成型减速单元，它与谐波减速回转执行器的设计思想相同，两者区别仅在于减速器结构；部件型、齿轮箱型减速器的结构如下。

4.3.2　部件型减速器结构

部件型 RV 减速器通常有基本型、标准型、紧凑型、中空型 4 种结构。

1. 基本型

基本型减速器的结构如图 4.3-4 所示，它采用的是 RV 减速器的基本结构，减速器的行星齿轮可以为 2 或 3 对。大传动比减速器的太阳轮一般直接加工在输入轴上；小传动比减速器的输入轴和太阳轮分离，两者通过花键连接，此时，太阳轮需要有相应的支承轴承。

2. 标准型

标准型 RV 减速器的结构如图 4.3-5 所示，它通过对壳体、针轮、输出法兰及输出轴承的整体设计，使减速器成为一个可直接连接和驱动负载的完整单元。标准型 RV 减速器的行星齿轮同样可以为 2 或 3 对；大传动比减速器的太阳轮一般直接加工在输入轴上；小传动比减速器的输入轴和太阳轮分离，两者通过花键连接。

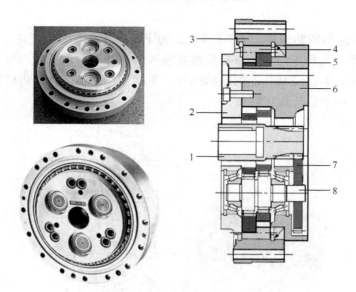

图 4.3-4 基本型 RV 减速器结构

1—芯轴 2—端盖 3—针轮 4—针齿销 5—RV 齿轮 6—输出法兰 7—行星齿轮 8—曲轴

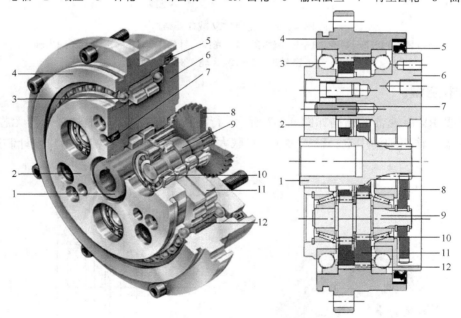

图 4.3-5 标准型 RV 减速器结构

1—芯轴 2—端盖 3—输出轴承 4—壳体（针轮） 5—密封圈 6—输出法兰（输出轴）
7—定位销 8—行星齿轮 9—曲轴组件 10—滚针轴承 11—RV 齿轮 12—针齿销

　　标准型减速器与基本型减速器的最大区别在于：标准型减速器在输出法兰和壳体（针轮）间增加了一对可同时承受径向和双向轴向载荷的高精度、高刚性角接触球轴承 3，从而使减速器的输出法兰（或壳体）可直接连接和驱动负载。减速器的其他部件结构及作用均和基本型减速器相同。

3. 紧凑型

紧凑型 RV 减速器的结构如图 4.3-6 所示。为了减小体积、缩小直径，这种减速器的输入轴不穿越减速器，其行星齿轮 1 直接安装在输入侧，外部为敞开；同时，减速器的输出连接法兰也被缩短。为保证减速器的结构刚性，紧凑型减速器的行星齿轮数量均为 3 对，输入轴原则上需要用户自行加工制造。

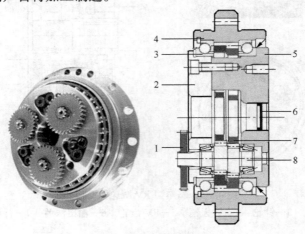

图 4.3-6　紧凑型 RV 减速器结构

1—行星齿轮　2—端盖　3—输出轴承　4—壳体（针轮）　5—输出法兰（输出轴）

6—密封盖　7—RV 齿轮　8—曲轴

4. 中空型

中空型 RV 减速器的结构如图 4.3-7 所示，行星齿轮安装在输入侧、减速器无芯轴，RV 齿轮、端盖、输出轴为中空；输入轴 1、双联太阳轮 3 及支承部件需要用户设计制造。

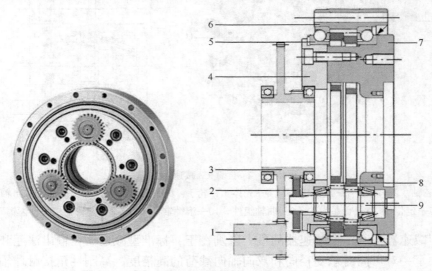

图 4.3-7　中空型 RV 减速器结构

1—输入轴　2—行星齿轮　3—双联太阳轮　4—端盖　5—输出轴承　6—壳体（针轮）

7—输出法兰（输出轴）　8—RV 齿轮　9—曲轴

4.3.3 齿轮箱型减速器结构

齿轮箱型 RV 减速器又称 RV 减速箱,它通常有高速型、标准型、扁平型 3 种结构。

1. 高速型

高速型 RV 减速箱的结构如图 4.3-8 所示。这种减速器采用的是整体结构,其外壳由输出法兰或输出轴 2、壳体(针轮)4、端盖 5、电机安装法兰 6 组成,整个减速器可像齿轮箱一样,直接在电机安装法兰 6 上安装驱动电机,实现减速器和驱动电机的结构整体化。电机安装法兰 6 的形状与规格可根据驱动电机的实际情况选配。

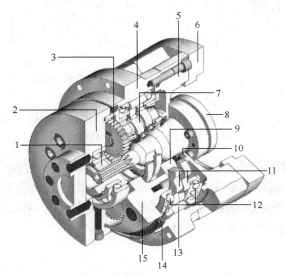

图 4.3-8 高速型 RV 减速箱结构

1—太阳轮　2—负载连接法兰　3—行星齿轮　4—壳体(针轮)　5—端盖　6—电机安装法兰　7—曲轴
8—输入轴组件　9—连接板　10、14—密封圈　11—RV 齿轮　12—输出轴承　13—针形销　15—减速器输出法兰

高速型 RV 减速箱的传动比通常较小,因此,其第 1 级正齿轮速比较小、太阳轮直径较大,减速器采用的是花键连接的输入轴和太阳轮分离型结构。输入轴组件 8 的形状与规格也可根据驱动电机的实际情况选配。减速器的输出连接形式,可根据需要选择法兰和轴 2 种,两者的区别仅在于输出连接形式,其他结构都相同。高速型 RV 减速箱结构刚性好、传动精度高、安装使用方便,故常用于转速较高的工业机器人上臂、手腕等关节驱动。

2. 标准型

标准型 RV 减速箱在部件型减速器的基础上,增加了输入轴连接组件、轴套和电机安装法兰等部件,它可直接连接电机。减速箱的输入连接形式有轴向、径向和轴连接 3 类;每类又有实心轴和中空轴产品。

(1)轴向输入。轴向输入的标准型 RV 减速箱结构如图 4.3-9 所示。

实心轴输入标准型 RV 减速箱的输入连接组件由芯轴 1、轴承 5、安装座 6 组成。芯轴 1 是带联轴器的齿轮轴,轴内侧加工有太阳轮,外侧是可连接电机轴的弹性联轴器;安装座 6 用来连接减速器端盖 3 和安装电机安装座，内侧安装有芯轴 1 的输入轴承 5。

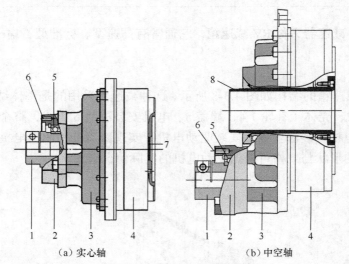

（a）实心轴　　　　　　　　　（b）中空轴

图 4.3-9　轴向输入 RV 减速箱结构

1—芯轴　2—输入轴组件　3—减速器端盖　4—减速器本体　5—输入轴承

6—安装座　7—盖帽　8—中空轴套

中空轴输入标准型 RV 减速箱的减速器结构和带双联太阳轮的中空减速器相同。输入轴组件结构和实心轴输入标准型 RV 减速箱一致，但它用于减速器双联太阳轮的驱动。

（2）径向输入。径向输入的标准型 RV 减速箱结构如图 4.3-10 所示，减速箱输入轴线和减速器轴线垂直，输入连接为标准轴孔。

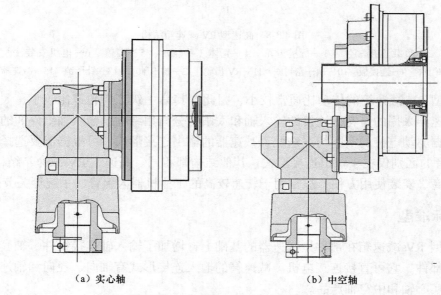

（a）实心轴　　　　　　　　　（b）中空轴

图 4.3-10　径向输入 RV 减速箱结构

径向输入的标准型 RV 减速箱的输入轴组件内部安装有一对十字交叉的齿轮轴及对应的支承轴承，两齿轮轴间采用伞齿轮传动，以实现传动方向的 90° 变换。连接电机的齿轮轴的输入端同样加工有弹性联轴器，输出端为伞齿轮，中间安装有支承轴承。连接减速器的齿轮轴的中间部分为伞齿轮，内侧为太阳轮（实心轴）或双联太阳轮的驱动齿轮（中空轴），支承轴承安装在两端。输入轴组件的安装座上的减速器连接面和电机安装法兰面相互垂直。

（3）轴连接。轴连接的标准型RV减速箱结构如图4.3-11所示，其输入轴连接采用的是带键槽和中心孔的标准轴，输入轴的轴线和减速器轴线同轴或平行。

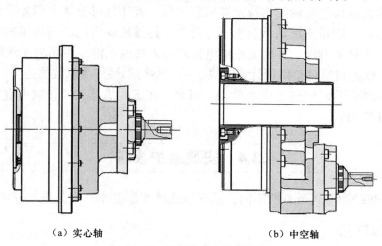

（a）实心轴　　　　　　　　　　　（b）中空轴

图 4.3-11　轴连接 RV 减速箱结构

轴连接标准型RV减速箱的输入轴可直接安装齿轮或同步皮带轮的齿轮轴。齿轮轴的输入侧（外侧）是一段带键槽、中心孔的标准轴，可用来安装齿轮或同步皮带轮，实现驱动电机和减速器的分离型安装；齿轮轴的输出侧（内侧）为减速器的太阳轮（实心轴）或双联太阳轮的驱动齿轮（中空轴）；齿轮轴的中间部分安装有支承轴承。

3. 扁平型

扁平型RV减速箱是用于大型、重载减速的产品，可用于大规格搬运、装卸、码垛工业机器人的机身、中型机器人的腰关节，以及回转工作台等的重载驱动。

扁平型RV减速箱的结构如图4.3-12所示，减速器实际上由1个带双联太阳轮和中空轴套的大型中空轴减速器本体以及安装底座、太阳轮驱动轴组件3大部分组成。

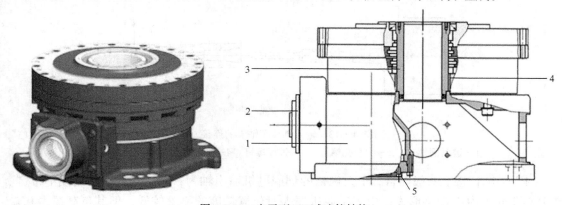

图 4.3-12　扁平型 RV 减速箱结构
1—底座　2—电机安装法兰　3—中空轴套　4—双联太阳轮　5—输入轴组件

扁平型 RV 减速箱的减速器本体结构和中空轴减速器相同，并安装有中空轴套和双联太阳轮组件；减速器上端为输出轴，它可直接用来安装机器人机身等负载。安装底座用于减速器的安装和支撑，底座已设计有地脚安装孔、驱动电机安装法兰、管线连接孔等，可直接作为工业机器人基座使用。输入轴组件安装在底座 1 上，输入轴组件内部安装有一对十字交叉的齿轮轴及对应的支承轴承，两齿轮轴间采用伞齿轮传动，以实现传动方向的 90°变换；连接减速器的齿轮轴轴线与减速器轴线平行，其中间部分为伞齿轮，上端为双联太阳轮的驱动齿轮；下端是支承轴承及端盖等部件。连接驱动电机的齿轮轴的轴线与减速器轴线垂直，其内侧是伞齿轮；外侧是连接电机轴输入的内花键；中间为支承轴承部件。

扁平型 RV 减速箱通过整体设计，组成了一个结构刚性好、承载能力强、输出转矩大、可直接安装和驱动负载的回转工作台单元，因此，在工业机器人上，它可直接作为底座和腰关节驱动部件使用。

4.3.4　安装维护要求

RV 减速器的结构形式虽有所不同，但安装连接要求基本一致，统一介绍如下。

1．输入轴连接

在绝大多数情况下，RV 减速器的输入轴都需要和电机轴连接，两者的连接形式与驱动电机的输出轴结构有关，常用的连接形式有图 4.3-13 所示的 3 种。驱动电机、RV 减速器维护后，需要重新安装时，必须根据不同的连接形式，检查键、键紧固螺钉或中心孔螺钉、过渡螺钉和紧固螺母的连接情况，确保连接可靠。

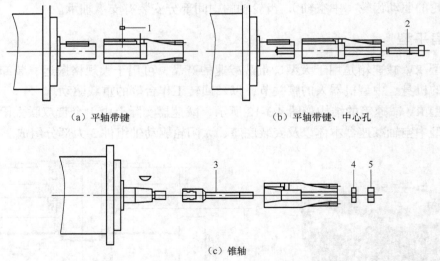

（a）平轴带键　　　　　　　　　（b）平轴带键、中心孔

（c）锥轴

图 4.3-13　输入轴（芯轴）的连接

1—键紧固螺钉　2—中心孔螺钉　3—过渡螺钉　4—碟形弹簧垫圈　5—螺母

（1）平轴连接。一般而言，中大规格的伺服电机输出轴为平轴，并且有带键或不带键、带中心孔或无中心孔等形式；由于工业机器人对位置精度的要求较低，但其负载惯量和输出转矩很大，因此，电机轴一般应选用带键的结构。

为了避免输入轴的窜动和脱落、确保连接可靠，输入轴安装时，应通过图 4.3-13（a）所示的键紧固螺钉，或利用图 4.3-13（b）所示的中心孔螺钉固定。

（2）锥轴连接。小规格的伺服电机输出轴可能是带键的锥轴。由于 RV 减速器的输入轴通常较长，它一般不能直接利用锥轴前端的螺母紧固，因此，需要采用图 4.3-13（c）所示的过渡螺钉连接电机轴和输入轴。为了保证连接可靠，安装输入轴时，一方面要保证过渡螺钉和电机轴间的连接可靠，同时，还应使用后述带碟形弹簧垫圈的固定螺母，固定输入轴和过渡螺钉。

扁平型 RV 减速箱的负载重、输出转矩大，驱动电机一般需要通过花键套和减速箱输入连接，花键套和电机轴的连接可采用图 4.3-14 所示的 3 种。

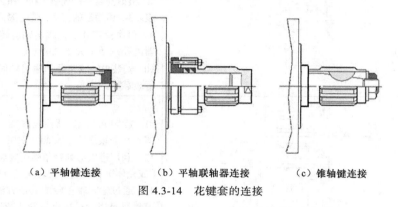

| （a）平轴键连接 | （b）平轴联轴器连接 | （c）锥轴键连接 |

图 4.3-14　花键套的连接

图 4.3-14（a）所示为带键平轴的连接，花键套可以通过中心孔螺钉固定；图 4.3-14（b）所示为无键平轴的连接，花键套需要配套弹性联轴器组件；图 4.3-14（c）所示为锥轴连接组件，适用于锥轴、带键的伺服电机轴。

2. 减速器安装

工业机器人安装或维修时，如果进行 RV 减速器的维护或更换，需要进行重新安装。作为一般方法，安装 RV 减速器时，通常先进行输出侧的连接；完成 RV 减速器和负载输出轴（或连接板）的连接后，再依次进行减速器输入侧的芯轴、驱动电机安装座、驱动电机等部件的安装。RV 减速器安装的基本步骤如表 4.3-1 所示。

表 4.3-1　　　　　　　　　　　　RV 减速器安装的基本步骤

序号	安装示意	安装说明
1	密封圈 定位面	1. 清洁零部件，去除 RV 减速器、负载轴、驱动电机、输入轴等部件所有安装、定位面的杂物、灰尘、油污和毛刺 2. 安装负载轴和输出法兰间的密封圈 3. 用输出法兰的内孔（或外圆）定位，将减速器安装到负载轴上 4. 利用带碟形弹簧垫圈的安装螺钉，对 RV 减速器输出法兰和负载轴进行初步的固定

续表

序号	安装示意	安装说明
2	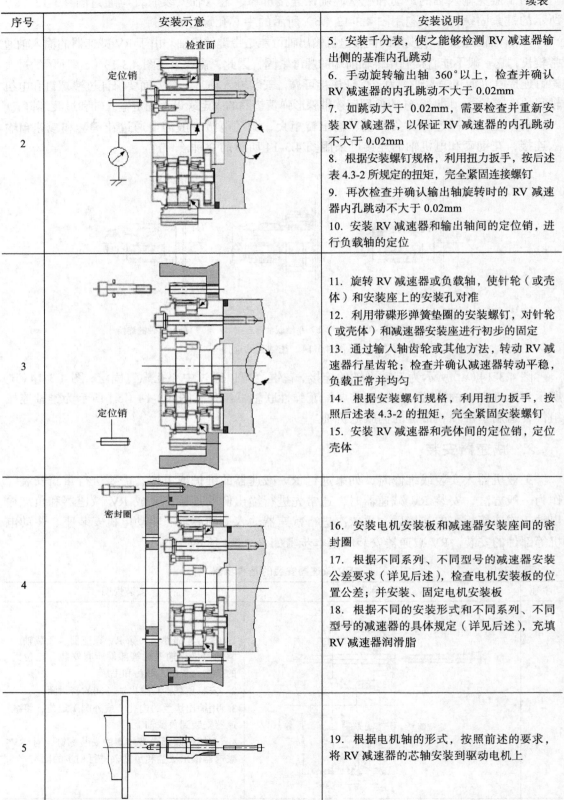	5. 安装千分表，使之能够检测 RV 减速器输出侧的基准内孔跳动 6. 手动旋转输出轴 360°以上，检查并确认 RV 减速器的内孔跳动不大于 0.02mm 7. 如跳动大于 0.02mm，需要检查并重新安装 RV 减速器，以保证 RV 减速器的内孔跳动不大于 0.02mm 8. 根据安装螺钉规格，利用扭力扳手，按后述表 4.3-2 所规定的扭矩，完全紧固连接螺钉 9. 再次检查并确认输出轴旋转时的 RV 减速器内孔跳动不大于 0.02mm 10. 安装 RV 减速器和输出轴间的定位销，进行负载轴的定位
3		11. 旋转 RV 减速器或负载轴，使针轮（或壳体）和安装座上的安装孔对准 12. 利用带碟形弹簧垫圈的安装螺钉，对针轮（或壳体）和减速器安装座进行初步的固定 13. 通过输入轴齿轮或其他方法，转动 RV 减速器行星齿轮；检查并确认减速器转动平稳，负载正常并均匀 14. 根据安装螺钉规格，利用扭力扳手，按照后述表 4.3-2 的扭矩，完全紧固安装螺钉 15. 安装 RV 减速器和壳体间的定位销，定位壳体
4		16. 安装电机安装板和减速器安装座间的密封圈 17. 根据不同系列、不同型号的减速器安装公差要求（详见后述），检查电机安装板的位置公差；并安装、固定电机安装板 18. 根据不同的安装形式和不同系列、不同型号的减速器的具体规定（详见后述），充填 RV 减速器润滑脂
5		19. 根据电机轴的形式，按照前述的要求，将 RV 减速器的芯轴安装到驱动电机上

续表

序号	安装示意	安装说明
6	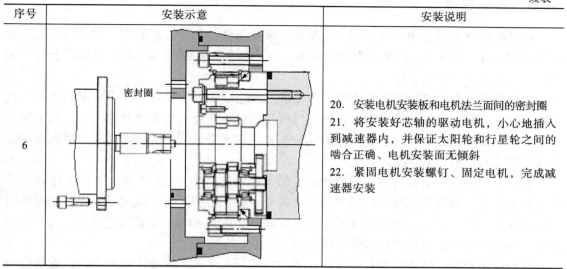	20. 安装电机安装板和电机法兰面间的密封圈 21. 将安装好芯轴的驱动电机,小心地插入到减速器内,并保证太阳轮和行星轮之间的啮合正确、电机安装面无倾斜 22. 紧固电机安装螺钉、固定电机,完成减速器安装

3. 安装要点

RV 减速器安装时,一般需要注意以下基本问题。

(1)芯轴安装。RV 减速器的芯轴一般需要连同电机装入减速器,安装时必须保证太阳轮和行星轮间的啮合良好。特别对于只有 2 对行星齿轮的小规格 RV 减速器,由于太阳轮无法利用行星齿轮进行定位,如果芯轴装入时出现偏移或歪斜,就可能导致出现图 4.3-15(b)所示的错误啮合,从而损坏减速器。

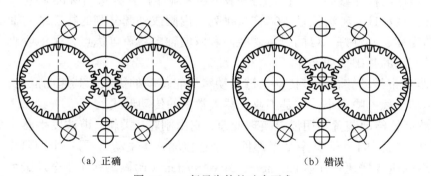

(a)正确   (b)错误

图 4.3-15   行星齿轮的啮合要求

(2)螺钉固定。为了保证连接螺钉可靠固定,安装 RV 减速器时,应使用拧紧扭矩可调的扭力扳手拧紧连接螺钉。不同规格的减速器安装螺钉,其拧紧扭矩要求如表 4.3-2 所示,表中的扭矩适用于 RV 减速器的所有安装螺钉,它与螺钉的连接对象无关。为了保证连接螺钉的可靠,除非特殊规定,RV 减速器固定螺钉一般都应使用碟形弹簧垫圈。

表 4.3-2   RV 减速器安装螺钉的拧紧扭矩表

螺钉规格	M5×0.8	M6×1	M8×1.25	M10×1.5	M12×1.75	M14×2	M16×2	M18×2.5	M20×2.5
扭矩/N·m	9	15.6	37.2	73.5	128	205	319	441	493
锁紧力/N	9310	13180	23960	38080	55100	75860	103410	126720	132155

4. 润滑要求

良好的润滑是保证 RV 减速器正常使用的重要条件，为了方便使用、减少污染，工业机器人用的 RV 减速器一般采用润滑脂润滑。为了保证润滑良好，RV 减速器原则上应使用生产厂家指定的专业润滑脂。

RV 系列基本型减速器的润滑脂充填要求与减速器安装方式有关。当减速器输出法兰向上垂直安装时，润滑脂的充填高度应超过行星齿轮上端面；当减速器输出法兰向下垂直安装时，润滑脂的充填高度应超过端盖面；当减速器水平安装时，润滑脂的充填高度应达到输出法兰直径的 3/4 左右。

润滑脂的补充和更换时间与减速器的实际工作转速、环境温度有关，实际工作转速、环境温度越高，补充和更换润滑脂的周期就越短。在正常情况下，减速器的润滑脂更换周期为 20000 小时，但是，如果减速器的工作环境温度高于 40℃、工作转速较高，或者在污染严重的环境下工作时，需要缩短更换周期。

润滑脂的型号、注入量和补充时间，通常在机器人生产厂家的说明书上已经有明确的规定，用户应按照生产厂的要求进行。

本章小结

1. 减速器、CRB 轴承、同步皮带是直接决定机器人运动速度、定位精度、承载能力等关键技术指标的机械核心部件；它们一般都由专业生产厂家进行标准化生产。

2. CRB 轴承是一种滚柱呈 90°交叉排列、内圈或外圈分割的特殊结构轴承，它具有体积小、精度高、刚性好、可同时承受径向和双向轴向载荷等优点，是工业机器人、谐波减速器广泛使用的基础传动部件。

3. 同步皮带传动综合了带传动、链传动和齿轮传动的优点，其速比恒定、传动比大、无滑差，传动平稳、噪声小，它是工业机器人常用的传动形式。

4. 谐波齿轮传动装置利用齿差实现变速，它由刚轮、柔轮、谐波发生器 3 个基本部件构成；任意固定其中 1 个，其余 2 个部件一个连接输入（主动），另一个即可作为输出（从动），以实现减速或增速。日本 Harmonic Drive System（哈默纳科）是全球最大、最著名的谐波减速器生产企业；回转执行器代表了机电一体化技术在谐波减速器领域的发展方向。

5. 部件型谐波减速器只提供刚轮、柔轮、谐波发生器 3 个基本部件；用户可根据自己的要求，自由选择变速方式和安装方式；减速器的柔轮形状有水杯形、礼帽形、薄饼形 3 种。

6. 单元型谐波减速器带有外壳、输出轴承、输入/输出连接法兰或连接轴，可直接驱动负载；谐波减速单元的基本结构有标准型、中空轴和轴输入 3 类。

7. 简易单元型谐波减速器有输出轴承，但无壳体和输入/输出连接法兰或连接轴；输入形式有标准轴孔或中空轴 2 种。

8. 齿轮箱型谐波减速器可像齿轮减速箱一样直接安装驱动电机；减速箱的输出连接形

式有法兰连接和轴连接 2 类。

9. RV 传动装置是在传统摆线针轮、行星齿轮传动装置的基础上发展出来的一种新型传动装置，它由芯轴、端盖、针轮、输出法兰、行星齿轮、曲轴组件、RV 齿轮等部件构成；传动装置具有正齿轮和差动齿轮 2 级变速机构，可实现减速或增速。Nabtesco Corporation 是全球最大、技术最领先的 RV 减速器生产企业。

10. 部件型 RV 减速器通常有基本型、标准型、紧凑型、中空型 4 种结构。基本型 RV 减速器无输出轴承；标准型、紧凑型、中空型都有输出轴承，可直接连接和驱动负载。

11. 齿轮箱型 RV 减速器又称 RV 减速箱，它通常有高速型、标准型、扁平型 3 种结构。高速的传动比较小、太阳轮直径较大，采用输入轴和太阳轮分离结构；标准型可直接连接电机，其输入连接形式有轴向、径向和轴连接 3 类；扁平型 RV 减速箱用于大型、重载减速，它可直接作为底座和腰关节驱动部件使用。

复习思考题

一、多项选择题

1. 在工业机器人上，需要由专业生产厂家生产的部件是（   ）。
   A. 同步皮带　　　　B. CRB 轴承　　　　C. 谐波减速器　　　　D. RV 减速器

2. 目前全球最大、最著名的谐波减速器生产企业是（   ）。
   A. 发那科　　　　　B. 安川　　　　　　C. 纳博特斯克　　　　D. 哈默纳科

3. 目前全球最大、最著名的 RV 减速器生产企业是（   ）。
   A. 发那科　　　　　B. 安川　　　　　　C. 纳博特斯克　　　　D. 哈默纳科

4. 以下可承受径向和轴向载荷的轴承是（   ）。
   A. 深沟球轴承　　　B. 圆柱滚子轴承　　C. 角接触球轴承　　　D. 圆锥滚子轴承

5. CRB 轴承的滚子形式是（   ）。
   A. 球　　　　　　　B. 圆柱　　　　　　C. 圆锥　　　　　　　D. 90°交叉圆柱

6. 同步皮带的齿形一般有（   ）。
   A. 梯形齿　　　　　B. 圆弧齿　　　　　C. 三角齿　　　　　　D. 矩形齿

7. 以下对谐波减速器表述正确的是（   ）。
   A. 由美国发明　　　B. 由日本发明　　　C. 可用于减速　　　　D. 可用于升速

8. 以下属于谐波减速器基本部件的是（   ）。
   A. 刚轮　　　　　　B. 柔轮　　　　　　C. 谐波发生器　　　　D. CRB 轴承

9. 谐波减速器的传动比范围是（   ）。
   A. 8～10　　　　　B. 2.8～12.5　　　C. 8～80　　　　　　D. 30～320

10. 水杯形、礼帽形、薄饼形谐波减速器指的是（   ）形状。
    A. 刚轮　　　　　　B. 柔轮　　　　　　C. 谐波发生器　　　　D. 外壳

11. 以下可直接连接输入/输出，并驱动负载的谐波减速器是（   ）。
    A. 部件型　　　　　B. 单元型　　　　　C. 简易单元型　　　　D. 齿轮箱型

12. 以下属于机电一体化谐波减速集成部件的是（　　　）。

    A. 回转执行器   B. 谐波减速单元

    C. 简易谐波减速单元   D. 谐波减速箱

13. 以下对谐波减速器安装要求理解正确的是（　　　）。

    A. 连接螺钉一定要用垫圈   B. 柔轮允许反向固定安装

    C. 柔轮应从礼帽大口装入   D. 柔轮应从礼帽小口装入

14. 薄饼形谐波减速器允许使用脂润滑的情况是（　　　）。

    A. 转速低于样本平均输入转速   B. 负载率 ED%≤10%

    C. 连续运行时间≤10min   D. 同时满足 A、B、C

15. 以下对 RV 减速器理解正确的是（　　　）。

    A. 传动比很大通常为 30～260   B. 有正齿轮、差动齿轮 2 级变速

    C. 刚性比谐波减速器好   D. 结构比谐波减速器简单

16. 以下具有输出轴承的部件型 RV 减速器是（　　　）。

    A. 基本型   B. 标准型   C. 紧凑型   D. 中空型

17. 标准型 RV 减速箱的输入连接形式有（　　　）。

    A. 轴向输入   B. 径向输入   C. 轴向轴连接   D. 径向轴连接

18. 以下对扁平型 RV 减速箱理解正确的是（　　　）。

    A. 用于大型、重载减速   B. 减速器本体采用中空结构

    C. 采用径向输入连接   D. 可以直接作为机器人底座

19. RV 减速器安装时，其内孔跳动一般应（　　　）。

    A. 小于 0.01mm   B. 小于 0.02mm   C. 小于 0.03mm   D. 小于 0.05mm

二、填充题

1. 根据 CRB 轴承的安装要求，完成题表 4-1。

题表 4-1   CRB 轴承固定螺钉拧紧扭矩表

螺钉规格	M3	M4	M5	M6	M8	M10	M12	M14	M16	M20
拧紧扭矩/N·m										

2. 根据 CRB 轴承的精度等级，完成题表 4-2。

题表 4-2   轴承精度等级对照表

国别	标准号	精 度 等 级 对 照				
国际	ISO0492	0	6	5	4	2
德国	DIN 620/2					
日本	JISB1514					
美国	ANSI B3.14					
中国	GB307					

3. 根据同步皮带的安装要求，完成题表 4-3。

题表 4-3   圆弧同步皮带的最小弯曲直径

节距代号	3M	5M	8M	14M
最小弯曲直径/mm				

三、简答题

1. 简述 CRB 轴承的安装要点。
2. 简述同步皮带传动系统的安装要求。
3. 简述谐波减速器的技术特点。
4. 简述 RV 减速器的安装要点。

四、计算题

1. 如谐波传动装置的基本减速比 $R=100$，试说明题图 4-1 采用的安装方式，并计算其传动比。

2. 如 RV 传动装置的基本减速比 $R=100$，试说明题图 4-2 采用的安装方式，并计算其传动比。

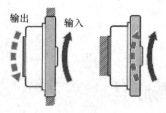

题图 4-1　谐波减速器安装图

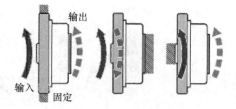

题图 4-2　RV 减速器安装图

第5章
工业机器人控制系统

5.1 控制系统概述

5.1.1 系统组成与结构

1. 电气控制系统组成

工业机器人是具有完整、独立电气控制系统的设备，这是它和普通工业机械手的最大区别。但是，目前还没有专业生产厂家统一生产、销售通用的工业机器人控制系统，现行的控制系统大都由机器人生产厂商研发、设计和制造；因而，不同机器人的控制系统外观、结构各不相同。

工业机器人控制系统（以下简称控制系统）主要用于运动轴的位置和轨迹控制，在组成和功能上与机床数控系统无本质的区别，系统同样需要有控制器、伺服驱动器、操作单元、辅助控制电路等基本控制部件。

（1）控制器。工业机器人控制器简称 IR 控制器，它是控制坐标轴位置和轨迹、输出插补脉冲，以及进行 DI/DO 信号逻辑运算处理、通信处理的装置，其功能与 CNC（数控装置）相同。IR 控制器可由工业 PC 机、接口板及相关软件构成；也可像 PLC 一样，由 CPU 模块、轴控模块、测量模块等构成。

（2）操作单元。操作单元是用于工业机器人操作、编程及数据输入/显示的人机界面。操作单元的主要功能是通过现场示教，生成机器人作业程序，故又称示教器。为了便于示教操作，操作单元以可移动手持式为主。

（3）伺服驱动器。伺服驱动器用于插补脉冲的功率放大，它具有闭环位置、速度和转矩控制的功能。工业机器人的驱动器以交流伺服驱动器为主，早期的直流伺服驱动、步进电机驱动现已很少使用。

（4）辅助控制电路。辅助电路主要用于控制器、驱动器电源的通断控制和接口信号的转换。由于工业机器人的控制要求，为了缩小体积、方便安装，辅助控制电路的器件常被统一安装在相应的控制模块或单元上。

不同用途的工业机器人虽在用途、外形、结构等方面有所区别，但它们对电气控制的要求类似，因此，IR 控制器对同一生产厂家的机器人具有通用性。日本安川公司既是世界著名的工业机器人生产企业，又是全球闻名的变频器、交流伺服驱动产品生产企业，其机器人控制系统的技术水平同样居世界领先地位，本书将以该公司的 DX100 通用型控制系统为例，来介绍工业机器人的电气控制系统。

2. DX100 系统结构

安川 DX100 控制系统的外形及基本组成如图 5.1-1 所示，系统由控制柜和示教器两大部分组成。

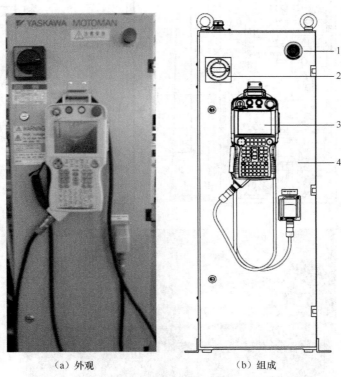

（a）外观　　　　　　　　　（b）组成

图 5.1-1　安川 DX100 控制系统的组成

1—急停按钮　2—电源总开关　3—示教器　4—控制柜

（1）示教器。示教器就是 DX100 的手持式操作单元，它是用于工业机器人操作、编程及数据输入/显示的人机界面。DX100 的示教器为有线连接，面板按键及显示信号通过网络电缆连接，急停按钮连接线直接连接至控制柜。

（2）控制柜。除示教器以及安装在机器人本体上的伺服驱动电机、行程开关外，控制系统的全部电气件都安装在控制柜内。DX100 控制柜的正面左上方安装有机器人的进线总电源开关，它用来断开控制系统的全部电源，使设备与电网隔离；正面右上方安装有急停开关，它可在机器人出现紧急情况时，快速分断控制系统电源、紧急停止机器人的全部动作，确保设备安全停机。

DX100 控制系统的电路和部件采用的是通用型设计，但是，系统配套的伺服驱动器的控制轴数、容量等与工业机器人的规格有关，因此，控制柜的外形、配套的伺服驱动器，以及输入电源的容量等稍有不同。DX100 控制柜的内部器件布置如图 5.1-2 所示，控制柜采用了风扇冷却，前门内侧安装有冷却风扇 11；后部设计有隔离散热区。

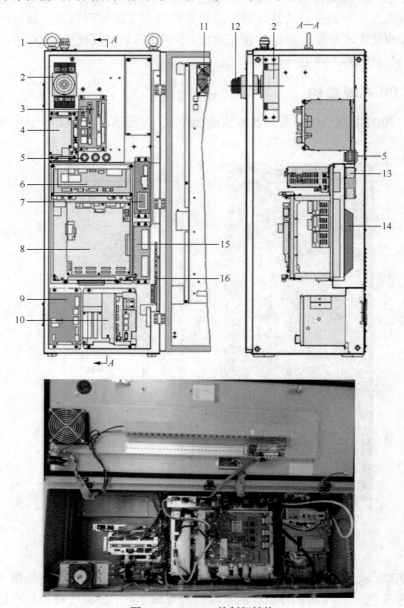

图 5.1-2　DX100 控制柜结构

1—电源进线　2—总开关　3—安全单元　4—ON/OFF 单元　5—电缆插头　6—伺服电源模块　7—制动单元　8—伺服驱动器　9—电源单元　10—IR 控制器　11、13—风机　12—手柄　14—制动电阻　15—I/O 单元　16—接线端

DX100 控制系统的控制器件以单元或模块的形式安装。伺服电源通断控制用的 ON/OFF 单元 4、安全单元 3 安装在控制柜上部；伺服驱动器 8 与电源模块 6、制动单元 7 及连接机器人输入/输出信号的 I/O 单元 15 安装在中部；电源单元 9、IR 控制器 10 安装在

控制柜下方；控制柜风机 13、驱动器制动电阻 14 安装在后部隔离散热区。

5.1.2　系统的使用条件

控制系统是保证工业机器人工作正常、运行可靠的关键部件，其使用必须遵循相关的标准，对于绝大多数国内用户，机器人生产厂家对控制系统的使用条件一般有以下通用、基本规定。

1.　电源要求

国内用户的机器人供电应符合 IEC 60034 的 B 类供电标准，控制系统对输入电源的主要技术要求如下。

电源电压/频率：三相 AC200/50Hz 或 AC220V/60Hz；

电压允许范围：200V（+10%～-15%）或 200V（+10%～-15%）；

频率允许范围：50Hz±2%或 60Hz±2%。

电源的容量及进线要求与配套的工业机器人的型号、规格有关，以 DX100 系统为例，当系统用于不同机器人时，其容量及进线要求如表 5.1-1 所示。

表 5.1-1　　　　　　　　　　DX100 控制系统的输入要求表

机器人型号	电源容量/kVA	断路器规格/A	电源线规格/mm^2
MH5L	≥1	15	≥3.5
MH6、MA1400、VA1400	≥1.5	15	≥3.5
HP20D、MA1900	≥2.0	15	≥3.5
MH50、MS80	≥4.0	30	≥5.5
VS50、ES165D、ES200D	≥5.0	30	≥5.5

2.　使用环境

工业机器人控制系统对使用环境的要求通常如下。

环境温度：0℃～45℃，运输、储存温度-10℃～60℃；

相对湿度：10%～90%RH，不结露；

震动和冲击：小于 0.5g（4.9m/s^2）；

海拔：低于 1000m。

需要注意的是：控制系统器件的额定工作电流是根据器件允许温升得到的计算值，如果环境温度低于或超过 40℃，器件的额定工作电流可按图 5.1-3（a）所示进行修正；此外，器件的额定工作电流和耐压还与海拔有关，一般而言，当海拔超过 1000m 时，器件的额定工作电流和电压需要按图 5.1-3（b）、（c）所示进行修正。

作为其他一般规定，控制系统的使用还有以下基本要求。

①　控制系统原则上也不能在有易燃、易爆及腐蚀性气体及大量灰尘、粉尘、油烟、水雾的环境下安装使用。因此，用于油漆、喷涂等作业的工业机器人控制系统需要进行特殊的设计。

②　控制系统的周边设备，应无大容量的电噪声。

③　控制柜应有通畅的操作、维护空间；控制柜背面距离墙面或其他固定装置应有足够的维护、维修空间（通常在 500mm 以上）。

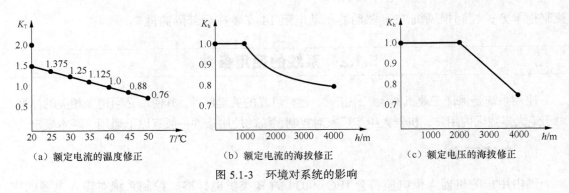

（a）额定电流的温度修正　　　（b）额定电流的海拔修正　　　（c）额定电压的海拔修正

图 5.1-3　环境对系统的影响

④ 控制柜应使用地脚螺钉，可靠固定于地面等。

5.2 控制系统连接

5.2.1　电源连接

1．电源规格

根据电路原理，工业机器人控制系统可分为强电控制回路、机器人控制器和伺服驱动器三大部分。强电控制回路主要用于伺服电源的通断控制；机器人控制器用于运动轴的位置控制；伺服驱动器用于运动轴信号的功率放大。

以安川 DX100 控制系统为例，系统的输入电源为三相 AC200V，内部控制电源有三相 AC200V、单相 AC200V 及直流 DC24V、DC5V 等。

（1）三相 AC200V。三相 AC200V 用于伺服驱动器的主回路供电。伺服驱动器主回路是高电压、大电流控制的大功率部件，它需要由驱动器配套的伺服电源模块进行单独供电；电源模块的容量与系统配套的驱动电机数量、型号、规格有关。

伺服电源模块可以采用集成型和分离型两种结构。一般而言容量小于 4kVA 的小规格系统，电源模块和伺服模块可以采用集成一体型结构；容量大于 4kVA 的控制系统，伺服驱动器电源模块需要和伺服模块分离。

（2）单相 AC200V。单相 AC200V 主要用于控制系统的风机、IR 控制器等单元和模块的供电；它是控制系统交流控制回路、伺服驱动器控制回路的控制电源。

（3）直流 DC24V、DC5V。DC24V 是控制系统应优选的直流主电源和控制电源，系统的 IR 控制器、安全单元、I/O 单元、伺服驱动器的轴控模块，以及伺服电机的制动器、编码器电源模块、机器人上的 DI/DO 器件，原则上都应使用 DC24V 供电。DC5V 是控制系统应优选的电子电路供电电源。在机器人控制系统中，DC24V/DC5V 一般由电源单元统一提供。

2. 电源连接

电源连接要求在不同控制系统上稍有不同，安川 DX100 控制系统的内部电源连接如图 5.2-1 所示。

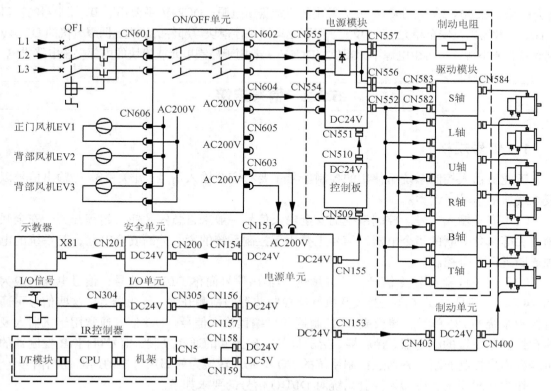

图 5.2-1 DX100 控制系统的电源连接

电源总开关 QF1 是通断整个控制系统输入电源的部件，它可使系统与电网完全隔离，并具有设备短路保护的功能，为了便于操作，电源总开关一般应安装在控制柜的门上。

在 DX100 控制系统上，用于 AC200V 电源通断控制的强电回路及主接触器、熔断器、滤波器等控制强电器件，都统一安装在 ON/OFF 单元上。在 ON/OFF 单元内部，来自总开关 QF1 的三相 AC200V 输入主电源，被分为三相 AC200V 伺服驱动器主电源、单相 AC200V 风机电源和单相 AC200 控制电源 3 部分。

（1）伺服驱动器主电源。三相 AC200V 伺服驱动器主电源主要用来产生驱动器 PWM 逆变主回路用的直流母线电压，输入电源经过驱动器电源模块内部的三相整流，被转换成 DC310V 左右的直流母线电压，提供各伺服模块的 PWM 逆变主回路使用。

伺服驱动器主电源的通断，由 ON/OFF 单元内部两只主接触器的串联主触点进行安全冗余控制，主接触器的通断控制信号来自系统的安全单元。在正常情况下，主接触器可通过示教器上的伺服 ON/OFF 开关控制通断，当机器人出现超程等紧急情况时，可通过安全单元紧急分断驱动器主电源。

（2）风机电源。单相 AC200V 风机电源用于控制柜的冷却风机供电。在 ON/OFF 单元内部，风机电源直接取自三相 AC200V 输入，因此，风机可在电源总开关 QF1 合上后直接启动。ON/OFF 单元安装有专门的 AC200V 风机电源短路保护熔断器。

（3）控制电源。单相 AC200V 控制电源主要用于主接触器通断控制、伺服驱动器电源模块的 AC200V 控制以及系统电源单元（CPS 单元）的 AC200V 供电。

DX100 控制系统的 DC24V/5V 直流电压由电源单元（CPS 单元）统一提供。电源单元实际上是一个 AC200V 输入、DC24V/5V 输出的直流稳压电源；DC24V 主要用于 IR 控制器的接口电路、示教器以及安全单元、I/O 单元、伺服驱动器轴控模块等部件的供电；伺服电机的 DC24V 制动器控制电源，也可由电源单元提供。DC5V 主要用于控制单元或模块的内部电子电路供电。

5.2.2　信号连接

1.　信号规格

工业机器人控制系统所使用的控制信号主要有安全输入信号、开关量输入/输出信号以及总线通信信号 3 大类。

（1）安全输入信号。控制系统的安全输入信号一般来自急停按钮、超程开关、安全联锁开关等紧急分断的指令电器，信号主要用于控制系统的紧急分断安全电路，对系统的电源通断进行安全控制。

（2）开关量输入/输出信号。开关量输入/输出信号简称 DI/DO 信号，信号电源一般为 DC24V。DI 信号主要来自机器人及执行器控制装置的检测开关、传感器等，这些信号可通过控制系统的 I/O 单元，转换成 IR 控制器的可编程输入信号。DO 信号通常用于机器人及执行器控制装置的继电器、接触器、指示灯等输出器件的通断控制，信号可由 IR 控制器的可编程输出控制通断，并通过控制系统的 I/O 单元，转换为外部执行器的通断控制信号。

作为一般规定，机器人控制系统对 DI/DO 信号的要求如下。

① DI 信号：相关输入设备的信号输出驱动能力应在 DC24V/50mA 以上，信号 ON 时的允许工作电流应大于 DC24V/8mA。

② DO 信号：机器人控制系统的 DO 信号输出形式有光耦、继电器触点 2 类。光耦输出信号的负载驱动能力通常为 DC30V/50mA；继电器触点输出信号的负载驱动能力通常为 DC24V/500mA。

（3）总线通信信号。现代机器人控制系统的内部数据传输一般以网络总线通信的形式进行，系统的通信总线一般有 IR 控制器和伺服驱动器间通信用的伺服总线（Drive 总线）；IR 控制器和 I/O 单元间通信的 I/O 总线（LAN 总线）；IR 控制器和示教器或外部设备通信的 RS232C 或 RS485、USB 接口总线（串行通信总线）等。

2.　控制信号连接

控制信号的连接要求在不同控制系统上同样有所区别，安川 DX100 控制系统的控制单元（模块）的信号连接如图 5.2-2 所示。

（1）ON/OFF 单元。ON/OFF 单元是控制伺服主电源、控制电源通断的强电控制装置，使用 DI/DO 信号控制。控制电源通断的 DI 信号来自安全单元；主接触器的辅助触点需要作为 DO 信号输出到制动单元、控制伺服电机的制动器通断。

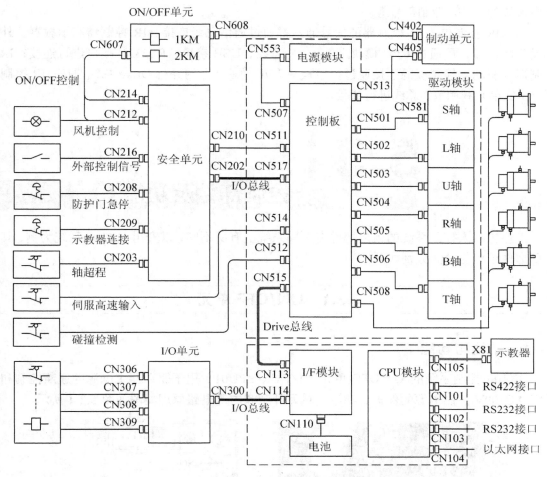

图 5.2-2　DX100 系统的信号连接

（2）安全单元。安全单元是控制整个系统电源正常通断和紧急分断的装置，它需要连接来自控制柜正门、示教器的急停按钮，机器人上的超程开关、防护门开关等安全器件，如需要，还可连接来自外部控制装置的电源通断、超程等输入信号。安全单元输出的控制信号包括 ON/OFF 单元的主接触器控制、风机控制及驱动器控制等，来自驱动器的安全控制信号通过 DI/DO 接口和 I/O 总线进行连接。

（3）I/O 单元。I/O 单元实际上就是 IR 控制器的 DI/DO 模块，其功能与使用方法与 PLC 的 I/O 模块类似，它可将来自机器人或其他装置的外部开关量输入（DI）信号，转换为 IR 控制器的可编程逻辑信号；将 IR 控制器的可编程逻辑状态，转换为控制外部执行元件通断的开关量输出信号（DO）。DX100 系统的基本 I/O 单元最大可连接 40/40 点 DI/DO，部分信号的功能已被定义；用于弧焊等机器人控制时，可以选择进行 I/O 单元的扩展；I/O 单元和 IR 控制器间可通过 I/O 总线进行通信。

（4）驱动器。驱动器的控制板和 IR 控制器间通过并行 Drive 总线通信；驱动器和安全单元间的 DI/DO 信号通过 I/O 总线通信；驱动器和电机编码器间通过串行数据总线通信。伺服控制板一般还可连接少量由驱动器控制板直接处理的急停、碰撞检测等高速输入信号；驱动器控制板的输出信号主要有电源模块的控制信号、伺服电机的制动器通断控制信号和伺服模块的 PWM 控制信号等。

（5）IR 控制器。IR 控制器的信号通常都通过通信总线连接。IR 控制器和示教器、外部设备的连接，可通过 CPU 模块上的 LAN 总线、USB 接口、RS232C 接口进行连接；IR 控制器与驱动器控制板的连接通过接口模块（I/F 模块）上的并行 Drive 总线通信；IR 控制器与 I/O 单元利用 I/O 总线进行通信。

5.3 控制部件及功能

工业机器人控制系统的组成部件在不同系统上有所不同，以安川 DX100 系统为例，其控制部件结构与功能分别如下。

5.3.1 ON/OFF 单元

1. 结构与功能

DX100 控制系统的 ON/OFF 单元（JZRCR-YPU01）用于驱动器主电源的通断控制和系统 AC200V 控制电源的保护、滤波，单元外观和内部电路原理简图如图 5.3-1 所示。

（a）外观

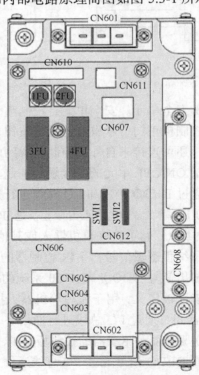

（b）连接器布置

图 5.3-1　ON/OFF 单元

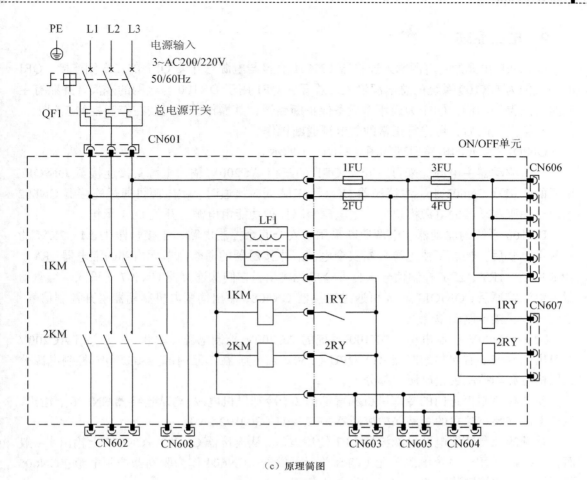

（c）原理简图

图 5.3-1　ON/OFF 单元（续）

ON/OFF 单元由基架和控制板组成。驱动器主电源通断控制的主接触器 1KM、2KM 及 AC200V 控制电源的滤波器 LF1 等大功率器件安装在基架上；AC200V 保护熔断器 1FU～4FU 及继电器 1RY、2RY 等小型控制器件安装在控制板上；基架和控制板间通过内部连接器 CN609、CN610、CN611、CN612 连接。ON/OFF 单元的连接器功能如表 5.3-1 所示。

表 5.3-1　　　　　　　　　　ON/OFF 单元连接器功能表

连接器编号	功　能	连接对象
CN601	3～AC200/220V 主电源输入	电源总开关 QF1（二次侧）
CN602	3～AC200/220V 驱动器主电源输出	伺服驱动器电源模块 CN555
CN603	AC200V 控制电源输出 1	电源单元（CPS 单元）CN151
CN604	AC200V 控制电源输出 2	伺服驱动器电源模块 CN554
CN605	AC200V 控制电源输出 3	备用，用于其他控制装置供电
CN606	AC200V 风机电源	控制柜风机
CN607	主接触器通断控制信号输入	安全单元 CN214
CN608	伺服电机制动器控制信号输出	制动单元 CN402
CN609～CN612	单元内部连接器	控制板与基架连接

2. 电路原理

ON/OFF 单元的主电源输入连接器 CN601 直接与电源总开关 QF1 的二次侧连接，QF1 的一次侧为 DX100 系统的总电源输入。总开关 QF1 用于 DX100 与电网的隔离，并兼有主回路短路保护功能。QF1 为通用型设备保护断路器，其操作手柄安装在控制柜的正门上，当控制柜门关闭后，可进行正常的总电源通断操作。

ON/OFF 单元的电路原理如图 5.3-1（c）所示。

（1）驱动器主电源。来自总开关 QF1 的三相 AC200V 输入电源直接连接至 ON/OFF 单元的连接器 CN601 上，主接触器 1KM、2KM 同时接通时，主电源可通过连接器 CN602 输出至伺服驱动器的电源模块上。主电源短路保护功能由电源总开关 QF1 承担。

DX100 系统的驱动器主电源通断采用了安全冗余控制电路，主接触器 1KM、2KM 的主触点串联后，构成了主电源分断安全电路。主接触器的通断由单元内部的继电器 1RY、2RY 控制，1RY、2RY 控制信号来自安全单元输出，它们从连接器 CN607 上输入。当驱动器主电源接通后，ON/OFF 单元可通过连接器 CN608，输出伺服电机制动器松开控制信号，该信号被连接至制动单元上。

（2）AC200V 控制电源。DX100 系统的 AC200V 控制电源（单相），从三相 AC200V 上引出，并安装有保护熔断器 1FU/2FU（250V/10A）。在单元内部，AC200V 控制电源分为风机电源和控制装置电源两部分。

安装在控制柜正门的冷却风机和背部的 2 个冷却风机电源，均从连接器 CN606 上输出，风机电源安装有独立的短路保护熔断器 3FU/4FU（200V/2.5A）。

系统的控制装置电源经滤波器 LF1 的滤波后，从连接器 CN603～CN605 上输出。一般而言，CN603 用于系统电源单元（CPS 单元）供电；CN604 作为驱动器控制电源；CN605 则可用于其他控制装置的 AC200V 供电（备用）。

5.3.2 安全单元

1. 结构与功能

DX100 系统的安全单元（JZNC-YSU01）实际上是一个多功能安全继电器，它可用于 DX100 系统的三相 AC200V 伺服驱动器的主电源紧急分断、外部伺服 ON/OFF、安全防护门、超程保护等控制。

安全单元内部设计有主接触器通断控制的安全电路，伺服驱动器的安全控制电路、I/O 总线通信接口等，电源输入回路安装有 2 个 250V/3.15A 的短路保护快速熔断器 F1/F2。安全单元外观及连接器功能如图 5.3-2、表 5.3-2 所示。

2. 安全信号连接

安全单元的大多数连接器均用于 6 轴标准型机器人的系统内部信号连接，这些连接已在控制柜出厂时完成，用户无需改变。但是，对于带有附加轴（如变位器等）或其他辅助控制装置的工业机器人系统，一般需要通过连接器 CN211、CN216，连接部分安全信号。

辅助控制装置的安全信号连接要求如下。

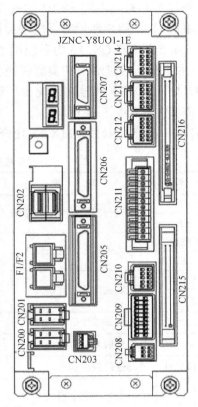

图 5.3-2　安全单元

表 5.3-2　　　　　　　　　　　安全单元连接器功能表

连接器	功　能	连接对象
CN200	DC24V 电源输入	电源单元（CPS 单元）CN155
CN201	DC24V 电源输出	示教器 DC24V 电源 X81
CN202	I/O 总线接口	伺服控制板 CN517
CN203	超程开关输入	机器人超程开关
CN205	安全单元互连接口（输出）	其他安全单元 CN206（一般不使用）
CN206	安全单元互连接口（输入）	其他安全单元 CN205（一般不使用）
CN207	安全单元互连接口	其他安全单元 CN207（一般不使用）
CN208	防护门急停输入	安全防护门开关
CN209	示教器急停输入	示教器急停按钮
CN210	伺服安全控制信号输出	伺服控制板 CN511
CN211 接线端	附加轴安全输入信号连接端	伺服使能、超程保护开关输入连接端
CN212	风机控制、指示灯输出	指示灯、风机（一般不使用）
CN213	主接触器控制输出 2	一般不使用
CN214	主接触器控制输出 1	ON/OFF 单元 CN607
CN215	系统扩展接口	一般不使用
CN216（MXT）	外部安全信号输入连接器	外部安全信号（见下述）

（1）CN211。接线端 CN211 用于外部伺服使能信号和第 2 超程开关信号的连接。安全输入信号必须使用 2 对以上同步动作的安全冗余输入触点；外部安全输入在系统出厂时一般被短接（不使用），用户使用时，应去掉出厂短接端。

（2）CN216。连接器 CN216 为系统用于远程控制时的安全信号输入连接器；在 DX100 控制柜内，CN216 已通过端子转换器转换为通用接线端 MXT。在不使用远程控制功能的系统上，CN216（MXT）信号在系统出厂时一般被短接（信号不使用），用户使用远程控制功能时，需要去掉出厂短接端。

安川 DX100 系统 CN216（MXT）允许连接的安全信号及功能如表 5.3-3 所示。

表 5.3-3　　　　　　　　　　　　CN216 连接信号及功能表

引脚	信号代号	功　　能	典型应用	备　　注
9/10	SAF F1	自动运行安全信号、冗余输入	安全门开关	信号对示教方式无效，出厂时短接
11/12	SAF F2			
19/20	EX ESP1	外部急停信号、冗余输入	外部急停按钮	出厂时短接
21/22	EX ESP2			
23/24	FS T1	全速测试信号、冗余输入	速度调节按钮	ON：100%示教速度测试 OFF：低速测试
25/26	FS T2			
27/28	S SP	低速测试速度倍率选择信号	速度调节按钮	ON：16%；OFF：2%
29/30	EX SVON	外部伺服 ON 信号	伺服 ON 输入	使用方法见下
31/32	EX HOLD	外部进给保持信号	进给保持输入	出厂时短接
33/34	EX DSW1	安全信号、冗余输入	急停按钮等	出厂时短接
35/36	EX DSW2			

安全单元的输入 SAF、外部急停输入 EX ESP 一般用于机器人工作现场的安全防护门控制；其他信号可用来连接机器人现场的附加操纵台。在附加操纵台上，可通过安全单元的 EX SVON 输入控制伺服驱动器通断、利用 EX DSW 输入控制急停；利用 EX HOLD 输入控制进给保持；利用 FS T、S SP 输入调整运动速度等。

5.3.3　I/O 单元

1. 结构与功能

I/O 单元（JZNC-YIU01）的功能是将机器人或其他设备上的 DI 信号转换为 IR 控制器可编程逻辑信号，将 IR 控制器的可编程逻辑状态转换为外部执行元件通断控制 DO 信号；单元和 IR 控制器间通过 I/O 总线连接。DX100 系统的 I/O 单元及接口电路原理如图 5.3-3 所示。

2. 电源连接

I/O 单元的 DC24V 基本工作电源由 DX100 系统的电源单元（CPS）提供；用于 DI/DO 接口的 DC24V 电源 DC 24VU 可采用下述的两种方式供给。

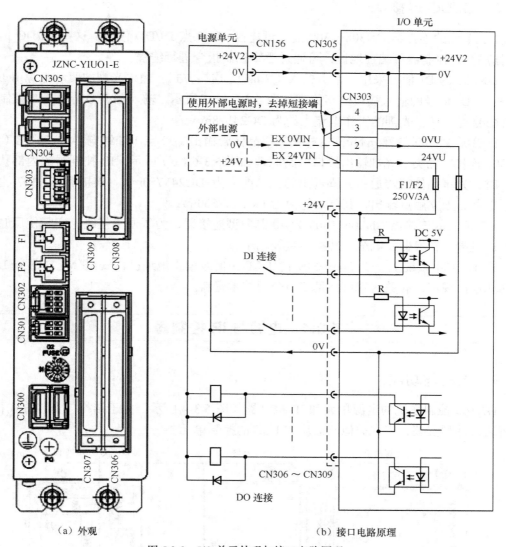

（a）外观　　　　　　　　　　　（b）接口电路原理

图 5.3-3　I/O 单元外观与接口电路原理

（1）使用内部电源 DC24V2。此时，I/O 单元上的 DI/DO 接口电源输入连接端 CN303-1/2，应直接和 CN303-3/4 短接（出厂设置），CN303-1/2 无需再连接外部电源。但由于容量的限制，DX100 电源单元（CPS）可提供给 I/O 单元接口电路使用的 DC24V 容量大致为 DC24V/1A（最大不得超过 1.5A），否则必须使用外部电源供电。

（2）使用外部电源 DC24V。接口电路使用外部电源供电时，DC24V 电源应连接至 I/O 单元的连接端 CN303-1/2 上，同时，还必须断开连接 CN303-1/2 和 CN303-3/4 的短接线，以防止 DC24V 电源短路。

外部 DC24V 电源的容量决定于系统同时接通的 DI/DO 点数及 DO 负载容量，每一 DI 点的正常工作电流为 DC24V/8mA，每一光耦输出 DO 点的最大负载电流为 DC24V/50mA；继电器触点输出的 DO 点容量决定于负载（每点的极限为 DC24V/500mA）。

3. DI/DO 连接

I/O 单元的连接器 CN306～309 最大可连接 40/40 点 DI/DO 信号，这些 DI/DO 信号都有对应的 IR 控制器可编程地址，可通过逻辑控制指令进行编程。

DX100 的 DI 信号采用"汇点输入（Sink）"连接方式，输入光耦的驱动电源由 I/O 单元提供。DI 信号的输入接口电路原理如图 5.3-3（b）所示，输入触点 ON 时，IR 控制器的内部信号为"1"，光耦的工作电流大约为 DC24V/8mA。

DX100 的 DO 信号分 NPN 达林顿光耦晶体管输出（32 点）和继电器触点输出（8 点，CN307 连接）两类。光耦输出接口电路原理如图 5.3-6（b）所示，IR 控制器的内部状态为"1"时，光耦晶体管接通；光耦输出的驱动能力为 DC24V/50mA。连接器 CN307 上的 8 点继电器为独立触点输出，其驱动能力为 DC24V/500mA。

I/O 单元的连接器 CN306～309 为 40 芯微型连接器，为了便于接线，实际使用时一般需要通过端子转换器及电缆，转换为接线端子。

在 DX100 系统上，CN306～309 的 DI/DO 信号编程地址已由安川分配，部分 DI/DO 的功能也已规定，有关内容可参见安川公司技术资料。

5.3.4 电源与 IR 控制器

1. 结构与功能

DX100 控制系统的电源单元和 IR 控制器如图 5.3-4 所示，由于结构、安装方式相同，两者通常并列安装，组成类似于模块式 PLC 的控制单元。

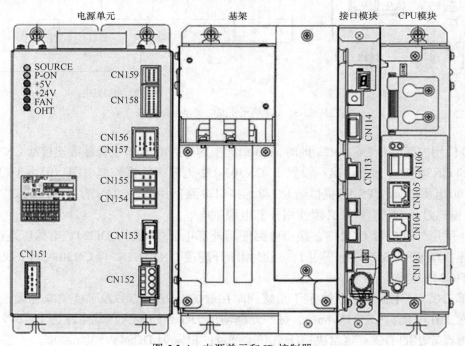

图 5.3-4 电源单元和 IR 控制器

电源单元（CPS 单元，JZNC-YPS01）是一个 AC200 输入、DC24/5V 输出的直流稳压电源。DC24V 主要用于 IR 控制器接口电路、示教器、安全单元、I/O 单元、伺服驱动器控制板等部件的供电；伺服电机的 DC24V 制动器控制电源也可由电源单元提供。DC5V 主要用于 IR 控制器内部电子电路的供电。

IR 控制器（JZNC-YRK01）是控制工业机器人坐标轴位置和轨迹、输出插补脉冲、进行 I/O 信号逻辑运算及通信处理的装置，其功能与机床数控装置（CNC）类似。

DX100 系统的 IR 控制器由基架（JZNC-YBB01）、接口模块（I/F 模块，JZNC-YIF01）、CPU 模块（JZNC-YCP01）组成。CPU 模块是用于控制系统通信处理、运动轴插补运算、DI/DO 逻辑处理的中央控制器，模块安装有连接示教器和外部设备的 RS232C、Ethernet（LAN）、USB 接口。通信接口模块（I/F 模块）主要用于工业机器人内部的 I/O 总线、Drive 总线的通信控制。

2. 单元连接

电源单元和 IR 控制器的连接器功能如表 5.3-4 所示。

表 5.3-4　　　　　　　　　电源单元、IR 控制器连接器功能表

部件	连接器	功　　能	连接对象
电源单元	CN151	AC200～240V 电源输入（2.8～3.4A）	ON/OFF 单元 CN603
	CN152 接线端	外部（REMOTE）ON 信号连接端	外部 ON 控制信号
	CN153	DC24V3 制动器电源输出（最大 3A）	制动单元 CN403
	CN154	DC24V1/DC24V2 电源输出	安全单元 CN200
	CN155	DC24V1/DC24V2 电源输出	伺服控制板 CN509
	CN156	DC24V2 电源输出（最大 1.5A）	I/O 单元 CN305
	CN157	DC24V2 电源输出（最大 1.5A）	—
	CN158	DC5V 控制总线接口	IR 控制器基架 CN5
	CN159	DC24V 控制总线接口	IR 控制器基架 CN5
IR 控制器	CN113	Drive 总线接口	伺服控制板 CN515
	CN114	I/O 总线接口	I/O 单元 CN300
	CN103	RS232C 通信接口	外设
	CN104	Ethernet 通信接口	外设
	CN105	示教器通信接口	示教器
	CN106	USB 接口	外设

电源单元（CPS）的输入为 AC200～240V/2.8～3.4A，输入电源和启/停控制信号来自 ON/OFF 单元；单元的 DC24V 输出分为 24V1、24V2、24V3 三组，24V1/24V2 可用于系统的安全单元、I/O 单元、伺服控制板等控制装置的供电；24V3 用于伺服电机的制动器控制。在 DX100 系统上，以上输入/输出均为内部连接线路，它们已通过标准电缆连接。

IR 控制器机架控制总线 CN5 和电源单元（CPS）连接器 CN158/CN159 的连接在系统出厂时已完成；CPU 模块、接口模块（I/F 模块）与基架间，直接通过基架上的总线连接。CPU 模块和示教器之间，可通过标准网络电缆连接；CPU 模块与外设间的通信接口，

均为 USB、RS232C、LAN 等通用标准串行接口，可直接使用标准网络电缆。接口模块（I/F 模块）的 Drive 总线接口 CN113，需要通过系统的标准网络电缆，和伺服驱动器的控制板连接；模块的 I/O 总线接口 CN114，可通过系统配套的标准网络电缆和 DX100 的 I/O 单元连接。

5.4 伺服驱动器

5.4.1 电源模块

1. 结构与功能

DX100 系统的基本控制轴数为 6 轴，最大可以到 8 轴；为了缩小体积、降低成本，系统采用了图 5.4-1 所示的集成型结构，伺服驱动器由电源模块、伺服控制板和逆变模块等部件组成。

驱动器的电源模块主要用来产生逆变所需要的公共直流母线电压和驱动器内部控制电压。DX100 系统的电源模块有分离型和集成型两种结构形式：小功率（1～2kVA）驱动器采用电源模块、控制板、逆变模块集成一体型结构；大功率（4～5kVA）驱动器采用分离型结构，电源模块为独立的组件，控制板和逆变模块集成一体。集成型电源模块和分离型电源模块只是体积、安装方式上的区别，模块的作用、原理及连接器布置、连接要求均一致。DX100 系统电源模块的连接器布置及功能分别如图 5.4-2、表 5.4-1 所示。

图 5.4-1　DX100 驱动器

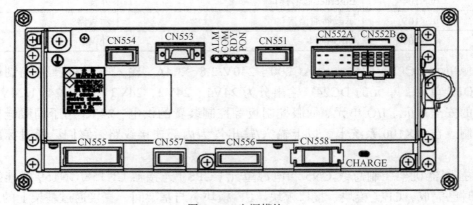

图 5.4-2　电源模块

表 5.4-1 驱动器电源模块连接器功能表

连接器	功 能	连接对象
CN551	DC24V 电源输入	伺服控制板 CN510
CN552	逆变控制电源输出	6 轴逆变模块 CN582
CN553	整流控制信号输入	伺服控制板 CN501
CN554	AC200V 控制电源输入	ON/OFF 单元 CN604
CN555	三相 AC200V 主电源输入	ON/OFF 单元 CN602
CN556	直流母线输出	6 轴逆变模块 CN583
CN557	制动电阻连接	制动电阻
CN558	附加轴直流母线输出	附加轴逆变模块（一般不使用）

2. 电路原理

电源模块的原理框图如图 5.4-3 所示，三相 200V 主电源输入和 AC200V 控制电源，均安装有过电压保护器件；模块内部还设计有电压检测、控制和故障指示电路。

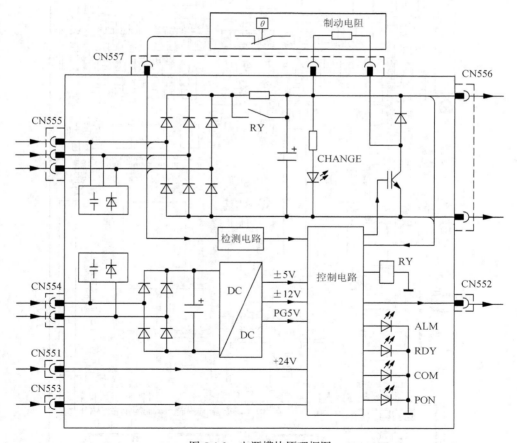

图 5.4-3　电源模块原理框图

在电源模块上，来自 ON/OFF 单元的三相 200V 主电源，从 CN555 输入后，可通过模块内部的三相桥式整流电路，转换成 DC270～300V 的直流母线电压，并通过 CN556 输出到 6 轴 PWM 逆变模块上。电源模块启动时，可通过内部继电器 RY，进行直流母线预充电控制；模块工作后，直流母线电压可通过 IPM（功率集成电路）对制动电阻的控制，消耗电机制动时的能量，对母线电压进行闭环自动调节。

从 CN554 输入的 AC200V 控制电源，可通过整流电路与直流调压电路，转换为伺服驱动器内部电子线路使用的 ± 5V、± 12V 直流电压和 PG5V 编码器的电源。模块的 DC24V 控制电源来自伺服控制板的输出。

5.4.2　伺服控制板

1.　结构与功能

伺服控制板主要用于运动轴位置、速度和转矩控制，产生 PWM 控制信号，控制板安装在逆变模块上方，其结构及连接器功能分别如图 5.4-4、表 5.4-2 所示。

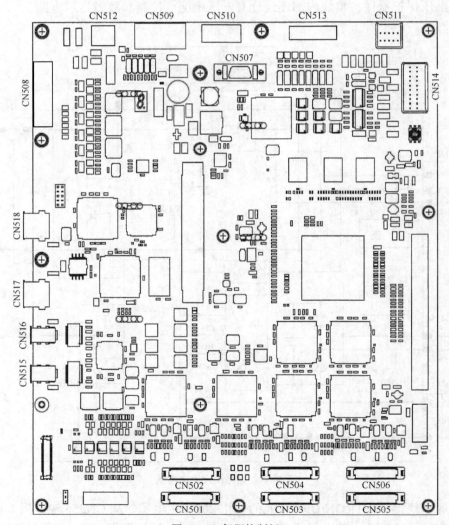

图 5.4-4　伺服控制板

表 5.4-2　　　　　　　　　**伺服控制板连接器功能表**

连接器	功　　能	连接对象
CN501～CN506	第 1～6 轴 PWM 控制及检测信号连接	各轴逆变模块 CN581
CN507	整流控制信号输出	电源模块 CN553
CN508	第 1～6 轴编码器信号输入	S/L/U/R/B/T 轴伺服电机编码器
CN509	DC24V 电源输入	电源单元（CPS）CN155
CN510	DC24V 电源输出	电源模块 CN551
CN511	伺服安全控制信号输入	安全单元 CN210
CN512	碰撞开关输入及编码器电源单元供电	机器人碰撞开关及编码器电源单元
CN513	电机制动器控制信号输出	制动单元 CN405
CN514	驱动器直接输入信号	外部检测开关
CN515	Drive 并行总线接口（输入）	I/R 控制器接口模块 CN113
CN516	Drive 并行总线接口（输出）	其他伺服控制板（一般不使用）
CN517	I/O 总线接口（输入）	安全单元 CN202
CN518	I/O 总线接口（输出）	终端电阻

2. 电路原理

伺服控制板的原理框图如图 5.4-5 所示，控制板安装有统一的伺服处理器、6 轴独立的位置控制处理器以及相关的接口电路。

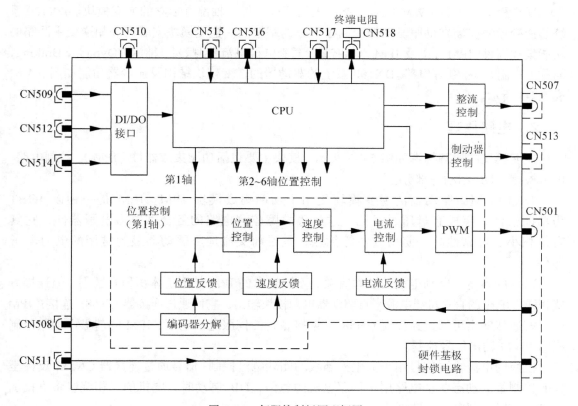

图 5.4-5　伺服控制板原理框图

伺服处理器主要用于并行 Drive 总线、串行 I/O 总线的通信处理，以及公共的电源模块整流控制、伺服电机制动器控制，向各伺服轴的位置控制处理器发送位置控制命令等。如果需要，控制板还可利用连接器 CN512、CN514，连接碰撞开关、测量开关等高速 DI 信号；高速 DI 信号可不通过 IR 控制器，直接控制驱动器中断。

各轴独立的位置控制处理器用于该轴的位置控制，其内部包含有位置、速度、电流（转矩）3 个闭环控制，以及 PWM 脉冲生成、编码器分解、硬件基极封锁等电路。位置、速度反馈信号来自伺服电机内置编码器输入连接器 CN508，编码器输入信号可通过控制板的编码器分解电路的处理，转换为位置、速度检测信号；电流（转矩）反馈信号来自逆变模块的伺服电机电枢检测输入（见逆变模块连接）；硬件基极封锁信号来自安全单元输出，该信号可在电机紧急制动时，直接封锁逆变管，断开电机电枢输出。

伺服控制板和 IR 控制器、电源模块、逆变模块、安全单元、电源单元等的连接，均为可通过标准电缆内部连接；控制板的 DI 信号，可根据需要，连接直接输入的碰撞开关、测量开关信号。

5.4.3 逆变模块

1. 结构与功能

逆变模块是进行 PWM 信号功率放大的器件，每一轴都有独立的逆变模块。DX100 系统的逆变模块安装在伺服驱动器控制板下方的基架上。逆变模块安装有 3 相逆变主回路的功能集成器件（IPM），以及 IPM 基极控制、伺服电机电流检测、动态制动（Dynamic Braking，简称 DB 制动）控制等电路。DX100 系统的驱动器的逆变模块结构及连接器功能如图 5.4-6、表 5.4-3 所示。

2. 电路原理

逆变模块的原理框图如图 5.4-7 所示，模块主要包括功能集成器件（IPM）、控制电路、电流检测、DB 制动等部分。

DX100 伺服驱动器的逆变模块使用了功率集成模块 IPM。IPM 是一种以 IGBT 为功能器件，集成有过压、过流、过热等故障监测电路的复合型电力电子器件，它具有体积小、可靠性高、使用方便等优点，是目前交流伺服驱动器最为常用的电力电子器件。

IPM 的容量与驱动电机的功率有关，不同容量的 IPM 外形、体积稍有区别，但连接方式相同。IPM 的直流母线电源来自驱动器电源模块输出，它们通过连接器 CN583 连接；IPM 的三相逆变输出可通过连接器 CN584，连接各自的伺服电机电枢；IPM 的基极由伺服控制板的 PWM 输出信号控制。

模块的电流检测信号用于伺服控制板的闭环电流控制，信号通过连接器 CN581 反馈至伺服控制板。动态制动电路用于伺服电机的急停，DB 制动时，电机的三相绕组将直接加入直流，以控制电机快速停止。

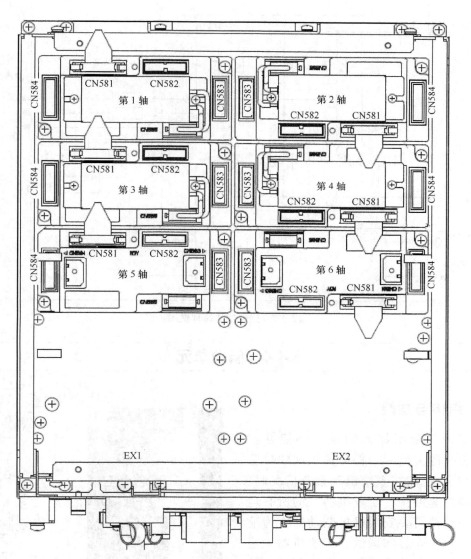

图 5.4-6　逆变模块

表 5.4-3　　　　　　　　　逆变模块连接器功能表

连接器	功　能	连接对象
CN581	PWM 控制及检测信号连接	伺服控制板 CN501～CN506
CN582	逆变控制电源输入	驱动器电源模块 CN552
CN583	直流母线输入	驱动器电源模块 CN556
CN584	伺服电机电枢输出	伺服电机电枢

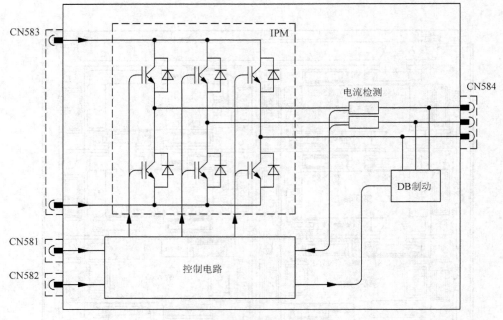

图 5.4-7　逆变模块原理框图

5.4.4　制动单元

1．结构与功能

　　为了使工业机器人的运动轴能够在控制系统电源关闭时，保持关机前的位置不变；同时，也能在系统出现紧急情况时，使运动轴快速停止，工业机器人的所有运动轴，一般都需要安装机械制动器。为缩小体积、方便安装和调试，工业机器人通常直接采用带制动器的伺服电机驱动，机械制动器直接安装在伺服电机内（称内置制动器）。

　　DX100 系统的制动器由图 5.4-8 所示的制动单元（JANCD-YBK01）控制，单元的连接器功能如表 5.4-4 所示。

2．电路原理

　　制动单元的内部电路原理框图如图 5.4-9所示。

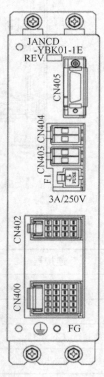

图 5.4-8　制动单元

表 5.4-4 制动单元连接器功能表

连接器	功　　能	连接对象
CN400	制动器输出	第1~6轴伺服电机
CN402	主接触器互锁信号	ON/OFF 单元 CN608
CN403	制动器电源输入 1	电源单元 CN153
CN404	制动器电源输入 2	一般不使用
CN405	制动器控制信号输入	伺服控制板 CN513

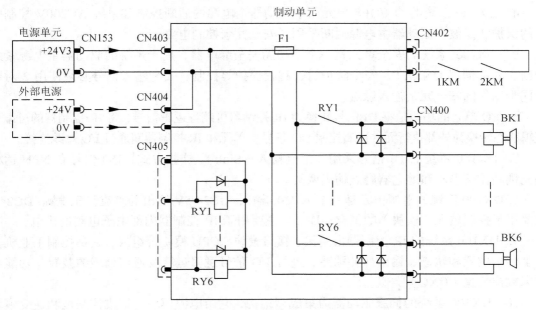

图 5.4-9　制动单元原理图

DX100 系统的伺服电机采用 DC24V 制动器，在标准产品上，制动器的 DC24V 电源由系统的电源单元供给、从连接器 CN403 上输入；如伺服电机的规格较大，从安全、可靠的角度，制动器最好使用外部 DC24V 电源供电，连接器 CN404 可用于外部电源输入连接。同样，采用外部电源供电时，必须断开电源单元连接器 CN403，以防止 DC24V 电源的短路。

所有电机的制动器都受驱动器主接触器 1KM、2KM 的控制，主接触器互锁触点从连接器 CN402 引入，主接触断开时，所有轴的制动器（BK1~BK6）将立即断电制动。

伺服系统正常工作时，制动器由伺服控制板上的伺服 ON 信号控制。当伺服 ON 时，伺服控制板在开放逆变模块的 IPM、使电机电枢通电的同时，将输出对应轴的制动器松开信号，接通制动单元的继电器 RYn、松开制动器 BKn。伺服 OFF 时，将经过规定的延时后，撤销制动器松开信号、制动器制动。

本章小结

1. 工业机器人具有完整、独立的电气控制系统，系统由控制器、伺服驱动器、操作单元、辅助控制电路等部件组成。操作单元以可移动手持式为主；伺服驱动器多采用集成式结构；辅助控制电路一般统一安装在相应的控制模块或单元上。

2. 根据电路原理，工业机器人控制系统可分为强电控制回路、机器人控制器和伺服驱动器 3 大部分。强电控制回路主要用于伺服电源的通断控制；机器人控制器用于运动轴的位置控制；伺服驱动器用于运动轴信号的功率放大。

3. 工业机器人控制系统所使用的控制信号主要有安全输入信号、开关量输入/输出信号以及总线通信信号 3 大类。

4. DX100 系统的 ON/OFF 单元用于驱动器主电源的通断控制和系统 AC200V 控制电源的保护、滤波；驱动器主电源通断采用了安全冗余控制电路。

5. DX100 系统的安全单元是一个多功能安全继电器，用于系统的驱动器主电源紧急分断、外部伺服 ON/OFF、安全防护门、超程保护等控制；安全输入信号必须使用 2 对以上同步动作的安全冗余输入触点。

6. I/O 单元的功能是将 DI 信号转换为 IR 控制器可编程逻辑信号，将 IR 控制器的可编程逻辑状态转换为外部执行元件通断控制 DO 信号；单元和 IR 控制器间通过 I/O 总线连接。

7. DX100 系统的 DI 信号采用"汇点输入（Sink）"连接方式，DO 信号有 NPN 达林顿光耦晶体管输出和继电器触点输出两类。

8. DX100 系统的电源单元是一个 AC200 输入、DC24/5V 输出的直流稳压电源。DC24V主要用于控制单元（模块）的供电；DC5V 主要用于 IR 控制器内部电子电路的供电。

9. DX100 系统的 IR 控制器由基架、接口模块、CPU 模块等组成，它是控制工业机器人坐标轴位置和轨迹、输出插补脉冲、进行 I/O 信号逻辑运算及通信处理的装置，功能与机床数控装置（CNC）类似。

10. DX100 系统的伺服驱动器为集成型结构，它由电源模块、集成控制板和逆变模块等部件组成。小功率驱动器的电源模块和控制板、逆变模块集成一体；大功率驱动器的电源模块为独立组件。

11. DX100 系统的制动单元用于伺服电机内置制动器控制，制动器的 DC24V 电源可由系统的电源单元供给。

 复习思考题

一、多项选择题

1. 工业机器人电气控制系统的基本组成部件有（   ）。

   A. IR 控制器   B. 伺服驱动器   C. 操作单元   D. 辅助电路

2. IR 控制器最主要的功能是（   ）。

   A. 开关量输入/输出的逻辑处理   B. 坐标轴的位置和轨迹控制

   C. 数据输入/输出与显示   D. 插补脉冲的功率放大

3. 控制工业机器人运动轴位置、速度和转矩的装置是（   ）。

   A. IR 控制器   B. 伺服驱动器   C. 操作单元   D. 辅助电路

4. 以下对示教器功能理解正确的是（　　　）。

    A. 就是控制系统的操作单元　　　　　　B. 可用于数据输入/输出与显示

    C. 多采用可移动手持式结构　　　　　　D. 可示教操作生成作业程序

5. 工业机器人控制系统的输入电源电压允许变化范围是（　　　）。

    A. ±5%　　　　　　B. ±2%　　　　　　C. ±15%　　　　　　D. −15%～+10%

6. 电器件在海拔 4000m 环境工作时，其允许工作电流/电压约为额定值的（　　　）。

    A. 90%/80%　　　B. 85%/75%　　　C. 80%/75%　　　D. 75%/70%

7. 以下对 DX100 系统 DI 信号连接理解正确的是（　　　）。

    A. 应采用汇点输入连接方式　　　　　　B. 信号驱动能力应大于 DC24V/50mA

    C. 应采用源输入连接方式　　　　　　　D. 信号驱动能力应大于 AC200V/50mA

8. 以下对 DX100 系统 DO 信号连接理解正确的是（　　　）。

    A. 有 NPN 达林顿光耦输出　　　　　　B. 有继电器触点输出

    C. 光耦驱动能力为 DC30V/50mA　　　　D. 触点驱动能力为 DC24V/500mA

9. DX100 系统用于驱动器主电源通断控制的单元是（　　　）。

    A. 安全单元　　　　B. ON/OFF 单元　　　C. 电源单元　　　　D. IR 控制器

10. DX100 系统的 IR 控制器的组成部件有（　　　）。

    A. 基架　　　　　　B. I/F 模块　　　　C. CPU 模块　　　　D. I/O 单元

11. 以下对 DX100 系统的伺服驱动器结构理解正确的是（　　　）。

    A. 采用多轴集成结构　　　　　　　　　B. 包括电源模块、控制板和逆变模块

    C. 电源模块可能分离布置　　　　　　　D. 逆变模块可能分离布置

12. 以下对 DX100 系统的伺服驱动器逆变模块理解正确的是（　　　）。

    A. 各轴都有独立的模块　　　　　　　　B. 功能器件为 IPM

    C. 集成有 DB 制动线路　　　　　　　　D. 集成有位置检测电路

二、简答题

1. 简述 DX100 系统的电源连接电路。

2. 简述 DX100 系统的控制信号连接电路。

三、实践题

1. 根据实验条件，分析相关工业机器人的电气控制系统组成。

2. 在有条件时，进行工业机器人电气控制系统部件的结构和功能分析。

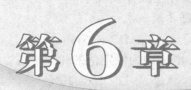

第6章
工业机器人编程

6.1 程序与编程要素

6.1.1 程序组成与特点

1. 程序

由于工业机器人的工作环境多数为已知，故以第一代的示教再现机器人居多。第一代机器人没有分析和推理能力，不具备智能性，机器人全部行为需要由人对其进行控制。工业机器人是一种能够独立运行的自动化设备，为了使机器人能执行作业任务，就必须将作业要求以控制系统能够识别的命令形式告知机器人，这些命令的集合就是机器人的作业程序，简称程序；编写程序的过程称为编程。

由于多种原因，工业机器人目前还没有统一的编程语言。例如，安川公司使用的编程语言称 INFORM III，而 ABB 公司称 RAPID，FANUC 公司称 KAREL，KUKA 公司称 KRL 等。从这一意义上说，现阶段工业机器人的程序还不具备通用性。采用不同编程语言的程序，在程序形式、命令表示、编辑操作上有所区别，但程序结构、命令功能及编程的方法类似。例如，程序都由程序名、命令、结束标记组成；对于点定位（关节插补）、直线插补、圆弧插补运动，安川机器人的命令为 MOVJ、MOVL、MOVC，ABB 机器人为 MoveJ、MoveL、MoveC 等，因此，只要掌握了一种编程方法，其他机器人的编程也较容易。安川机器人是目前使用最广的代表性产品之一，本书将以此为例来介绍机器人的编程操作技术。

2. 编程

第一代机器人的程序编制方法一般有示教编程（在线编程）和离线编程两种。

（1）示教编程。示教编程是通过作业现场的人机对话操作，完成程序编制的一种方法。

所谓示教就是操作者对机器人所进行的作业引导，它需要由操作者按实际作业要求，通过人机对话操作，一步一步地告知机器人需要完成的动作；这些动作可由控制系统，以命令的形式记录与保存；示教操作完成后，程序也就被生成。如果控制系统自动运行示教操作所生成的程序，机器人便可重复全部示教动作，这一过程称为"再现"。

示教编程需要有专业经验的操作者在机器人作业现场完成，故又称在线编程。示教编程简单易行，所编制的程序正确性高，机器人的动作安全可靠，它是目前工业机器人最为常用的编程方法，特别适合于自动生产线等重复作业机器人的编程。但是，示教编程需要通过机器人作业现场的实际操作完成，时间较长，而且高精度、复杂轨迹运动也很难示教，因此，对于作业变更频繁、运动轨迹复杂的机器人，一般使用离线编程。

（2）离线编程。离线编程是通过编程软件直接编制程序的一种方法。离线编程不仅可编制程序，而且还可进行运动轨迹的离线计算、并虚拟机器人现场，对程序进行仿真运行，验证程序的正确性。

离线编程可在计算机上直接完成，其编程效率高，且不影响现场机器人的作业，故适合于作业要求变更频繁、运动轨迹复杂的机器人编程。离线编程需要配备机器人生产厂家提供的专门编程软件，如安川公司的 MotoSim EG、FANUC 公司的 ROBOGUIDE、ABB 公司的 RobotStudio、KUKA 公司的 Sim Pro 等。离线编程一般包括几何建模、空间布局、运动规划、动画仿真等步骤，所生成的程序需要经过编译，下载到机器人，并通过试运行确认。由于离线编程涉及编程软件安装、操作和使用等问题，不同的软件差异较大，本书不再对其进行专门的介绍。

3. 程序结构

以安川机器人为例，其程序的结构如图 6.1-1 所示，程序由标题、命令、结束标记 3 部分组成。

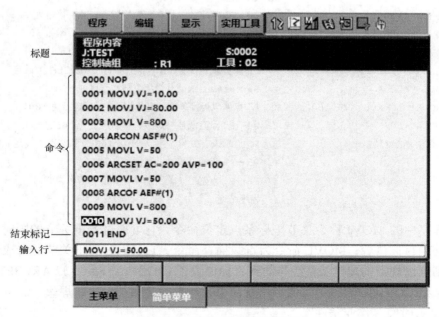

图 6.1-1　安川机器人的程序结构

（1）标题。程序标题一般由程序名、注释、控制轴组等组成。程序名是程序的识别标记，在同一系统中具有唯一性，程序名一般由英文字母、数字、汉字或字符组成。注释是对程序名的解释性说明，同样由英文字母、数字、汉字或字符组成；注释可根据需要添加，也可不使用。控制轴组用来规定复杂系统的程序控制对象，多机器人或辅助运动轴需要用"控制轴组"区分控制对象。

（2）命令。命令是程序的主要组成部分，用来控制机器人的运动和作业。命令以"行号"开始，每一条命令占一行；行号代表命令的执行次序，利用示教编程生成程序时，行号一般可由系统自动生成。

机器人程序的命令一般分基本命令和作业命令两大类。基本命令用于机器人本体动作、程序运行、数据处理等控制，在同系统的机器人上可通用；作业命令是控制执行器（工具）动作的命令，它与机器人用途有关，不同机器人有所区别。

（3）结束标记。表示程序的结束，结束标记通常为控制命令 END。

4. 程序特点

尽管工业机器人的控制原理与数控机床雷同，但由于编程方法不同，其程序形式仍有自

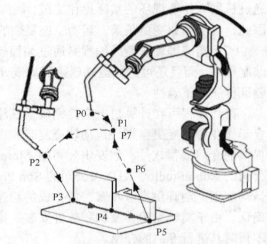

图 6.1-2　焊接作业动作图

身的特点。以使用安川弧焊机器人为例，进行图 6.1-2 所示的焊接作业的机器人程序如下。

```
TEST                          // 程序名
0000 NOP                      // 空操作命令，无任何动作
0001 MOVJ VJ=10.00            // P0→P1点定位、移动到程序起点，速度倍率为10%
0002 MOVJ VJ=80.00            // P1→P2点定位、调整工具姿态，速度倍率为80%
0003 MOVL V=800               // P2→P3点直线插补，速度为800cm/min
0004 ARCON ASF#（1）           // P3点引弧、启动焊接，焊接条件由引弧文件1设定
0005 MOVL V=50                // P3→P4点直线插补焊接，移动速度为50cm/min
0006 ARCSET AC=200 AVP=100    // P4点修改焊接条件，电流为200A、电压为100%
0007 MOVL V=50                // P4→P5点直线插补焊接，移动速度为50cm/min
0008 ARCOF AEF#（1）           // P5点息弧、关闭焊接，关闭条件由息弧文件1设定
0009 MOVL V=800               // P5→P6点插补移动，速度为800cm/min
0010 MOVJ VJ=50.00            // P6→P7点定位（关节插补），速度倍率为50%
0011 END                      // 程序结束
```

上述程序中的 MOVJ 称为关节坐标系点定位命令，它可通过若干关节的同时运动，将机器人移动到目标位置；MOVL 命令为直线插补命令，它可通过若干关节的合成运动，使机器人控制点以规定的速度、直线移动到目标位置；ARCON ASF#（1）、ARCSET AC=200 AVP=100、ARCOF AEF#（1）为弧焊作业命令，用来确定保护气体、焊丝、焊接电流和电压、引弧/息弧时间等作业条件。

由以上简单程序可见，工业机器人作业程序与数控机床加工程序至少存在以下区别。

① 机器人的点定位、直线插补等移动命令中一般不直接指定目标位置的坐标值，程序的目标位置需要通过现场示教确定。

② 定位命令中的定位速度可通过程序改变，并且以最大移动速度倍率的形式定义，如VJ=10.00 代表 10%等；直线插补命令的移动速度则可通过 V=800cm/min 或 133.0mm/s 等形式直接指定。

③ 如果需要，点定位、直线插补等移动命令还要通过添加项 PL、CR、ACC/DEC 等，来规定定位精度（位置等级）、拐角半径、加/减速倍率等。

④ 作业命令中的作业条件用 ASF#（1）、AEF#（1）或 AC=200、AVP=100 等形式规定，其中的 ASF#（1）、AEF#（1）称为作业文件。由于机器人作业需要的参数较多，例如，弧焊需要有保护气体、焊丝种类，焊接时的电流、电压值，焊接启动/停止时的引弧/息弧时间等参数，如果在命令中一一定义就会使程序冗长、不便阅读和使用，因此，其作业参数通常以文件的形式进行统一定义；但个别参数也可通过程序命令（ARCSET 等）进行修改。

因此，机器人作业程序中的命令实际上并不完整，所缺少的要素都需要通过示教编程操作、系统参数、作业文件进行补充与设定。

6.1.2　控制轴组与坐标系

1．控制轴组

工业机器人的系统组成形式多样。在复杂系统上，一套电气控制系统可能需要同时控制多个机器人，或除机器人本体外的其他辅助运动轴。为此，在进行机器人操作或编程时，需要用"控制轴组"来选定控制对象。

安川 DX100 等系统的控制轴组分机器人、基座轴、工装轴 3 类，其定义如图 6.1-3所示。

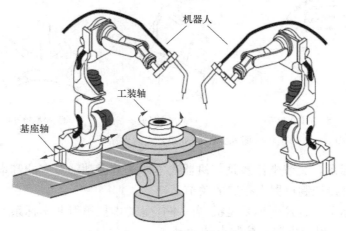

图 6.1-3　DX100 系统的控制轴组

（1）机器人轴组。机器人轴组用于多机器人控制系统，单机器人系统的控制组为机器人1（R1）。机器人轴组选定后，程序的控制对象就被规定为对应的机器人。

（2）基座轴组。基座轴是实现机器人整体移动的辅助坐标轴。基座轴组选定后，程序的控制对象就成为控制机器人移动的辅助坐标轴。

（3）工装轴组。工装轴是控制工装（工件）运动的辅助坐标轴。工装轴组一旦选定后，程序的控制对象就成控制工件运动的辅助坐标轴。

基座轴、工装轴统称"外部轴"，轴的结构形式、运动速度和运动范围等参数，需要通过控制系统的"硬件配置"操作予以定义；机器人操作时，控制轴组可通过示教操作面板选择；程序中的控制轴组则需要在程序标题上指定。

2. 机器人坐标系

指定机器人空间定位位置的点称为机器人控制点，又称工具控制点（Tool Control Point，TCP）。控制点的空间位置与定位时的运动方向，需要用坐标系的形式规定。多关节型机器人的运动复杂，控制系统一般可根据需要，选择图 6.1-4 所示的 5 种坐标系，来规定控制点的空间位置及运动方向，坐标系中的坐标轴方向都通过右手定则规定。

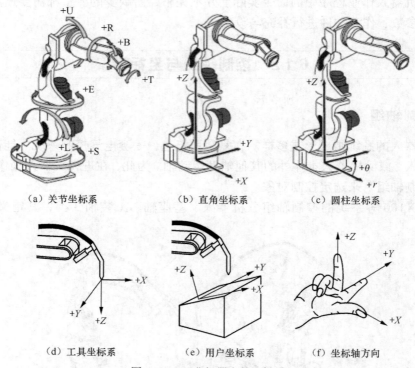

（a）关节坐标系　　　　（b）直角坐标系　　　　（c）圆柱坐标系

（d）工具坐标系　　　　（e）用户坐标系　　　　（f）坐标轴方向

图 6.1-4　工业机器人的坐标系

（1）关节坐标系。关节坐标系是与机器人本体关节运动轴对应的基本坐标系，选择关节坐标系时，可直接控制机器人指定的关节运动。

（2）直角坐标系。直角坐标系是机器人本体上的虚拟笛卡儿坐标系。选择直角坐标系时，可通过 $X/Y/Z$ 来规定机器人控制点的运动。

（3）圆柱坐标系。圆柱坐标系由平面极坐标运动轴 r、θ 和垂直运动轴 Z 构成。极坐标的角度 θ 一般直接由腰回转轴控制；半径 r 和 Z 轴的运动需要由若干关节的运动合成。选择圆柱坐标系时，可通过转角、半径、高度来规定机器人控制点的运动。

（4）工具坐标系。工具坐标系是以工具为基准指定控制点位置的虚拟笛卡儿坐标系，选择工具坐标系时，可通过 $X/Y/Z$ 来规定机器人控制点的运动。

（5）用户坐标系。用户坐标系是以工件为基准来指定控制点位置的虚拟笛卡儿坐标系，选择用户坐标系时，机器人将以工件为基准，通过 $X/Y/Z$ 来规定机器人控制点的运动。

工具、用户坐标系与工具、工装密切相关，在使用多工具、多工装的机器人上，可能有多个工具坐标系和用户坐标系。工具坐标系和用户坐标系需要通过控制系统的"系统设置"操作或用户坐标系设定命令进行定义。

3. 工具定向坐标系

多关节工业机器人不但可通过机身的运动，改变控制点位置，而且还可以通过手腕的运动，改变机器人工具（末端执行器）姿态。改变工具姿态的运动称为工具定向；指定工具定向运动的坐标系称为工具定向坐标系。

工具定向有"控制点不变"和"变更控制点"两种方式。控制点不变的定向运动如图 6.1-5 所示，这是一种工具作业端点位置保持不变、只改变工具姿态的定向运动。

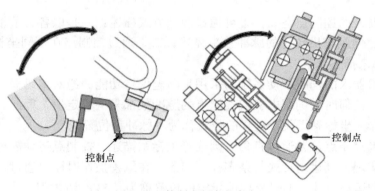

图 6.1-5　控制点不变的定向

工具定向运动一般可通过回转轴 R_x、R_y、R_z 指定，在不同坐标系上，R_x、R_y、R_z 轴的规定如图 6.1-6 所示，坐标轴方向可通过右手螺旋定则确定。

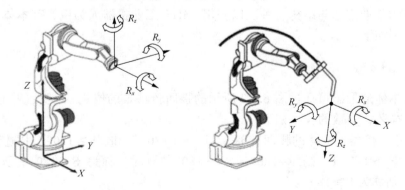

（a）直角/圆柱坐标系　　　　　　（b）工具坐标系

图 6.1-6　工具定向坐标系

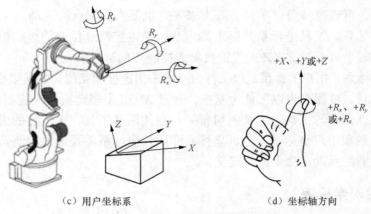

（c）用户坐标系　　　　　　　　　　　（d）坐标轴方向

图 6.1-6　工具定向坐标系（续）

6.1.3　机器人的姿态

1. 机器人位置的指定

多关节机器人的控制点空间位置可通过两种方式描述：一是以各关节轴的坐标原点为基准、直接通过伺服电机转过的脉冲数来描述；二是通过控制点在不同坐标系上的 $X/Y/Z$ 和 $R_x/R_y/R_z$ 坐标来描述。

由于工业机器人的伺服驱动系统均采用带断电保持功能的绝对编码器，关节轴的坐标原点一经设定，任何时刻伺服电机偏离原点的脉冲数都是一个定值，因此，利用脉冲数描述的位置与机器人坐标系无关，这样的位置称为"脉冲型位置"。

但是，如果控制点位置通过直角、圆柱等坐标系描述，控制点运动需要通过多个关节的旋转、摆动实现，其运动形式复杂多样，因此，在编程操作时需要通过"姿态"来规定机器人的状态和运动方式。通过坐标值指定的位置称为"XYZ 型位置"。

机器人的姿态一般可通过"本体形态"和"手腕形态"进行描述。常用的 6 轴垂直串联机器人的本体形态的参数有腰回转轴 S 的角度、手臂的前/后位置和正肘/反肘；确定手腕形态的参数有手腕回转轴 R、T 的角度、腕摆动轴 B 的俯/仰等。

机器人的基准姿态与结构有关。以安川 MH6 工业机器人为例，其本体形态和手腕形态的规定分别如下。

2. 本体形态

机器人本体的形态可通过图 6.1-7 所示的腰回转轴 S 的位置，以及手臂的前/后和正肘/反肘等参数描述，参数的含义如下。

S 轴位置：机器人本体的腰回转轴 S 用"S＜180°"和"S≥180°"描述形态。当 S 轴的角度处于图 6.1-7（b）所示−180°＜S≤+180°位置时，称为 S＜180°；如 S＞+180°或 S≤−180°，则称为 S≥180°。

前/后：机器人本体上/下臂摆动轴 L/U 的形态用"前"和"后"来描述。机器人的前/后位置以通过腰回转中心的垂直平面作为基准面，以手腕摆动轴 B 的回转中心作为判别点，如果 B 轴回转中心点处在基准平面的前方区域，称为"前"；处于基准平面的后方区域，则称为"后"。

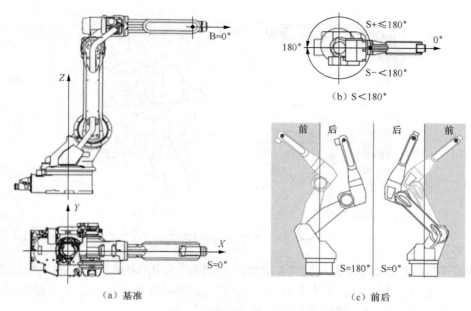

（a）基准　　（b）S＜180°　　（c）前后

图 6.1-7　机器人本体的形态

机器人的前/后位置与腰回转轴 S 有关。如图 6.1-7（c）所示，当 S=0°时，基准平面就是机器人直角坐标系的 YZ 平面，因此，只要 B 轴回转中心位于+X 向，就是"前"。而当 S=180°时，机器人的"前"侧变成了 B 轴回转中心位于−X 向的区域。

正肘/反肘：正肘/反肘用来描述机器人上臂回转轴 U 的形态。U 轴回转角以图 6.1-8 所示垂直于下臂中心线的轴线作为 0°基准位置，当−90°＜U≤+90°时，称为"正肘"；如 U＞+90°或 U≤−90°，则称为"反肘"。

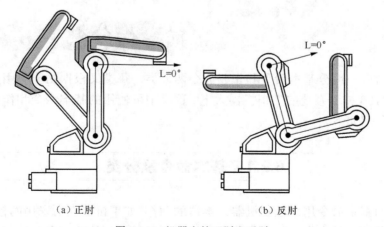

（a）正肘　　　　　　　　（b）反肘

图 6.1-8　机器人的正肘和反肘

3. 手腕形态

机器人的手腕形态可通过图 6.1-9 所示的俯/仰及手腕回转轴 R、手回转轴 T 的角度描述，含义如下。

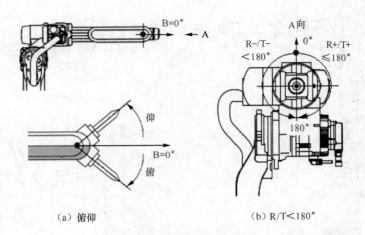

（a）俯仰　　　　　　　　　　（b）R/T＜180°

图 6.1-9　机器人手腕的形态

俯/仰：俯仰用来描述机器人手腕摆动轴 B 的形态。安川 MH6 机器人的规定如图 6.1-9（a）所示，B 轴以前臂的中心线作为 0°基准位置，如逆时针向上摆动，摆动角为正，称为"仰"；如顺时针向下摆动，摆动角为负，称为"俯"。

R/T 轴形态：机器人手腕回转轴 R、手回转轴 T 的形态，用"R（或 T）＜180°"和"R（或 T）≥180°"描述。对于安川 MH6 机器人，当 R（或 T）轴的回转角处于图 6.1-9（b）所示的−180°＜R（或 T）≤+180°位置时，称为 R（或 T）＜180°；如 R（或 T）＞+180°或 R（或 T）≤−180°，则称为 R（或 T）≥180°。

6.2 | 命令与分类

机器人的命令一般分基本命令和作业命令两大类，每类又根据功能与用途，分若干小类。在使用 DX100 控制系统的安川机器人上，程序中可使用的基本命令和作业命令以及它们的使用条件分别如下。

6.2.1　基本命令及分类

控制系统的基本命令用来控制机器人本体的动作，如果机器人所采用的控制系统相同，基本命令便可通用。基本命令除了直接用于机器人运动控制的移动命令外，实际上还包括了程序控制、平移、运算等其他辅助命令。

安川 DX100 系统的基本命令分移动命令、输入/输出命令、程序控制命令、平移命令、运算命令 5 类，其作用与功能如表 6.2-1 所示。

表 6.2-1 | | | DX100 系统的基本命令与分类表

类别		命令	作用与功能	简要说明
移动命令		MOVJ	机器人定位	关节坐标系运动命令
		MOVL	直线插补	移动轨迹为直线
		MOVC	圆弧插补	移动轨迹为圆弧
		MOVS	自由曲线插补	移动轨迹为自由曲线
		IMOV	增量进给	直线插补、增量移动
		REFP	作业参考点设定	设定作业参考位置
		SPEED	再现速度设定	设定程序再现运行的运动速度
输入/输出命令		DOUT	DO 信号输出	系统通用 DO 信号的 ON/OFF 控制
		PULSE	DO 信号脉冲输出	DO 信号的输出脉冲控制
		DIN	DI 信号读入	读入 DI 信号状态
		WAIT	条件等待	在条件满足前，程序处于暂停状态
		AOUT	模拟量输出	输出模拟量
		ARATION	速度模拟量输出	输出移动速度模拟量
		ARATIOF	速度模拟量关闭	关闭移动速度模拟量输出
程序控制命令	程序执行控制	END	程序结束	程序结束
		NOP	空操作	无任何操作
		NWAIT	连续执行（移动命令添加项）	移动的同时，执行后续非移动命令
		CWAIT	执行等待	等待移动命令完成（与 NWAIT 配对用）
		ADVINIT	命令预读	预读下一命令，提前初始化变量
		ADVSTOP	停止预读	撤销命令预读功能
		COMMENT	注释（即'）	仅在示教器上显示注释
		TIMER	程序暂停	暂停指定时间
		IF	条件判断（命令添加项）	作为其他命令添加项，判断执行条件
		PAUSE	条件暂停	IF 条件满足时，程序进入暂停状态
		UNTIL	跳步（移动命令添加项）	条件满足时，直接结束当前命令
	程序转移	JUMP	程序跳转	程序跳转到指定位置
		LABEL	跳转目标（即*）	指定程序跳转的目标位置
		CALL	子程序调用	调用子程序
		RET	子程序返回	子程序结束返回
平移命令		SFTON	平移启动	程序点平移功能生效
		SFTOF	平移停止	结束程序点平移
		MSHIFT	平移量计算	计算平移量
运算命令	算术运算	ADD	加法运算	变量相加
		SUB	减法运算	变量相减
		MUL	乘法运算	变量相乘
		DIV	除法运算	变量相除
		INC	变量加1	指定变量加1
		DEC	变量减1	指定变量减1
	函数运算	SIN	正弦运算	计算变量的正弦值
		COS	余弦运算	计算变量的余弦值

续表

类别		命令	作用与功能	简要说明
运算命令	函数运算	ATAN	反正切运算	计算变量的反正切值
		SQRT	平方根运算	计算变量的平方根
	矩阵运算	MULMAT	矩阵乘法	进行矩阵变量的乘法运算
		INVMAT	矩阵求逆	求矩阵变量的逆矩阵
	逻辑运算	AND	与运算	变量进行逻辑与运算
		OR	或运算	变量进行逻辑或运算
		NOT	非运算	指定变量进行逻辑非运算
		XOR	异或运算	变量进行逻辑异或运算
	变量读写	SET	变量设定	设定指定变量
		SETE	位置变量设定	设定指定位置变量
		SETFILE	文件数据设定	设定文件数据
		GETE	位置变量读入	读入位置变量
		GETS	系统变量读入	读入系统变量
		GETFILE	文件数据读入	读入指定的文件数据
		GETPOS	程序点读入	读入程序点的位置数据
		CLEAR	变量批量清除	清除指定位置、指定数量的变量
	坐标变换	CNVRT	坐标系变换	转换位置变量的坐标系
		MFRAME	坐标系定义	定义用户坐标系
	字符操作	VAL	数值变换	将 ASCII 数字转换为数值
		ASC	编码读入	读入首字符 ASCII 编码
		CHR$	代码转换	转换为 ASCII 字符
		MID$	字符读入	读入指定位置的 ASCII 字符
		LEN	长度计算	计算 ASCII 字符长度
		CAT$	字符合并	合并 ASCII 字符

　　基本命令是可用于所有采用相同系统机器人的通用命令。由于不同机器人的结构、规格、作业范围、控制要求各不相同。因此，使用基本命令时，还需要根据机器人的实际情况，对其增加相应的使用条件，如坐标原点、作业区间、工具形状与尺寸、轴最大移动速度、移动范围等，才能保证机器人的运动安全、可靠、准确。DX100 系统的参数可分别通过"系统设定"和"系统参数"进行规定。

　　程序命令中的坐标轴位置、移动速度、加速度等程序数据，既可用数值的形式直接给定，也可以是运算结果或操作设定的数值。在机器人程序中，需要通过计算、设定确定的数据称为"变量"；变量可直接替代数值，在程序中使用。利用变量编程的程序，其使用更灵活、通用性更强。例如，对于机器人定位命令 MOVJ 的运动速度，既可通过添加项 VJ=50.00，用数值给定；也可通过变量 I000，以 VJ=I000 的形式给定；变量是纯数值量，其单位决定于命令添加项的基本单位，如 VJ 的倍率单位为 0.01%，当变量 I000 的值为 5000 时，VJ=I000 就相当于 VJ=50.00（%）等。变量编程属于工业机器人的高级编程技术，本书将不再对此进行深入介绍。

6.2.2　作业命令与作业文件

1．作业命令

作业命令用来控制执行器（工具）的动作，它随着机器人用途的不同而不同，原则上说，每类机器人只能使用其中的一类命令。安川 DX100 系统的作业命令分类情况如表 6.2-2 所示。

表 6.2-2　　　　　　　　　　DX100 系统的作业命令分类一览表

机器人类别	命令	作用与功能	简要说明
弧焊作业	ARCON	引弧	输出引弧条件和引弧命令
	ARCOF	息弧	输出息弧条件和息弧命令
	ARCSET	焊接条件设定	设定部分焊接条件
	ARCCTS	逐步改变焊接条件	以起始点为基准，逐步改变焊接条件
	ARCCTE	逐步改变焊接条件	以目标点为基准，逐步改变焊接条件
	AWELD	焊接电流设定	设定焊接电流
	VWELD	焊接电压设定	设定焊接电压
	WVON	摆焊启动	启动摆焊作业
	WVOF	摆焊停止	停止摆焊作业
	ARCMONON	焊接监控启动	启动焊接监控
	ARCMONOF	焊接监控停止	结束焊接监控
	GETFILE	焊接监控数据读入	读入焊接监控数据
点焊作业	SVSPOT	焊接启动	焊钳加压、启动焊接
	SVGUNCL	焊钳加压	焊钳加压
	GUNCHG	焊钳装卸	安装或分离焊钳
通用作业	TOOLON	工具启动	启动作业工具
	TOOLOF	工具停止	作业工具停止
	WVON	摆焊启动	启动摆焊作业
	WVOF	摆焊停止	停止摆焊作业
搬运作业	HAND	抓手控制	接通或断开抓手控制输出信号
	HSEN	传感器控制	接通或断开传感器输入信号

2．作业文件

机器人作业命令不但需要通过机器人控制器，控制机器人的运动，而且还需要通过执行器的控制装置，控制执行器的动作。因此，命令同样需要利用添加项，来定义作业参数。

由于机器人的用途不同，执行器和控制要求各不相同，因此，作业命令所需要的作业参数差别也很大。例如，对于弧焊机器人，不仅需要有焊接保护气体种类、焊丝种类、焊接电流、焊接电压、引弧时间、息弧时间等焊接特性参数；而且，对于摆焊作业，还需要规定焊枪的摆动方式、摆动速度、摆动频率、摆动距离等焊接动作参数。

机器人作业命令所需要的参数众多，直接通过添加项对其进行逐一定义，命令将变得十分冗长，因此，通常需要以"文件"的形式来进行统一定义，这一文件称为"作业文件"或"条件文件"。作业文件可由作业命令调用，文件一经调用，全部作业参数将被一次性定义；如需要，也可通过命令添加项，对个别参数进行单独修改。

由于作业命令、作业文件不具有通用性，本书将不再对此进行深入介绍，有关内容可参见机器人生产厂家提供的说明书。

6.3 移动命令编程

6.3.1 命令格式与功能

1. 命令格式

工业机器人的移动命令通常包括机器人本体、基座轴、工装轴运动命令及用来定义作业参考点、再现运行速度参数的命令。安川 DX100 系统的移动命令一般由命令符和添加项两部分组成，其基本格式如下。

MOVJ   VJ=50.00 PL=2 NWAIT UNITL IN#(16)=ON

命令符   添加项

（1）命令符。命令符又称操作码，它用来定义命令的功能，如点定位、直线插补、增量进给、圆弧插补、自由曲线插补，设定作业参考点，规定再现速度等。通俗地说，命令符告诉系统需要做什么，因此，程序中的每一条移动命令都必须且只能有一个命令符。

（2）添加项。添加项就是操作数，它用来指定命令的操作对象、执行条件，例如，规定再现运行时的速度、加速度、定位精度等。通俗地说，添加项告诉系统用什么去做，它可根据需要选择。

移动命令的起点为机器人执行命令时的当前位置，目标位置是移动命令需要到达的目标点，运动轨迹可通过命令符定义。机器人的移动目标位置一般通过示教操作定义，它通常不在移动命令上指令和显示。

安川 DX100 系统的移动命令及编程格式如表 6.3-1 所示。

表 6.3-1   DX100 系统移动命令的编程格式

命令	名　称	编程格式与示例	
MOVJ	点定位（关节插补）	基本添加项	VJ
		可选添加项	PL、NWAIT、UNTIL、ACC、DEC
		编程示例	MOVJ VJ=50.00 PL=2 NWAIT UNTIL IN#(16)=ON
MOVL	直线插补	基本添加项	V 或 VR、VE

续表

命令	名　　称		编程格式与示例
MOVL	直线插补	可选添加项	PL、CR、NWAIT、UNTIL、ACC、DEC
		编程示例	MOVL V=138 PL=0 NWAIT UNTIL IN#(16)=ON
MOVC	圆弧插补	基本添加项	V 或 VR、VE
		可选添加项	PL、NWAIT、ACC、DEC、FPT
		编程示例	MOVC V=138 PL=0
MOVS	自由曲线插补	基本添加项	V 或 VR、VE
		可选添加项	PL、NWAIT、ACC、DEC
		编程示例	MOVS V=120 PL=0
IMOV	增量进给	基本添加项	P**或 BP**、EX**； V 或 VR、VE； RF 或 BF、TF、UF#(**)
		可选添加项	PL、NWAIT、UNTIL、ACC、DEC
		编程示例	IMOV P000 V=120 PL=1 RF
REFP	作业参考点设定	基本添加项	参考点编号
		可选添加项	—
		编程示例	REFP 1
SPEED	再现速度设定	基本添加项	VJ 或 V、VR、VE
		可选添加项	—
		编程示例	SPEED VJ=50.00

2．命令功能

安川 DX100 系统的移动命令功能如下。

（1）MOVJ 命令。MOVJ 命令是以当前位置为起点、以示教点为终点的"点到点"定位命令，机器人的控制点定位直接通过关节运动实现，故又称关节插补。

MOVJ 命令对控制点运动轨迹无要求，它可用于图 6.3-1 所示的无干涉自由空间的快速定位。MOVJ 命令的实际运动轨迹还与定位精度等级 PL 的设定有关，对于图 6.3-1（b）所示的 P1→P2→P3 连续点定位，如果 PL 的值设定较大，机器人实际将不会到达定位点 P2，而是直接从 P1 点连续运动至 P3 点。

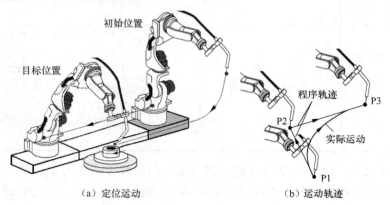

（a）定位运动　　　　　　　（b）运动轨迹

图 6.3-1　MOVJ 命令功能

MOVJ 的关节最高运动速度、加/减速时间均由系统参数设定，但在程序中可通过添加项 VJ、ACC/DEC，以倍率的形式调整；如需要，命令还可增加连续执行"NWAIT"、条件判断"UNTIL IN#（**）=**"等添加项。

（2）MOVL 命令。MOVL 是以当前位置为起点、以示教点为终点的直线插补命令，控制点的运动轨迹为连接起点和终点的直线。为了保证工具姿态不变，MOVL 命令通常还需要对工具的姿态进行图 6.3-2 所示的自动调整。

MOVL 命令也可通过添加项 PL 连续运动，并可利用添加项 CR 直接指定 2 条直线相交处的拐角半径、实现圆弧过渡，或通过 ACC/DEC、NWAIT、UNTIL IN#（**）等添加项，改变加速度和命令执行条件。

（3）MOVC 命令。MOVC 命令可使控制点沿圆弧轨迹插补运动，通过系统参数的设定，运动过程中还可自动调整工具姿态。

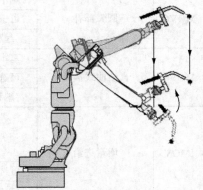

图 6.3-2　MOVL 命令功能

工业机器人的圆弧插补通常利用 3 点法定义，运动轨迹为经过 3 个示教点 P1、P2、P3 的部分圆弧。DX100 系统 MOVC 命令的编程要求如表 6.3-2 所示，添加项 PL、V、ACC/DEC 的编程方法同 MOVL。

表 6.3-2　　　　　　　　　　　　　　MOVC 命令特殊编程要求

动作与要求	运动轨迹	程序
如 MOVC 命令起点 P1 和上一移动命令终点 P0 不重合，P0→P1 点自动成为直线插补	MOVL 自动 P0 P1 P2 P3 P4	MOVJ VJ=** // 示教点 P0 … MOVC V=** // 示教点 P1、P2、P3 MOVL V=** // 示教点 P4 …
两圆弧连接时，如连接处的曲率发生改变，应在 MOVC 命令间，添加 MOVL（或 MOVJ）命令或： 在 MOVC 命令中增加添加项 FPT	P0 P1 P2 P3 P4 P5 P6 P7 P8	MOVJ VJ=** // 示教点 P0 … MOVC V=** // 示教点 P1、P2、P3 MOVL V=** // 示教点 P4 MOVC V=** // 示教点 P5、P6、P7 MOVL V=** // 示教点 P8 …
	或： P0 P1 P2 P3 P4 P5 P6	MOVJ VJ=** // 示教点 P0 … MOVC V=** // 示教点 P1、P2 MOVC FPT 示教点 P3 MOVC V=** // 示教点 P4、P5 MOVL V=** // 示教点 P6 …

（4）MOVS 命令。MOVS 命令可使控制点沿自由曲线（通常为 3 点定义的抛物线）移动。DX100 系统 MOVS 命令的编程要求如表 6.3-3 所示，MOVS 命令的添加项 PL、V、ACC/DEC 的编程方法同 MOVL；命令中的 3 个示教点的间距应尽可能均匀。

表 6.3-3 　　　　　　　　　　　　 MOVS 命令动作和编程要求

动作与要求	运动轨迹	程　序
如 MOVS 命令起点 P1 和上一移动命令终点 P0 不重合，P0→P1 点自动成为直线插补		MOVJ VJ=**　　// 示教点 P0 … MOVS V=**　　// 示教点 P1、P2、P3 MOVL V=**　　// 示教点 P4 …
两自由曲线可以直接连接，不需要插入 MOVL（或 MOVJ）、FPT 命令		MOVJ VJ=**　　// 示教点 P0 … MOVS V=**　　// 示教点 P1～P5 MOVL V=**　　// 示教点 P6 …

（5）IMOV 命令。IMOV 命令可使控制点以直线插补方式移动指定的增量距离。IMOV 命令的移动距离、运动方向、形态等需要通过位置变量 P（机器人）、BP（基座轴）或 EX（工装轴）指定，添加项 BF（基座）、RF（机器人）、TF（工具）UF#（用户）可用来选择运动坐标系。

（6）REEP 和 SPEED 命令。REEP 命令可将当前位置设定为作业参考点，作业参考点设定后，示教操作时便可直接通过操作面板上的【参考点】键自动定位。SPEED 命令可直接规定再现运行时的移动速度 VJ、V、VR、VE，SPEED 命令定义后，后续的移动命令便可省略移动速度添加项；SPEED 命令设定的速度，一般不能通过再现运行的速度修改操作改变。

6.3.2　编程要点

移动命令可根据需要增加添加项，以调整速度、加速度、移动轨迹或增加执行控制条件。安川 DX100 系统的移动命令添加项及使用要点如下。

1．速度和加速度

移动命令的移动速度和加速度可通过添加项 VJ、V、VR、VE、ACC、DEC 调整，添加项的含义如下。

VJ：定义点定位命令 MOVJ 在程序再现运行时的定位速度，定位时的关节运动速度以最大移动速度倍率的形式规定，最大移动速度需要通过系统参数进行设定。

V：定义直线插补 MOVL、圆弧插补 MOVC、自由曲线插补 MOVS、增量进给 IMOV 命令的控制点移动速度，V 的单位可通过系统参数的设定选择 mm/s、cm/min 等。直线、圆弧、自由曲线插补需要多关节运动合成，移动速度 V 是多关节运动的合成速度。

VR：定义直线插补 MOVL、圆弧插补 MOVC、自由曲线插补 MOVS、增量进给 IMOV 命令的工具定向速度，工具定向一般需要通过手腕的回转和摆动实现，故移动速度 VR 的单位为 $0.1°/s$。

VE：定义直线插补 MOVL、圆弧插补 MOVC、自由曲线插补 MOVS、增量进给 IMOV 命令的外部轴（基座或工装轴）移动速度，它同样以最大移动速度倍率的形式规定，外部轴的最大移动速度需要通过系统参数进行设定。

ACC：程序再现运行时的启动加速度，加速度以最大加速度倍率的形式规定，最大加速度需要通过系统参数进行设定。

DEC：程序再现运行时的停止加速度，指定方法及编程格式同 ACC。

2. 运动轨迹

移动命令的运动轨迹可通过命令添加项 PL、CR 及 FPT、P**/BP**/EX**、BF/RF/TF/UF#（**）等调整，CR 只能用于 MOVL 命令；FPT 只能用于 MOVC 命令；P**/BP**/EX**、BF/RF/TF/UF#（**）只能用于 IMOV 命令；PL 则可用于命令 MOVJ、MOVL、MOVC、MOVS、IMOV。不同添加项的含义如下。

PL：定义目标点的定位精度等级（Positioning Level）。定位精度等级又称"位置等级""定位等级"。由于工业机器人对定位点和运动轨迹的精度要求不高，为了提高效率，可通过降低定位精度等级，使点到点的运动变为图 6.3-3 所示的平滑、连续运动。DX100 系统的定位精度等级可通过 PL 值规定，PL=0 为准确定位（FINE）；PL 值越大，定位点的精度就越低；定位精度等级所对应的定位允差值，可通过系统参数设定。

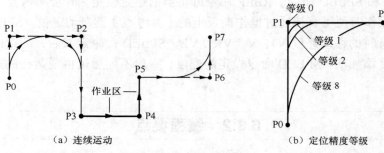

（a）连续运动　　　　　　　　　　　　（b）定位精度等级

图 6.3-3　定位精度等级

CR：直线插补拐角半径，只能用于直线插补命令 MOVL，用来指定相邻直线连接处的拐角半径。

FPT：连续圆弧插补点定义，FPT 可将指定点定义为 2 条圆弧插补命令的交点，从而省略 MOVC 命令间需要添加的 MOVL 或 MOVJ 命令。

P/BP/EX：增量距离和方向定义变量，P**、BP**、EX**分别为机器人轴、基座轴、工装轴的位置变量号。

BF/RF/TF/UF#（**）：增量进给的坐标系选择，BF、RF、TF、UF#（**）分别为基座坐标系、机器人坐标系、工具坐标系、用户坐标系。

3. 执行控制

移动命令的执行过程可通过添加项 NWAIT 和 UNTIL 进行控制，NWAIT 可用于 MOVJ、MOVL、MOVC、MOVS、IMOV 命令；UNTIL 通常只用于 MOVJ、MOVL、IMOV 命令，并且需要增加判别条件。

NWAIT：连续执行命令，增加添加项 NWAIT 后，机器人可在执行移动命令的同时执行后续的非移动命令。如后续的非移动命令中包含了不能连续执行命令，则可添加控制命令 CWAIT（执行等待），禁止非移动命令的连续执行。

UNTIL：跳步控制。当后续的条件满足时，可立即结束当前命令，直接执行后续的命令。

6.4

输入/输出命令编程

6.4.1 命令格式与功能

1. 命令格式

输入/输出命令多用于控制系统的 DI/DO 控制，命令同样由命令符和添加项两部分组成，其基本格式如下。

$$\underset{\text{命令符}}{\underline{\text{PULSE}}}\quad \underset{\text{添加项}}{\underline{\text{OT\#(12) T=0.60}}}$$

命令符：用来定义输入/输出功能，如 DI 信号状态读入、DO 信号状态输出等。

添加项：用来指定命令的控制对象或执行条件，例如，确定 DI/DO 点地址、进行多点 DI/DO 的成组操作，或规定 DO 信号的输出脉冲宽度等。

安川 DX100 系统可使用的输入/输出命令及编程格式如表 6.4-1 所示。

表 6.4-1 　　　　　　　　　　DX100 系统输入/输出命令的编程格式

命令	名　　称	编程格式与示例	
DOUT	DO 信号输出	基本添加项	OT#(*)或 OGH#(*)、OG#(*)
		可选添加项	ON、OFF、B*
		编程示例	DOUT OT#(12) ON
PULSE	DO 信号脉冲输出	基本添加项	OT#(*)或 OGH#(*)、OG#(*)
		可选添加项	T=*
		编程示例	PULSE OT#(10) T=0.60
DIN	DI 信号读入	基本添加项	B*、IN#(*)或 IGH#(*)、IG#(*)、OT#(*)、OGH#(*)、OG#(*)、SIN#(*)、SOUT#(*)
		可选添加项	—
		编程示例	DIN B016 IN#(16); DIN B002 IG#(2)
WAIT	条件等待	基本添加项	T=*
		可选添加项	IN#(*)=*、IGH#(*)=*、IG#(*)=*、OT#(*)=*、OGH#(*)=*、OG#(*)=*、SIN#(*)=*、SOUT#(*)=*、B*=*
		编程示例	WAIT T=1.00; WAIT IN#(12)=ON T=5.00

续表

命令	名　称	编程格式与示例	
AOUT	模拟量输出	基本添加项	AO#(*) **
		可选添加项	—
		编程示例	AO#(1) 12.7
ARATION	速度模拟量输出	基本添加项	AO#(*) 、BV=*、V=*
		可选添加项	OFV=*
		编程示例	ARATION AO#(1) BV=10.00 V=200.0 OFV=2.00
ARATIOF	速度模拟量关闭	基本添加项	AO#(*)
		可选添加项	—
		编程示例	ARATIOF AO#(1)

2．命令功能

DX100 系统的输入/输出命令可根据需要增加添加项 IN、IGH、IG、OT、OGH、OG、SIN、SOUT、AO 等，用来确定信号类别及数量、处理方式，其功能如下。

（1）信号类别及数量。输入/输出命令 DOUT、PULSE、DIN、WAIT 的操作对象与信号类别有关，例如，输入命令可用于 DI、DO 信号状态的读取；而输出命令则只能用来控制 DO、AO 的输出状态等。DX100 系统的添加项中的 "IN" 代表外部通用 DI 信号，"SIN" 代表系统内部专用 DI 信号；"OUT" 代表外部通用 DO 信号，"SOUT" 代表系统内部专用 DO 信号；"AO" 代表模拟量输出信号等。

对于外部通用 DI/DO 信号，命令 DOUT、PULSE、DIN、WAIT 不仅能以二进制位（IN#/OT#）的形式进行独立处理，且还能以 4 位（IGH#/OGH#）或 8 位（IG#/OG#）二进制的形式进行成组处理。DX100 系统的 DI/DO 的 IN/OT 号、IGH/OGH 及 IG/OG 组号的规定如表 6.4-2 所示。

表 6.4-2　　　　　　　　　I/O 单元通用 DI/DO 的组号规定表

	信号名称	IN01	IN02	IN03	IN04	IN05	IN06	IN07	IN08
通用输入	IN 号	IN#(1)	IN#(2)	IN#(3)	IN#(4)	IN#(5)	IN#(6)	IN#(7)	IN#(8)
	IGH 组号	IGH#(1)				IGH#(2)			
	IG 组号	IG#(1)							
	信号名称	IN09	IN10	IN11	IN12	IN13	IN14	IN15	IN16
	IN 号	IN#(9)	IN#(10)	IN#(11)	IN#(12)	IN#(13)	IN#(14)	IN#(15)	IN#(16)
	IGH 组号	IGH#(3)				IGH#(4)			
	IG 组号	IG#(2)							
	信号名称	IN17	IN18	IN19	IN20	IN21	IN22	IN3	IN24
	IN 号	IN#(17)	IN#(18)	IN#(19)	IN#(20)	IN#(21)	IN#(22)	IN#(23)	IN#(24)
	IGH 组号	IGH#(5)				IGH#(6)			
	IG 组号	IG#(3)							
通用输出	信号名称	OUT01	OUT02	OUT03	OUT04	OUT05	OUT06	OUT07	OUT08
	OT 号	OT#(1)	OT#(2)	OT#(3)	OT#(4)	OT#(5)	OT#(6)	OT#(7)	OT#(8)
	OGH 组号	OGH#(1)				OGH#(2)			
	OG 组号	OG#(1)							

续表

通用输出	信号名称	OUT09	OUT10	OUT11	OUT12	OUT13	OUT14	OUT15	OUT16
	OT 号	OT#(9)	OT#(10)	OT#(11)	OT#(12)	OT#(13)	OT#(14)	OT#(15)	OT#(16)
	OGH 组号	OGH#(3)				OGH#(4)			
	OG 组号	OG#(2)							
	信号名称	OUT17	OUT18	OUT19	OUT20	OUT21	OUT22	OUT3	OUT24
	OT 号	OT#(17)	OT#(18)	OT#(19)	OT#(20)	OT#(21)	OT#(22)	OT#(23)	OT#(24)
	OGH 组号	OGH#(5)				OGH#(6)			
	OG 组号	OG#(3)							

（2）信号处理方式。安川 DX100 系统的输入/输出信号处理方式，可选择如下 3 种。

IN/OT/SIN/SOUT/AO #（n）：二进制位操作，可用于所有输入/输出信号的处理。其中，n 为 I/O 单元的输入/输出编号，其输入范围决定于系统的硬件配置。二进制位处理信号的状态可用 ON 或 OFF 直接定义；AO 信号的状态可直接用电压值表示。

IGH/OGH#（n）、IG/OG #（n）：4 位、8 位二进制成组操作，一般只能用于外部通用 DI/DO 信号的处理，n 为 I/O 单元的组号；成组处理的信号状态需要用二进制变量 B 定义。

例如，通过输出命令 DOUT，一次性将 8 点 DO 信号 OUT24～OUT17 的状态，设定为"0001 1000"（OUT20、OUT21 输出 ON，其余输出 OFF）的程序如下：

```
...
SET B000 24              // 变量 B000 设定为十进制 24（二进制 0001 1000）
DOUT OG#(3) B000         // OG#(3)组(OUT24～17)输出状态为 0001 1000，OUT20、OUT21 输出 ON
...
```

6.4.2　编程要点

1. DOUT/DIN 命令

输出命令 DOUT 可用来控制 I/O 单元的外部通用 DO 信号通断；输入命令 DIN 可将指定的 DI 信号状态读入到变量 B 中。

例如，执行以下命令，可直接接通输出 OUT01、断开输出 OUT02；并将外部通用 DI 信号 IN16 的状态，读入到变量 B002 中：

```
...
DOUT OT#(1) ON           // OUT01 接通
DOUT OT#(2) OFF          // OUT02 断开
DIN B002 IN#(1)          // IN01 的状态读入到变量 B002 中
...
```

DOUT/DIN 命令也可通过添加项 OGH、OG 及变量 B，成组控制多点 DO 信号的通断或成组读入多个信号的状态。

2. PULSE 命令

PULSE 命令可在指定的外部通用 DO 上输出一个脉冲信号，输出脉冲宽度可通过添加项 T 定义；如省略添加项 T，则系统自动取默认值；如需要，还可通过添加项 OGH、OG，在多个 DO 信号上成组输出相同脉冲。

例如，执行以下程序，可在输出 OUT05、OUT20、OUT21 上，得到图 6.4-1 所示的脉冲信号。

```
...
SET B000 24                      // 变量 B000 设定为十进制 24（二进制 0001 1000,选择 DO 输出 OUT20、
                                    OUT21）
PULSE OG#(3) B000                // OG#(3)组的 OUT20、OUT21 输出宽度 0.3s 的脉冲信号
PULSE OT#(5) T=1.00              // OUT5 输出宽度 1.0s 的脉冲信号
...
```

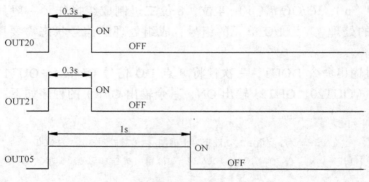

图 6.4-1 脉冲输出

3. WAIT 命令

WAIT 为条件等待命令，如命令条件满足，系统可继续执行后续命令；否则，将处于暂停状态。命令的等待条件可以是判别式，也可直接用添加项 T 规定等待时间，或两者同时指定。当条件判别式和等待时间被同时指定时，只要满足其中的一项（条件满足或时间到达），便可继续执行后续的命令；如需要，还可通过添加项 IGH/IG、OGH/OG，一次性对多个信号的状态进行判断。例如：

```
...
WAIT T=1.00                      // 等待 1s 后执行后续命令
WAIT IN#(1) =ON                  // 等待到 IN01 信号 ON 后，执行后续命令
WAIT IN#(1) =OFF T=1.00          // IN01 信号 OFF 或 1s 延时到达后，执行后续命令
...
SET B000 1                       // 变量 B000 设定为十进制 1（选择组号 1）
SET B002 24                      // 变量 B002 设定为十进制 24（二进制 0001 1000，选择通用
                                    DI 信号 IN04、1N05）
WAIT IG#(B000)=B002              // 等待 IN04、1N05 的状态同时为 ON
...
```

4. AOUT/ARATION/ARATIOF 命令

AOUT/ARATION/ARATIOF 命令通常用于弧焊机器人的焊接电压、电流调整或加工机器人的切削速度调整。在安川 DX100 系统上，命令 AOUT 可直接以数值的形式在模拟量输出接口上输出指定的电压或电流；命令 ARATION 可在模拟量输出接口 CH1、CH2 上，输出与机器人移动速度对应的模拟电压；命令 ARATIOF 命令可关闭速度模拟量输出。

6.5

程序控制命令编程

6.5.1 程序执行控制命令

1. 基本说明

程序控制命令包括程序执行控制命令和程序转移命令两类，程序执行控制命令用来控制当前程序的结束、暂停、命令预读、跳步等；程序转移命令可实现当前执行程序的跨区域跳转或直接调用其他程序等。

安川 DX100 系统可使用的程序控制命令及编程格式如表 6.5-1 所示。

表 6.5-1　　　　　　　　　DX100 系统程序控制命令的编程格式

类别	命令	名称	编程格式与示例	
程序执行控制命令	END	程序结束	无添加项，结束程序	
	NOP	空操作	无添加项，命令无任何动作	
	NWAIT	连续执行	移动命令的添加项，移动的同时，执行后续非移动命令	
	CWAIT	执行等待	无添加项，与带 NWAIT 添加项的移动命令配对使用，撤销 NWAIT 的连续执行功能	
	ADVINIT	命令预读	无添加项，预读下一命令，提前初始化变量	
	ADVSTOP	停止预读	无添加项，撤销命令预读功能	
	COMMENT（即'）	注释	仅显示字符	
	TIMER	程序暂停	基本添加项	T=*
			可选添加项	—
			编程示例	TIMER T=2.00
	IF	条件比较（添加项）	基本添加项	*=*、
			可选添加项	*>*、*<*、*<>*、*<=*、*>=*
			编程示例	PAUSE IF IN#(12)=OFF
	PAUSE	条件暂停	基本添加项	IF*
			可选添加项	—

类别	命 令	名 称	编程格式与示例	
程序执行控制命令	PAUSE	条件暂停	编程示例	PAUSE IF IN#(12)=OFF
	UNTIL	跳步	基本添加项	IN#(*)，移动命令的添加项
			可选添加项	—
			编程示例	MOVL V=300.0 UNTIL IN#(10)=ON
程序转移命令	JUMP	程序跳转	基本添加项	*（字符）
			可选添加项	JOB:(*)、IG#(*)、B*、I*、D*、UF#*、IF
			编程示例	JUMP JOB:TEST1 IF IN#(14)=OFF
	LABEL（即*）	跳转目标	基本添加项	字符（1～8个）
			可选添加项	—
			编程示例	*123
	CALL	子程序调用	基本添加项	JOB:(*)
			可选添加项	IG#(*)、B*、I*、D*、UF#*、IF
			编程示例	CALL JOB:TEST1 IF IN#(24)=ON
	RET	子程序返回	基本添加项	—
			可选添加项	IF
			编程示例	RET IF IN#(12)=ON

在程序执行控制命令中，END、NOP、ADVINIT、ADVSTOP 等命令无添加项，其含义明确、编程简单；NWAIT、UNITIL 命令通常只作移动命令的添加项使用，CWAIT 命令需要与 NWAIT 命令配合使用，命令功能和编程方法可参见前述移动命令的添加项编程说明。其他程序控制命令的功能和编程方法如下。

2. 注释命令编程

注释命令可对命令行或程序段添加相关的文本说明，以方便程序阅读。执行注释命令，系统可在示教器上显示注释文本，但系统和机器人不会产生任何动作。例如，以下程序便是利用注释、添加了作业流程说明的程序例。

```
NOP
'Go to Waiting Position      // 显示注释 Go to Waiting Position（移动到待机位置）
MOVJ VJ=100.00
'Welding Start              // 显示注释 Welding Start（焊接开始）
MOVL V=800.00
ASCON ASF#(1)
MOVL V=138.0
'Welding End                // 显示注释 Welding End（焊接结束）
ASCOF AEF#(1)
MOVL V=800.00
'Go back Waiting Position    // 显示注释 Go back Waiting Position（回到待机位置）
MOVJ VJ=100.00
END
```

3. TIMER 命令编程

利用程序暂停命令 TIMER，可使系统暂停执行程序，以便外部控制装置完成相关的动作。TIMER 命令的暂停时间可通过命令添加项 T 规定，时间 T 的单位为 0.01s；允许输入范围为 0.01～655.35s。程序暂停命令 TIMER 的应用示例如下。

```
...
MOVL V=800.0 NWAIT          // 机器人移动的同时，执行后述的非移动命令
DOUT OT (#12) ON            // 接通外部通用 DO 信号 OUT12
CWAIT                       // 禁止连续执行后述的非移动命令
TIMER T=1.00                // 暂停 1s
DOUT OT (#12) OFF           // 断开外部通用 DO 信号 OUT12 输出
DOUT OT (#11) ON            // 接通外部通用 DO 信号 OUT11
...
```

4. PAUSE 命令编程

执行条件暂停命令 PAUSE，系统将判别添加项 IF 规定的条件，如果 IF 项条件满足，程序将进入暂停状态；否则，将继续执行后续命令。条件暂停命令 PAUSE 的应用示例如下。

```
...
MOVL V=800.0
PAUSE IF IN#(12)=OFF        // 如外部通用 DI 信号 IN12 输入 OFF，程序暂停
ASCON ASF#(1)
MOVL V=138.0
...
```

6.5.2 程序转移命令

程序转移命令可实现当前执行程序的跨区域跳转、程序跳转及子程序调用等功能。安川 DX100 系统的程序转移命令的功能和编程方法如下。

1. JUMP 命令编程

程序跳转命令 JUMP 用于当前执行程序的跨区域跳转和程序跳转。

JUMP 命令用于当前执行程序的跨区域跳转时，跳转目标应通过添加项 "*+字符" 指定。跳转目标标记最大允许使用 8 个字符，在同一程序上不能重复使用相同的目标标记；但是，不同程序中的目标标记可以相同。

JUMP 命令用于程序跳转时，目标程序以添加项 "JOB:(程序名)" 的形式指定。如目标的程序名为纯数字（不能为 0），跳转目标也可用变量 B（1 字节二进制变量）、变量 I（整数变量）、变量 D（双字长整数变量）、1 字节通用 DI 信号 IG#（*）状态等方式指定。

JUMP 命令还可通过添加项 IF 规定执行跳转的条件，实现条件跳转功能。因此，灵活使用程序跳转命令 JUMP，可实现无条件跳转、条件跳转、程序循环执行等多种功能，命令的应用示例如下。

（1）当前执行程序的跳转。

```
...
MOVJ VJ=80.00
JUMP *A001 IF IN#(14)=ON          // IN14 输入 ON，跳转至*A001，否则继续执行后续命令
MOVJ VJ=50.00                     // IN14 输入 OFF 时继续执行的程序
...
JUMP *pro_end                     // 无条件跳转至*pro_end，程序结束
*A001                             // IN14 输入 ON 的跳转目标
MOVL V=138.0                      // IN14 输入 ON 时执行的程序
...
*pro_end                          // 无条件跳转目标
END
```

（2）程序跳转。JUMP 命令可通过添加项"JOB:(程序名)"，实现程序跳转功能；如增加添加项 IF，可实现条件跳转。

```
...
JUMP JOB:TEST1IF IN#(14)=ON       // IN14 输入 ON，跳至 TEST1，否则继续
MOVL V=138.0
...
JUMP JOB:TEST2                    // 无条件跳转至程序 TEST2
END
```

如跳转目标程序的名称为纯数字（不能为 0），JUMP 命令可用变量、DI 信号状态 IG#（*）等指定跳转目标。

```
...
MOVJ VJ=80.00
SET I001 1000                     // 定义变量 I000=1000
JUMP I001 IF IN#(17)=ON           // IN17 输入 ON 时，跳转到程序 1000
MOVJ VJ=50.00                     // IN17 输入 OFF 时，继续执行的程序
...
DIN B002 IG#(2)                   // 输入 IN09～IN16 的状态读入到变量 B002 中
JUMP *pro_end IF B002=0           // 如 IN09～IN16 输入 B002 为 0，跳转到*pro_end 结束
JUMP IG#(2)                       // B002 不为 0，跳转程序由 IG#(2)选择
*pro_end
END
```

（3）循环运行。如程序跳转目标位于跳转命令之前的位置，可实现程序的循环运行功能。

```
NOP
*cycle                            // 跳转目标标记
JUMP JOB:TEST1 IF IN#(1)=ON       // IN01 输入 ON，调用程序 TEST1
JUMP JOB:TEST2 IF IN#(2)=ON       // IN02 输入 ON，调用程序 TEST2
JUMP *cycle                       // IN01/N02 均 OFF，跳转至* cycle、程序无限循环
END
```

2. CALL/RET 命令编程

子程序调用命令 CALL 用于子程序调用，命令需要调用的子程序名称可通过添加项"JOB:(程序名)"指定；如目标程序名使用的是纯数字（不能为 0），跳转目标也可用变量 B

（1 字节二进制变量）、变量 I（整数变量）、变量 D（双字长整数变量）或 1 字节通用 DI 信号的输入值 IG#（＊）等方式指定。

子程序应使用返回命令 RET 结束，以便返回到原程序、继续执行后续命令。CALL、RET 命令还可通过添加项 IF，规定子程序调用条件和返回条件。

CALL/RET 命令的应用示例如下。

主程序：

```
NOP
CALL JOB:TEST1 IF IN#(1)=ON      // IN01 输入 ON，调用程序 TEST1
CALL JOB:TEST2 IF IN#(2)=ON      // IN02 输入 ON，调用程序 TEST2
CALL IG#(2) IF IN#(3)=ON         // IN03 输入 ON，调用输入 IN09～IN16 选定的程序
END
```

子程序 TEST1：

```
NOP
MOVJ VJ=80.00
...
RET                              // 返回到主程序
END
```

子程序 TEST2：

```
NOP
RET IF IN#(03)=ON                // IN03 输入 ON，返回主程序
MOVJ VJ=50.00
...
RET                              // 返回到主程序
END
```

6.6 工业机器人编程实例

总体而言，工业机器人的编程较为简单，以下通过实例来介绍程序的编制方法，为了使得程序相对完整，实例中使用了部分作业命令，如需进一步了解作业命令的具体内容，可参见安川公司的技术资料。

【例 6.1】假设加工机器人的刀具启动/停止控制的作业命令为 TOOLON/TOOLOFF，利用工业机器人完成图 6.6-1 所示的零件周边铣削加工的程序如下。

```
NOP
MOVJ VJ=50.00                    // 机器人定位到作业起点 P0
TOOLON                           // 工具启动，铣刀旋转
MOVL V=800.0                     // 直线移动到 P1
MOVL V=500.0                     // 直线移动到 P2
MOVL V=500.0                     // 直线移动到 P3
```

```
MOVL V=500.0               // 直线移动到 P4
MOVL V=500.0               // 直线移动到 P5
MOVL V=800.0               // 直线移动到 P6（P0）点
TOOLOF                     // 工具停止，铣刀停止旋转
END
```

以上程序中的定位点 P0～P6 均可通过示教操作确定。

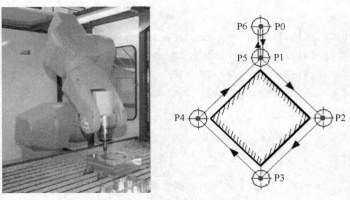

图 6.6-1　移动命令编程实例

【例 6.2】假设弧焊机器人的焊接启动/停止控制的作业命令为 ARCON/ARCOFF，焊接作业文件为 ASF#(1)；摆焊启动/停止命令为 MVON/MVOFF，摆焊作业文件为 WEV#(1)；利用工业机器人完成图 6.6-2 所示的 P3～P4 区间摆焊作业的程序如下。

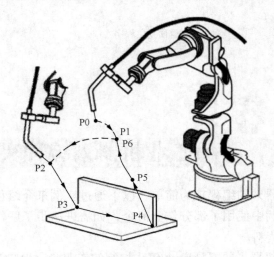

图 6.6-2　摆焊作业程序示例

```
NOP
MOVJ VJ=80.00              // P0→P1 点（程序起点）定位
MOVJ VJ=50.00              // P1→P2 点（接近点）定位
MOVL V=800                 // P2→P3 点（摆焊开始点）直线移动
ARCON ASF#(1)              // 引弧、启动焊接，焊接条件由文件 ASF#(1) 设定
MVON WEV#(1)               // 摆焊启动，摆焊条件由文件 WEV#(1) 设定
MOVL V=50                  // P3→P4 点摆焊作业
```

```
MVOF                                    // 摆焊结束
ARCOF AEF#(1)                           // 息弧、关闭焊接，关闭条件由文件 AEF#(1) 设定
MOVL V=800                              // P4→P5 点直线移动，退出机器人
MOVJ VJ=80.00                           // P5→P6（P1）点定位，回到程序起点
END
```

以上程序中的定位点 P0～P6 均可通过示教操作确定。

【例 6.3】假设点焊机器人的焊接启动作业命令为 SVSPOT、作业文件为 GUN#(1)、PRESS#(1)；利用工业机器人完成图 6.6-3 所示的 P3 位置点焊的作业程序如下。

```
NOP
MOVJ VJ=80.0                            // 机器人定位到作业起始点 P1
MOVL V=800.0                            // P1→P2 直线移动，接近作业点
MOVL V=200.0                            // P2→P3 直线移动，到达作业点
SVSPOT GUN#(1) PRESS#(1) WTM=1 WST=1    // 在 P3 点启动焊接
MOVL V=800.0                            // P3→P4 直线移动，退出焊钳
MOVL V=800.0                            // P4→P5 直线移动，回到起始点
END
```

以上程序在示教编程时，应按照以下要求选择定位点。

P1：作业起始点，在该点上应保证焊钳为打开状态，同时，需要调整工具姿态，使电极中心线和工件表面垂直。

P2：接近作业点，P2 点应位于焊点的正下方（工具坐标系的 Z 负向），并且保证机器人从 P1 到 P2 点移动、电极进入工件作业面时，不会产生运动干涉。

P3：焊接作业点，应保证 P3 点位于工具坐标系 P2 点的 Z 轴正方向，且使得固定电极到达工件的焊接位置。

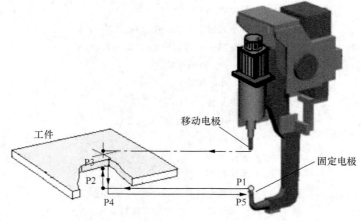

图 6.6-3　点焊作业程序示例

P4：焊钳退出点，一般应通过程序点重合操作，使之与接近作业点 P2 重合。

P5：作业完成退出点，为了便于循环作业，一般应通过程序点重合操作，使之与作业起始点 P1 重合。

【例 6.4】假设码垛机器人需要完成图 6.6-4 所示 6 个工件码垛作业，作业条件如下：

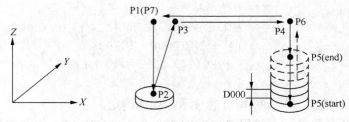

图 6.6-4　码垛作业程序示例

① 机器人利用抓手夹持工件，抓手夹紧/松开通过气动电磁阀 HAND1-1、HAND1-2 控制；HAND1-1 输出 ON、HAND1-2 输出 OFF 时，抓手夹紧工件；HAND1-1 输出 OFF、HAND1-2 输出 ON 时，抓手松开工件；

② 抓手夹紧/松开状态通过检测开关 HSEN1/ HSEN2 输入；

③ 作业开始前的抓手初始状态为夹紧；

④ 工件的高度通过系统的变量 D000 设定。

实现以上动作的码垛程序如下。

```
NOP
MOVJ VJ=50.00               // 机器人定位到作业起点 P1 点
SET B000 0                  // 设定堆垛计数器 B000 的初始值为 0
SET P001(3) D000            // 在 P001 的 Z 轴上设定平移量
SUB P000 P000               // 将平移变量 P000 的初始值设定 0
HAND 1 OFF                  // 松开抓手
HSEN 2 ON FOREVER           // 等待抓手松开信号 HSEN2 输入 ON
*A001                       // 程序跳转标记
MOVL V=300.0                // P1→P2 直线运动
TIMER T=0.50                // 暂停 0.5s
HAND 1 ON                   // 抓手夹紧、抓取工件
HSEN 1 ON FOREVER           // 等待抓手夹紧信号 HSEN1 输入 ON
MOVL V=500.0                // P2→P3 直线运动
MOVL V=800.0                // P3→P4 直线运动
SFTON P000 UF#(1)           // 启动平移，计算目标位置
MOVL V=300.0                // P4→P5 直线运动
SFTOF                       // 平移停止
TIMER T=0.50                // 暂停 0.5s
HAND 1 OFF                  // 抓手松开、放下工件
HSEN 2 ON FOREVER           // 等待抓手松开信号 HSEN2 输入 ON
ADD P000 P001               // 平移变量 P000 增加平移量 P001（D000）
MOVL V=800.0                // P5→P6 直线运动
MOVL V=800.0                // P6→P1 直线运动（P7 和 P1 点重合）
INC B000                    // 堆垛计数器 B000 加 1
JUMP *A001 IF B000<6        // 如 B000<6，跳转至*A001 继续
HAND 1 ON                   // 堆垛结束、夹紧抓手、恢复初始状态
HSEN 1 ON FOREVER           // 等待抓手夹紧信号 HSEN1 输入 ON
END
```

以上程序使用了平移命令 SFTON 改变工件的安放目标位置 P5，P5 点在 Z 轴方向平移 6 次，每次的平移量为 D000 设定的值；有关平移命令 SFTON 的说明可参见安川 DX100 编程说明书。

本章小结

1. 程序是控制命令的集合，编写程序的过程称为编程；工业机器人目前还没有统一的编程语言；工业机器人的程序编制方法有示教编程（在线编程）和离线编程两种。

2. 程序由标题、命令、结束标记 3 部分组成；命令用来控制机器人的运动和作业，是程序的主体。

3. 机器人的移动命令一般不指定目标位置，目标位置需要通过现场示教确定；并可通过添加项来规定定位精度（位置等级）、拐角半径、加/减速倍率等参数。

4. 在复杂系统上，需要用"控制轴组"来选定控制对象。

5. 多关节型机器人可通过关节坐标系、直角坐标系、圆柱坐标系、工具坐标系、用户坐标系，来定义控制点位置及运动方向；工具、用户坐标系可能有多个。

6. 工具定向有"控制点不变"和"变更控制点"两种方式；定向运动可通过回转轴 R_x、R_y、R_z 指定。

7. 多关节机器人的控制点位置可通过脉冲型位置、*XYZ* 型位置描述；*XYZ* 型位置需要通过"姿态"来规定机器人的状态和运动方式。

8. 工业机器人的命令分基本命令和作业命令两类，基本命令用来控制机器人动作，不同机器人可通用；作业命令用来控制工具动作，它随着机器人用途的不同而不同。

9. 移动命令由命令符和添加项两部分组成，并可根据需要增加添加项，以调整速度、加速度、移动轨迹或增加执行控制条件。

10. 输入/输出命令由命令符和添加项组成，添加项可用来指定 DI/DO 地址、进行多点 DI/DO 的成组操作或规定 DO 信号的输出脉冲宽度等。

11. 程序控制命令包括程序执行控制命令和程序转移命令两类，程序执行控制命令用来控制当前程序的结束、暂停、命令预读、跳步等；程序转移命令可实现当前执行程序的跨区域跳转或直接调用其他程序等。

复习思考题

一、多项选择题

1. 以下对工业机器人程序与编程理解正确的是（   ）。
   A. 编程语言可以通用
   B. 目前还没有统一的编程语言
   C. 可以使用示教编程
   D. 离线编程要在作业现场进行

2. 以下对工业机器人程序标题理解正确的是（　　　　）。
   A. 标题只是程序名　　　　　　　　B. 包括了程序名、注释、控制轴组等信息
   C. 标题只能使用字母或数字　　　　D. 标题在系统中可重复使用

3. 以下对工业机器人程序结构理解正确的是（　　　　）。
   A. 程序以标题起始　　　　　　　　B. 命令是程序的主体
   C. 结束标记为 END　　　　　　　　D. 命令执行程序以行号区分

4. 以下对工业机器人程序标题理解正确的是（　　　　）。
   A. 标题只是程序名　　　　　　　　B. 包括了程序名、注释、控制轴组等信息
   C. 标题只能使用字母或数字　　　　D. 标题在系统中可重复使用

5. 以下属于工业机器人外部轴的是（　　　　）。
   A. 机身轴　　　　B. 手腕轴　　　　C. 基座轴　　　　D. 工装轴

6. 以下对工业机器人工具定向理解正确的是（　　　　）。
   A. 控制点可以改变　　　　　　　　B. 控制点可以保持不变
   C. 通过手腕回转实现　　　　　　　D. 通过机身回转实现

7. 以下用来描述工业机器人本体形态的参数是（　　　　）。
   A. 手腕的俯/仰　　　　　　　　　　B. 手臂的前/后位置
   C. 手臂的正肘/反肘　　　　　　　　D. 腰回转轴位置

8. 以下用来描述工业机器人手腕形态的参数是（　　　　）。
   A. 手腕的俯/仰　　　　　　　　　　B. 手臂的前/后位置
   C. 手臂的正肘/反肘　　　　　　　　D. R/T 轴角度

9. 以下属于工业机器人基本命令的是（　　　　）。
   A. 输入/输出命令　　　　　　　　　B. 程序控制命令
   C. 焊接启动/停止命令　　　　　　　D. 工具启动/停止命令

10. 以下属于工业机器人作业命令的是（　　　　）。
    A. 控制点移动命令　　　　　　　　B. 工具定向命令
    C. 输入/输出命令　　　　　　　　　D. 工具启动/停止命令

11. 以下可用来改变直线插补运动轨迹的添加项是（　　　　）。
    A. PL　　　　　B. CR　　　　　C. NWAIT　　　　　D. UNTIL

12. 以下可直接指定运动方式、距离、运动轴、坐标系的移动指令是（　　　　）。
    A. MOV　　　　B. MOVC　　　　C. MOVS　　　　D. IMOV

13. 以下对 DX100 系统输入/输出命令理解正确的是（　　　　）。
    A. 可读入 DI 信号状态　　　　　　B. 可改变 DO 信号状态
    C. 可处理 4、8 位信号　　　　　　D. 能够输出脉冲信号

14. 以下 DX100 系统程序控制命令理解正确的是（　　　　）。
    A. 可控制程序执行过程　　　　　　B. 可实现程序转移
    C. 可调用其他程序　　　　　　　　D. 可增加程序注释

15. 以下 DX100 系统程序中的格式类似 "*cycle" 的命令含义是（　　　　）。
    A. 无条件跳转目标　　　　　　　　B. 调用的程序名
    C. 注释　　　　　　　　　　　　　D. 跳转目标

二、简答题

1. 简述示教编程方法及其优缺点。

2. 简述工业机器人程序与数控加工程序的主要区别。

3. 简述移动命令添加项 PL 的含义和功能。

三、实践题

1. 假设搬运机器人需要完成【例 6.4】图 6.6-4 所示的工件从 P2 到 P5 的搬运作业，作业条件同【例 6.4】的①～③，试编制其搬运作业程序。

2. 根据实验条件，进行工业机器人其他编程练习。

第7章
工业机器人操作

7.1
示教器及功能

7.1.1　操作按钮

1.　示教器结构

工业机器人的操作单元又称示教器，为了便于操作者近距离观察、控制机器人的运动，它多采用手持可移动式结构。

不同的机器人生产厂、不同控制系统所配套的示教器结构与外形虽有所不同，但功能类似。以安川 DX100 控制系统为例，其示教器的组成如图 7.1-1 所示。

DX100 示教器采用的是按键式结构，上方设计有模式转换、启动、停止和急停 4 个基本操作按钮；中间为显示器和 CF 卡插槽；下部为操作按键，背面为伺服 ON/OFF 开关。操作按钮和开关用于开机、关机、操作模式转换；操作按键用于机器人手动操作、命令输入、显示切换等；操作单元的功能如下。

2.　操作按钮和开关

出于安全、可靠方面的考虑，机电设备的重要操作或经常性操作一般需要使用按钮或开关。

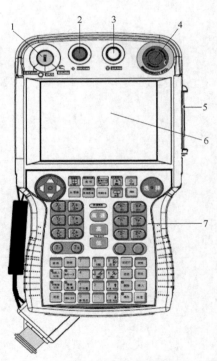

图 7.1-1　DX100 系统的示教器
1—模式转换　2—启动　3—停止　4—急停
5—CF 卡插槽　6—显示器　7—操作面板

DX100 系统的模式转换、启动、停止、急停按钮及开关的功能如表 7.1-1 所示。

表 7.1-1　　　　　　　　　　DX100 示教器操作按钮功能表

操作按钮	名称与功能	备　注
	操作模式转换开关 1. TEACH：示教模式；可进行手动、示教编程操作 2. PLAY：再现模式；可运行示教程序 3. REMOTE：远程操作模式；可通过外部信号选择操作模式，启动程序运行	远程操作模式的控制信号来自 I/O 单元输入，操作功能可通过系统参数设定选择
	程序启动按钮及指示灯 按钮：启动程序再现运行 指示灯：亮，程序运行中；灭，程序停止或暂停运行	指示灯也用于远程操作模式的程序启动
	程序暂停按钮及指示灯 按钮：程序暂停 指示灯：亮，程序暂停	程序暂停操作对任何模式均有效
	急停按钮 紧急停止机器人运动；分断伺服驱动器主电源	所有急停按钮、外部急停信号功能相同
	伺服 ON/OFF 开关 示教器【伺服接通】指示灯闪烁时，轻握开关可启动伺服，用力握开关可关闭伺服	伺服也可通过系统参数设定，用外部信号远程控制

3. 操作键

DX100 示教器下部为操作面板，从上至下为显示、轴点动、数据输入及运行控制 3 个区域，按键作用分别如下。显示操作键主要用于显示器的显示内容选择和调整；轴点动键用于机器人运动轴的手动移动控制；数据输入与运行控制键主要用于机器人程序及参数的输入与编辑、显示页面及语言切换、试运行及前进/后退控制；部分按键还可能定义有专门功能，如焊接通/断、引弧、息弧等。常用按键的功能及使用方法将在后述的操作中进行说明，其他按键的功能与使用方法可参见安川 DX100 系统使用说明书。

7.1.2　显示器

1. 显示形式

DX100 系统的示教器为 6.5 英寸彩色液晶显示器，显示方式有图 7.1-2 所示的 2 种。

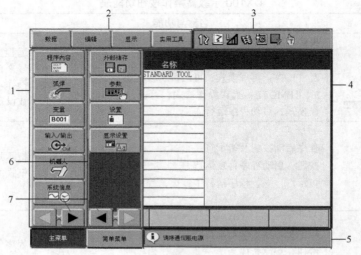

（a）标准显示

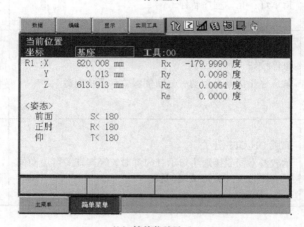

（b）简单菜单显示

图 7.1-2　示教器显示

1—主菜单　2—菜单　3—状态　4—通用显示区　5—信息
6—扩展菜单　7—菜单扩展/隐藏键

　　图 7.1-2（a）所示为通常显示方式，显示分主菜单、菜单、状态、通用显示和信息显示 5 个基本区域，如选择［简单菜单］，则可将通用显示区扩大至图 7.1-2（b）所示的满屏。显示器的窗口布局，以及所显示的操作功能键、字符的尺寸和字体等，可通过系统的"显示设置"改变。由于系统软件版本或操作时所设定的安全模式不同，示教器的显示、菜单键数量及名称有所区别，但其实际作用、操作方法并无太大区别。

　　为了便于说明，本书后述的内容中，将以如下形式来表示不同的操作键。

【***】：表示示教器操作面板上的实际按键，如【选择】、【回车】等。

［***］：表示显示器上的主菜单、下拉菜单、子菜单、操作提示键等软功能键，如［程序内容］、［编辑］、［执行］、［取消］等。

2. 显示功能

（1）主菜单。主菜单的项目显示与系统安全模式选择有关，部分项目只能在"编辑模式"或"管理模式"才能显示或编辑。对于常用的示教模式，主菜单及功能如表 7.1-2 所示。

表 7.1-2 　　　　　　　　　　　　常用主菜单功能一览表

主菜单键	显示与编辑的内容（子菜单）
［程序内容］	程序选择、程序编辑、新建程序，程序容量、作业预约状态等
［弧焊］	与机器人的用途有关，子菜单的内容随用途改变
［变量］	字节型、整数型、双整数（双精度）型、实数型、位置型变量等
［输入/输出］	DI/DO 信号状态、梯形图程序、I/O 报警、I/O 信息等
［机器人］	机器人当前位置、命令位置、偏移量、作业原点、干涉区等
［系统信息］	版本、安全模式、监视时间、报警履历、I/O 信息记录等
［外部储存］	安装、保存、系统恢复、对象装置等
［设置］	示教条件、预约程序、用户口令、轴操作键分配等
［显示设置］	字体、按钮、初始化、窗口格式等

（2）下拉菜单。下拉菜单就是工具栏，其显示区位于显示器的左上方，菜单键的功能与系统所选择的操作有关，可用于程序选择、主程序调用、新建程序、程序重命名、复制程序、删除程序等。

（3）状态显示。状态显示区通常有图 7.1-3 所示的 10 个图标，图标含义如表 7.1-3 所示。

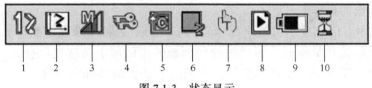

图 7.1-3　状态显示

表 7.1-3 　　　　　　　　　　　　状态显示及图标含义表

位置	显示内容	状态图标及含义				
1	现行控制轴组	机器人 1~8		基座轴 1~8		工装轴 1~24
2	当前坐标系	关节坐标系	直角坐标系	圆柱坐标系	工具坐标系	用户坐标系
3	点动速度选择	微动	低速	中速	高速	

续表

位置	显示内容	状态图标及含义				
4	安全模式选择	操作模式		编辑模式		管理模式
5	当前动作循环	单步		单循环		连续循环
6	机器人状态	停止	暂停	急停	报警	运动
7	操作模式选择	示教			再现	
8	页面显示模式	可切换页面			多画面显示	
9	存储器电池	电池剩余电量显示				
10	数据保存	正在进行数据保存				

（4）通用显示。通用显示区的上部为基本显示区，下部为输入缓冲行、操作键提示键。基本显示区可用来显示所选择的程序、参数、文件等内容；输入缓冲行可显示尚未保存的输入或修改内容；操作键的显示与示教器所选择的操作有关，通常用来执行、取消、结束或中断显示区所选的操作。

（5）信息显示。信息显示区位于显示器的右下方，它可用来显示操作、报警提示信息；当系统有多个提示信息显示时，可通过操作面板的【区域】键选定信息显示区、按操作面板的【选择】键，还可进一步显示多行提示信息、错误的详细内容等。

7.2 机器人手动操作

7.2.1 开/关机与安全模式

1. 开机操作

DX100控制系统开机前应检查以下事项。

（1）确认控制柜与示教器、机器人的全部连接电缆已正确连接并固定。

（2）确认系统的三相电源进线（L1/L2/L3）及接地保护线（PE），已按规定连接到控制柜的电源总开关进线侧；输入电源正确。

（3）确认控制柜门已关闭、电源总开关置于 OFF 位置；机器人运动范围内无操作人员及可能影响机器人正常运动的其他无关器件。

（4）将控制柜门上的电源总开关旋转到 ON 位置，接通 DX100 系统控制电源，系统将进入初始化和诊断操作，示教器显示开机画面。

（5）系统完成初始化和诊断操作后，示教器将显示开机初始页面，信息显示区显示操作提示信息"请接通伺服电源"。

当系统电源接通初始页面显示后，选择主菜单［系统信息］、子菜单［版本］，示教器便可显示控制系统的软件版本、机器人的型号与用途、示教器显示语言，以及机器人控制器的 CPU 模块、示教器、伺服驱动器软件版本号等信息；如选择主菜单［机器人］、子菜单［机器人轴配置］，可确认机器人的控制轴数。

控制系统的系统设置、参数设定等操作，可在伺服关闭的情况下直接进行；但机器人点动、示教编程、再现运行等操作需要启动伺服，此时，需要继续以下操作。

（6）复位控制柜门、示教器及其他辅助控制装置、辅助操作台、安全防护罩等上（如存在）的全部急停按钮。

（7）按操作面板上的【伺服准备】键，接通伺服主电源；然后，轻握示教器背面的【伺服 ON/OFF】开关，启动伺服。伺服启动后，示教器上的【伺服接通】指示灯亮。

2. 关机

对于 DX100 系统的正常关机，关机前应确认机器人的程序运行已结束，机器人已完全停止运动，然后按以下步骤关机；当系统出现紧急情况时，也可直接关机。

（1）如伺服已启动，可用力握示教器的背面的伺服 ON/OFF 开关，或直接按示教器或控制柜上的急停按钮，切断伺服驱动器主电源，使所有伺服电机的制动器立即制动，禁止机器人运动。

（2）伺服驱动器关闭后，将控制柜门上的电源总开关旋转到 OFF 位置，关闭 DX100 系统控制电源。

3. 安全模式

安全模式是系统生产厂家为了保证系统安全运行、防止误操作，而对操作者权限所进行的规定。DX100 系统基本安全模式有"操作模式""编辑模式"和"管理模式"3 种；但如按住示教器的【主菜单】键同时接通电源，系统可进入高级管理模式（维护模式）。

DX100 基本安全模式及对应的功能如下。

操作模式：该模式在任何情况下都可进入。选择操作模式时，操作者只能对机器人进行最基本的操作，如程序的选择、启动或停止，显示坐标轴位置、输入/输出信号等。

编辑模式：编辑模式可进行示教和编程，也可对系统的变量、通用输出信号、作业原点和第 2 原点、用户坐标系、执行器控制装置等进行设定操作。进入编辑模式需要操作者输入正确的口令，DX100 系统出厂时设定的进入编辑模式初始口令为"00000000"。

管理模式：管理模式可进行系统的全部操作，如显示和编辑梯形图程序、I/O 报警、I/O 信息、定义 I/O 信号；设定干涉区、碰撞等级、原点位置、系统参数、操作条件、解除超程等。进入管理模式需要操作者输入更高一级的口令，DX100 系统出厂时设定的进入管理模式初始口令为"99999999"。

维护模式：可进行系统的全部操作，且还可以进行系统的硬件配置、系统初始化等高级维护操作。

4. 安全模式选择

DX100 系统的安全模式可通过如下操作设定。

（1）选择主菜单［系统信息］，示教器可显示图 7.2-1 所示的系统信息子菜单。

图 7.2-1 系统信息显示页面

（2）选定［安全模式］子菜单，示教器将显示安全模式设定对话框。

（3）光标定位于安全模式输入框、按操作面板上的【选择】键，输入框将显示图 7.2-2 所示的输入选项、选择安全模式。

图 7.2-2 安全模式选择页面

（4）选择编辑模式、管理模式时，示教器将显示图 7.2-3 所示的"用户口令"输入页面。在该页面可根据安全模式，利用操作面板输入用户口令后，用【回车】键确认；口令正确时，系统将进入所选的安全模式。

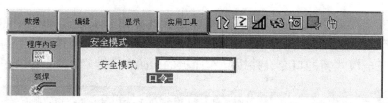

图 7.2-3　用户口令输入页面

5. 用户口令更改

　　为了保护系统的程序和参数，防止误操作引起的故障，调试、维修人员在完成系统调试或维修后，一般需要对系统出厂时的安全模式初始设定口令进行更改。用户口令设定可在主菜单［设置］下进行，其操作步骤如下。

　　（1）利用主菜单扩展键［▶］，显示扩展主菜单［设置］、并选定，示教器显示图 7.2-4所示的设置子菜单。

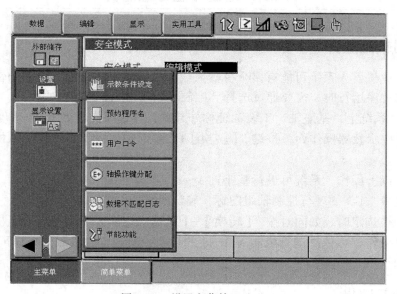

图 7.2-4　设置主菜单显示页面

　　（2）用光标选定子菜单［用户口令］，示教器将显示图 7.2-5 所示的用户口令设定页面。

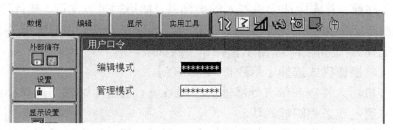

图 7.2-5　用户口令设定页面

　　（3）移动光标、按操作面板的【选择】键选定需要修改口令的安全模式，信息显示框将显示"输入当前口令（4 到 8 位）"。

（4）输入安全模式原来的口令，并按操作面板的【回车】键；如输入准确，示教器可显示图 7.2-6 所示的新口令设定页面，信息显示框将显示"输入新口令（4 到 8 位）"。

（5）输入安全模式新的口令，并按操作面板的【回车】键确认后，新用户口令将生效。

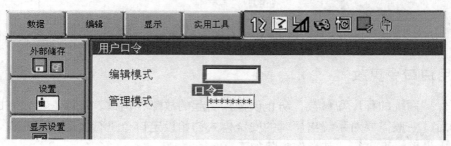

图 7.2-6　用户新口令输入页面

7.2.2　轴组与坐标系选择

1. 控制轴组选择

复杂的工业机器人系统可能有多个机器人或除机器人本体外的其他辅助轴，进行机器人手动操作或程序运行时，需要通过选择"控制轴组"，来选定运动对象。

在 DX100 系统上，基座轴、工装轴统称外部轴，其选择操作如下。

（1）同时按示教器操作面板按键"【转换】+【外部轴切换】"，系统可从机器人轴组切换至外部轴组。

（2）重复以上操作，系统可进行基座轴 1～8、工装轴 1～24 的切换。

（3）通过表 7.1-3 的现行控制轴组图标，确认所需的轴组已被选定。

当外部轴被选定时，如同时按"【转换】+【机器人切换】"，则可返回至机器人轴组选择页面；重复操作，可依次进行机器人 1～8 的切换；所选定的机器人同样可通过表 7.1-3 的现行控制轴组图标确认。

2. 坐标系选择

点动操作是通过操作面板的方向键、手动控制机器人运动的操作，它需要在示教模式下进行。点动运动前，首先应选定机器人的坐标系，然后通过方向键，选择运动轴和方向。

多关节型机器人的坐标系通常有关节、直角、圆柱、工具、用户坐标系 5 种。DX100 系统的坐标系选择方法如图 7.2-7 所示，操作步骤如下。

（1）将示教器操作模式选择【示教（TEACH）】。

（2）对于多机器人控制或带有外部轴的控制系统，通过上述轴组选择操作，选定机器人或外部轴，并通过状态栏图标确认。

（3）重复按示教器操作面板上的【选择工具/坐标】键，可进行机器人的关节坐标系→直角坐标系→圆柱坐标系→工具坐标系→用户坐标系→关节坐标系→……的循环变换。根据操作需要，选择所需的坐标系，并通过当前坐标系状态图标确认。

（4）工具坐标系、用户坐标系与工具、工件形状有关，使用多工具、多工件作业时，在工具坐标系、用户坐标系选定后，还需要同时按操作面板上的"【转换】+【选择工具/坐标】"键，在显示的工具、用户坐标系选择页面上，用光标键选定所需的工具号、用户坐标号；然后按操作面板上的"【转换】+【选择工具/坐标】"键返回显示页。手动操作时的工具坐标系、用户坐标系的切换也可通过系统参数的设定予以禁止。

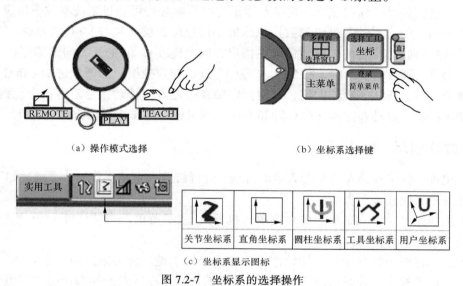

（a）操作模式选择　　　　　　　　　　　　（b）坐标系选择键

（c）坐标系显示图标

图 7.2-7　坐标系的选择操作

7.2.3　关节坐标系点动

1. 操作按键

多关节机器人的手动操作又称点动，它可分为改变 TCP 点的定位和改变作业工具姿态的定向 2 类；垂直串联机器人的定位一般通过腰回转轴 S、下臂摆动轴 L、上臂摆动轴 U 运动实现；手腕回转轴 R、摆动轴 B 和手回转轴 T 通常用于工具定向。DX100 系统示教器的点动键如图 7.2-8 所示。

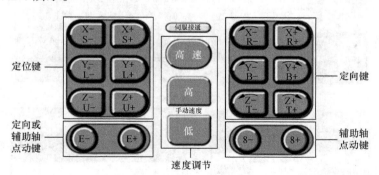

图 7.2-8　DX100 的点动操作键

操作面板左侧的 6 个方向键（【X–/S–】等）用于点动定位操作；右侧的 6 个方向键（【X–/R–】等）用于点动定向操作。【E–】、【E+】键用于 7 轴机器人的下臂回转轴 E 点动，在 6 轴机器人上，可用于基座轴或工装轴点动；右下方的【8–】、【8+】键用于 7 轴机器人的基座轴或工装轴点动。

中间的【高速】、【高】、【低】键，用于点动进给方式和速度选择。重复按速度调节键【高】，可进行"微动（增量进给）"→"低速点动"→"中速点动"→"高速点动"的转换；重复按速度调节键【低】，则反之。所选定的点动速度可通过如表 7.1-3 所示的状态栏图标确认；点动进给各级的移动速度、快速及增量进给距离等均可通过系统参数予以设定。

工业机器人的"点动"进给和数控机床的手动连续进给（JOG）相同；选择"点动"时，只要按住方向键，指定的坐标轴便可在指定方向上连续移动，松开方向键即停止；DX100系统的点动进给速度有高、中、低 3 挡。"微动"进给和数控机床的增量进给（INC）相同；选择"微动"时，每按一次方向键，可使指定轴在指定方向移动指定距离；位置到达后坐标轴即停止运动。点动和微动的坐标轴和方向，均可通过操作面板的方向键选择。

2. 位置显示

为了检查、监控机器人的位置和运动过程，进行机器人点动操作时，可通过如下操作，使得示教器进入位置显示页面。

（1）选择图 7.2-9（a）所示的主菜单［机器人］、子菜单［当前位置］，示教器可显示机器人关节坐标系的位置值。

（2）光标选定坐标显示框，按操作面板的【选择】键，便可通过图 7.2-9（b）所示的输入选项选定坐标系，并显示图 7.2-9（c）所示的机器人在所选坐标系中的位置值。

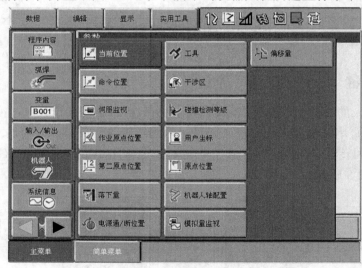

（a）菜单选择

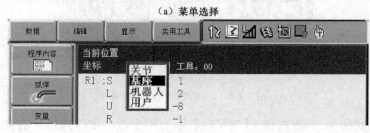

（b）坐标系选择

图 7.2-9 机器人位置的显示

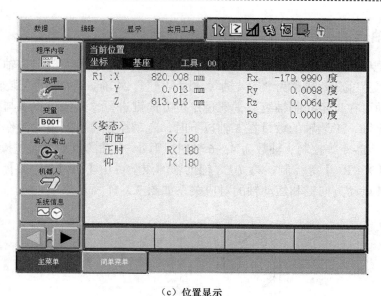

（c）位置显示

图 7.2-9　机器人位置的显示（续）

3. 机器人点动

机器人本体的点动可通过关节运动实现，选择关节坐标系时，操作者可对机器人本体的所有运动轴进行直观的操作，而无需考虑定位、定向运动。安川机器人的关节轴及方向规定如图 7.2-10 所示，点动操作的步骤如下。

（1）示教器操作模式选择【示教（TEACH）】。

（2）通过轴组选择操作，选定机器人，并通过状态栏图标确认。

（3）通过坐标系选择操作，选定关节坐标系，并通过状态栏图标确认。

（4）按速度调节键【高】或【低】，选定点动进给方式或点动运行速度，并通过状态栏图标确认。

（5）通过开机操作启动伺服，并通过【伺服接通】指示灯确认。

（6）根据需要，按对应的方向键，所选的坐标轴即可进行指定方向的运动；如同时按多个方向键，所选轴可

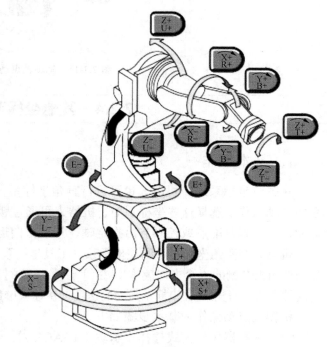

图 7.2-10　机器人点动操作

同时运动。点动运动期间，可随时通过速度调节键改变点动进给速度和进给方式；或用【高速】键，使轴快速移动。

4. 外部轴点动

当工业机器人系统装备有变位器时，用于机器人变位的运动轴称为"基座轴"，最大可配置8轴；用于工件变位的运动轴称为"工装轴"，最大可配置24轴。基座轴、工装轴统称外部轴。

外部轴点动可在选定控制轴组后，通过定位方向键进行，其操作步骤与机器人本体点动相同。当基座轴、工装轴的数量在3轴以下时，点动操作可直接通过操作面板上的6个定位方向键【X–/S–】等控制；轴数为4～6轴时，第4～6轴的点动可通过操作面板上的6个定向方向键【X–/R–】等控制，第7、8辅助轴的点动可由【+E】/【–E】、【+8】/【–8】键控制。辅助轴点动方向键和运动轴的对应关系如图7.2-11所示。

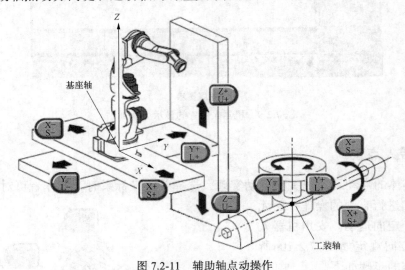

图 7.2-11 辅助轴点动操作

7.2.4 其他坐标系点动

1. 基本操作

除关节坐标系外，机器人也可进行直角坐标系、圆柱坐标系、工具坐标系和用户坐标系的点动操作。选择这些坐标系时，机器人可通过腰回转轴S和上下臂摆动轴U/L的合成运动，使手腕基准点或控制点沿指定轴、指定方向运动。

机器人在直角坐标系、圆柱坐标系、工具坐标系、用户坐标系的点动操作，可通过示教器操作面板左侧的6个方向键【X–/S–】～【Z+/U+】控制，并可选择微动（增量进给）和点动两种方式，直角/圆柱坐标系点动的速度、快速及增量进给距离可通过系统参数予以设定。

机器人点动操作的基本步骤如下。

（1）示教器操作模式选择【示教（TEACH）】。

（2）利用轴组选择操作选定机器人，并通过状态栏图标确认。

（3）利用坐标系选择操作选定坐标系，并通过状态栏图标确认；选择工具、用户坐标系时，还需要进一步选定工具号或用户坐标号。

（4）按速度调节键，选定坐标轴初始的点动进给方式或点动运行速度。

（5）通过开机操作启动伺服，并通过【伺服接通】指示灯确认。

（6）按方向键，对应的坐标轴即进行指定方向的运动；同时多个方向键，指定轴可同时运动；点动运动期间，可通过速度调节键改变点动进给方式和进给速度，或通过【高速】键，使指定轴以点动快速的速度移动。

2. 方向键定义

选择直角坐标系、圆柱坐标系、工具坐标系和用户坐标系进行点动操作时，在不同坐标系下，示教器操作面板上的方向键【X–/S–】～【Z+/U+】有不同的含义，具体如下。

（1）直角坐标系。选择直角坐标系进行点动定位操作时，操作面板的点动定位方向键和机器人运动的对应关系如图 7.2-12 所示。

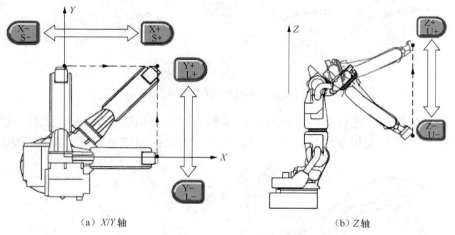

（a）X/Y 轴 　　　　　　　　　　（b）Z 轴

图 7.2-12　直角坐标系的点动操作

（2）圆柱坐标系。选择圆柱坐标系进行机器人点动定位操作时，方向键和机器人 θ 轴、r 轴运动的对应关系如图 7.2-13 所示。

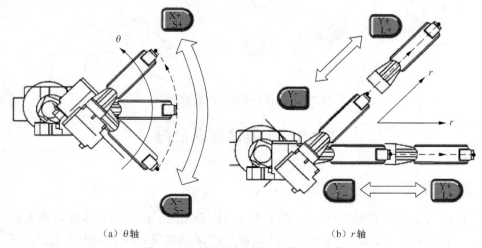

（a）θ 轴 　　　　　　　　　　（b）r 轴

图 7.2-13　圆柱坐标系的 θ/r 轴点动操作

（3）工具坐标系。选择工具坐标系进行点动定位操作时，方向键和机器人运动的对应关系如图 7.2-14 所示；工具坐标系的坐标轴方向，可通过系统的工具坐标系设置操作确定。

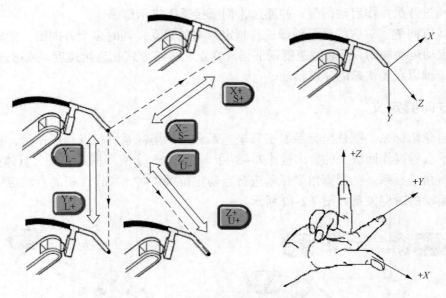

图 7.2-14　工具坐标系的点动操作

（4）用户坐标系。选择用户坐标系的点动操作时，方向键和机器人运动的对应关系如图 7.2-15 所示；用户坐标系的坐标轴方向，可通过系统的用户坐标系设置操作确定。

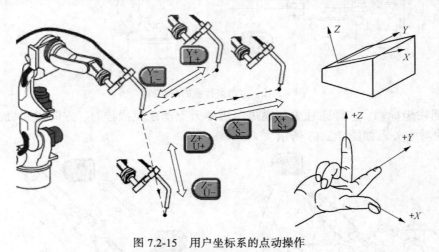

图 7.2-15　用户坐标系的点动操作

7.2.5　工具的点动定向

1. 定向方式

改变机器人工具（末端执行器）姿态的运动称为定向。6 轴垂直串联机器人的工具定向可通过手腕回转轴 R、摆动轴 B 和手回转轴 T 的运动实现；在 7 轴机器人上，下臂回转轴 E（第 7 轴）也可用于定向控制。

工业机器人的工具定向有"控制点保持不变"和"变更控制点"两种运动方式。控制点（TCP）通常是末端执行器（工具）的作业端点，它可通过工具控制点设置操作进行设定。

（1）控制点保持不变定向。控制点保持不变的定向运动如图 7.2-16 所示，执行这一操作，可改变工具姿态，使工具回绕 TCP 点回转运动。

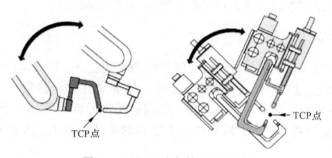

图 7.2-16　TCP 点保持不变的定向

在 7 轴机器人上，还可通过下臂回转轴 E（第 7 轴）的运动，进一步实现图 7.2-17 所示的控制点不变的运动。

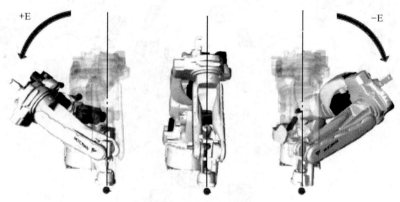

图 7.2-17　7 轴机器人的机身摆动

（2）变更控制点定向。变更控制点的定向运动是一种同时改变 TCP 点和姿态的操作，执行变更控制点定向操作，可使得机器人根据所选的 TCP 点，进行图 7.2-18 所示的运动。

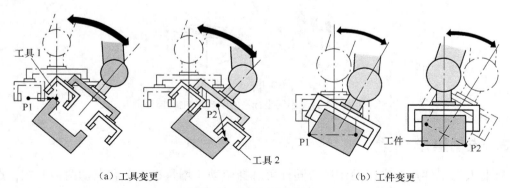

（a）工具变更　　　　　　　　　　（b）工件变更

图 7.2-18　变更控制点的定向

图 7.2-18（a）所示为机器人安装有 2 把工具时，变更 TCP 点的定向运动。如使用 TCP

点为 P1 的工具 1，机器人将进行左图所示的 P1 点定向运动；如使用 TCP 点为 P2 的工具 2，机器人将进行右图所示的定向运动。图 7.2-18（b）所示为机器人安装有 1 把工具、但工具上设定有 2 个 TCP 点时的定向运动，如选择 P1 点为控制点，机器人将进行左图所示的运动；如选择 P2 点为控制点，机器人将进行右图所示的定向运动。

2. 方向键定义

机器人定向操作是以 TCP 点为原点，所进行的手腕绕 X、Y、Z 轴的回转运动，因此，它不能在关节坐标系上进行，故选择直角、圆柱、工具或用户坐标系。

安川 DX100 系统的工具点动定向操作，可通过操作面板右侧的 6 个方向键【X–/R–】等控制，在不同的坐标系上，方向键和机器人运动的关系如图 7.2-19 所示，手腕回转方向符合右手定则。

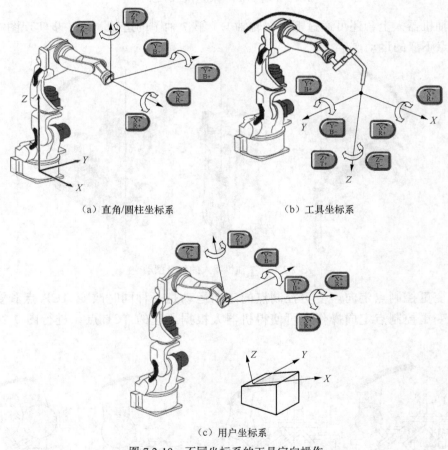

（a）直角/圆柱坐标系　　　　　　（b）工具坐标系

（c）用户坐标系

图 7.2-19　不同坐标系的工具定向操作

3. 点动操作

机器人的工件点动定向操作进给同样可选择微动（增量进给）和点动两种方式，点动操作的基本步骤和定位操作相同，控制点的变更可通过同时"【转换】+【坐标】"键，在显示的工具选择页面上进行。

7.3 | 示教编程操作

7.3.1 程序创建和程序名

机器人的示教编程操作一般按程序创建、命令输入、命令编辑等步骤进行。DX100 系统的程序创建、程序名输入操作步骤如下。

（1）完成开机操作，安全模式选择"编辑模式"。

（2）示教器上的操作模式选择"示教【TEACH】"。

（3）按【主菜单】键选择主菜单；将光标定位到［程序内容］上，按【选择】键选定后，示教器将显示图 7.3-1 所示的子菜单。

图 7.3-1　程序内容子菜单显示

（4）将光标定位到［新建程序］子菜单、按【选择】键选定，示教器将显示图 7.3-2 所示的、新建程序登录和程序名输入页面。

（5）纯数字的程序名可直接通过示教器的操作面板输入；如程序名中包含字母、字符，可按选页键【返回/翻页】，使示教器显示图 7.3-3（a）所示的字符输入软键盘。

（6）按操作面板的【区域】键，使光标定位到软键盘的输入区。如果程序名中包含小写字母、符号，可通过光标定位，选择数字/字母输入区的大/小写转换键［CapsLook ON］，进一步显示图 7.3-3（b）所示的小写字母输入软键盘，或者选择数字/字母输入区的符号输入切换键［SYMBOL］，显示图 7.3-3（c）所示的符号输入软键盘。

（7）在选定的软键盘上，利用光标选定需要输入的数字、字母或符号，并通过［Enter］

键输入；例如，对于程序名 TEST，可在图 7.3-3（a）所示的页面上，依次选定字母 T、[Enter]→选定字母 E、[Enter]……，完成程序名输入。DX100 系统的程序名最大允许为 32（半角）或 16（全角）个字符，相同的程序名不能在同一系统上重复使用。输入的字符可在 [Result] 栏显示，按 [Cancel] 可以逐一删除输入的字符，按操作面板的【清除】键，可删除全部输入；再次按【清除】键，可关闭字符输入软键盘，返回程序登录页面。

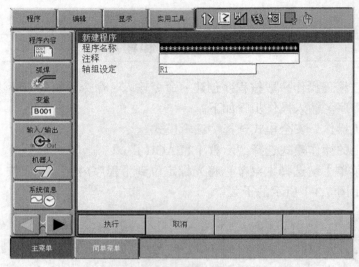

图 7.3-2　新建程序登录页面

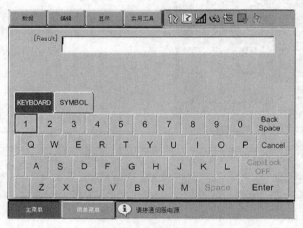

（a）大写输入

（b）小写输入

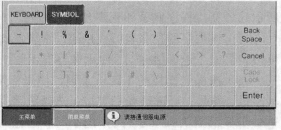

（c）符号输入

图 7.3-3　字符输入软键盘显示

（8）程序名输入完成后，按操作面板的【回车】键，程序名即被输入，示教器显示图 7.3-4 所示的程序登录页面。

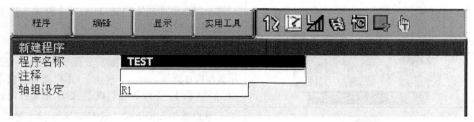

图 7.3-4　程序登录页面

（9）将光标定位到操作键显示区的［执行］键上，按操作面板上的【选择】键，程序即被登录，示教器将显示图 7.3-5 所示的程序编辑页面。程序编辑页面的开始命令"0000 NOP"和结束标记"0001 END"由系统自动生成，在该页面上，操作者便可通过下述的命令输入操作，输入程序命令。

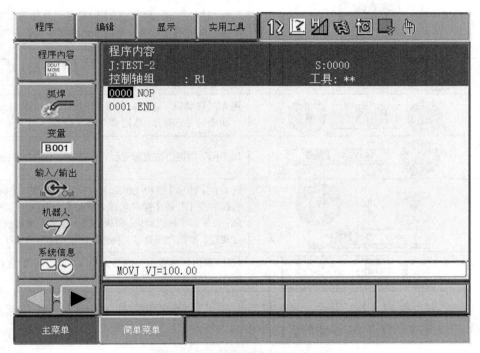

图 7.3-5　示教程序编辑页面显示

7.3.2　移动命令示教

移动命令的输入必须在伺服启动时进行。以第 6 章 6.1 节的图 6.1-2 所示程序为例，DX100 系统的移动命令示教编程操作步骤如下。

（1）按表 7.3-1 所示，输入机器人从开机位置 P0，向程序起点 P1 移动的定位命令。

表 7.3-1　　　　　　　　　　　P0 到 P1 定位命令输入操作步骤

步骤	操作与检查	操作说明
1	伺服接通	轻握示教器背面的【伺服 ON/OFF】开关，启动伺服，【伺服接通】指示灯亮
2	转换 ＋ 机器人切换 外部轴切换　控制轴组　：R1	对于多机器人控制系统或带有变位器的控制系统,同时按示教器操作面板上的"【转换】+【机器人切换】"键,或"【转换】+【外部轴切换】"键,选定控制轴组
3	工具选择 坐标	按示教器操作面板上的【选择工具/坐标】键,选定坐标系。重复按该键,可进行关节→直角→圆柱→工具→用户坐标系的循环变换
4	转换 ＋ 工具选择 坐标	使用多工具时,同时按"【转换】+【选择工具/坐标】"键,显示工具选择页面后,选定工具号。然后,同时按"【转换】+【选择工具/坐标】"键返回
5	X- S- / X+ S+ / Y- I- / Y+ I+ / Z- U- / Z+ U+ / E- / E+	按点动操作步骤,将机器人由开机位置 P0,手动移动到程序起始位置 P1示教编程时,移动指令要求的只是终点位置,它与点动操作时的移动轨迹、坐标轴运动次序无关
6	插补方式　=> MOVJ VJ=0.78	按操作面板上的【插补方式】(或【插补】)键,输入缓冲行将显示关节插补指令 MOVJ
7	0000 NOP 0001 END　选择	用光标移动键,将光标调节到程序行号 0000 上,按操作面板的【选择】,选定命令输入行
8	=> MOVJ VJ= 0.78	用光标移动键,将光标定位到命令输入行的速度倍率上
9	转换 ＋　=> MOVJ VJ= 10.00	同时按【转换】键和光标向上键【↑】,速度倍率将上升;如同时按【转换】键和光标向下键【↓】,则速度倍率下降;速度倍率按级变化,每级的具体值可通过再现速度设定规定。根据程序要求,将速度倍率调节至 10.00（10%）
10	回车　0000 NOP 0001 MOVJ VJ=10.00 0002 END	按【回车】键输入,机器人由 P0 向 P1 的定位命令 MOVJ VJ=10.00,将被输入到程序行 0001 上

（2）如需要，按表 7.3-2 所示，调整机器人的工具位置和姿态；并输入从程序起点 P1，向接近作业位置的定位点 P2 移动的定向命令。

表 7.3-2　　　　　　　　　　　P1 到 P2 定向命令输入操作步骤

步骤	操作与检查	操作说明
1	X- S- / X+ S+ / Y- L- / Y+ L+ / Z- U- / Z+ U+ / E- / E+　X- R- / X+ R+ / Y- B- / Y+ B+ / Z- T- / Z+ T+ / 8- / 8+	用操作面板的点动键,将机器人由程序起始位置 P1,移动到接近作业位置的定位点 P2。如需要,还可用操作面板的点动定向键,调整工具姿态示教编程时,移动指令只需要正确的终点位置,与操作时的移动轨迹、坐标轴运动次序无关

续表

步骤	操作与检查	操作说明
2～5	插补方式 转换 ＋ => MOVJ VJ=80.00	通过【插补方式】(或【插补】)键、【转换】键+光标【↑】/【↓】键，输入命令 MOVJ VJ=80.00。操作同表 7.3-1 步骤 6～9
6	回车 0000 NOP / 0001 MOVJ VJ=10.00 / 0002 MOVJ VJ=80.00 / 0003 END	按操作面板的【回车】键，机器人由 P1 向 P2 的移动命令 MOVJ VJ=80.00 被输入到程序行 0002 上

（3）按表 7.3-3 所示，输入从接近作业位置的定位点 P2，向作业开始位置 P3 移动的直线插补命令。

表 7.3-3 　　　　　　　　　P2 到 P3 直线插补命令输入操作步骤

步骤	操作与检查	操作说明
1	X- S- / X+ S+ / Y- U- / Y+ L+ / Z- U- / Z+ U+ / E- / E+	保持 P2 点的工具姿态不变，用操作面板的点动定位键，将机器人由接近作业位置的定位点 P2，移动到作业开始点 P3
2	插补方式 => MOVL V=66	按【插补方式】(或【插补】)键数次，直至命令输入行显示直线插补指令 MOVL
3	0000 NOP / 0001 MOVJ VJ=10.00 / 0002 MOVJ VJ=80.00 / 0003 END 选·择	用光标移动键，将光标调节到程序行号 0003 上，按操作面板的【选择】，选定命令输入行
4	=> MOVL V= 66	用光标移动键，将光标定位到命令输入行的直线插补速度显示值上
5	转换 ＋ =>MOVL V=800	同时按【转换】键和光标上/下键【↑】/【↓】，将速度调节至 800cm/min。移动速度按速度级变化，每级速度的具体值可通过再现速度设定规定
6	回车 0000 NOP / 0001 MOVJ VJ=10.00 / 0002 MOVJ VJ=80.00 / 0003 MOVJ V=800 / 0004 END	按【回车】键，机器人由 P2 向 P3 的直线插补移动命令 MOVL V=800 输入到程序行 0003 上

（4）输入作业时的移动命令。

机器人从 P3→P4、P4→P5 点的移动为焊接作业的直线插补运动。按程序的次序，P3→P4 点的移动命令"0005 MOVL V=50"，应在完成 P3 点焊接启动命令"0004 ARCON ASF#（1）"的输入后进行；而 P4→P5 点的移动命令"0007 MOVL V=50"，则应在完成 P4 点焊接条件设定命令"0006 ARCSET AC=200 AVP=100"的输入后进行。但是，实际编程时也可先完成所有移动命令的输入，然后通过程序编辑的命令插入操作，增补作业命令"0004 ARCON ASF#（1）""0006 ARCSET AC=200 AVP=100"。

移动命令"0005 MOVL V=50""0007 MOVL V=50"的输入方法，与 P2→P3 点的直线插补命令"0003 MOVL V=800"相同。示教编程时，移动命令只需要 P4、P5 点正确的终点位置，它对机器人示教时的移动轨迹、坐标轴运动次序等并无要求，因此，为了避免示教移动过程中可能产生的碰撞，进行 P3→P4、P4→P5 点动定位时，应先将焊枪退出工件加工面，然后，从安全位置进入 P4 点、P5 点。

（5）输入作业完成后的移动命令。

机器人在 P5 点执行焊接关闭（息弧）命令"0008 ARCOF AEF#（1）"后，需要通过移动命令"0009 MOVL V=800""0010 MOVJ VJ=50.00"退出作业位置，回到程序起点 P1（即 P7 点）。按程序的次序，P5→P6 点、P6→P7 点的移动命令应在完成焊接关闭命令"0008 ARCOF AEF#（1）"的输入后进行，但实际编程时也可先输入移动命令，然后，通过程序编辑的命令插入操作，增补作业命令"0008 ARCOF AEF#（1）"。

移动命令"0009 MOVL V=800"为直线插补命令，其输入方法与 P2→P3 点的直线插补命令"0003 MOVL V=800"相同；移动命令"0010 MOVJ VJ=50.00"为点定位（关节插补）命令，其输入方法与 P0→P1 点的定位命令"0001 MOVJ JV=10.00"相同。通过后述的"点重合"编辑操作，还可使退出点 P7 和起始点 P1 重合。

7.3.3　作业命令的输入

机器人到达作业开始点 P3 后，需要输入焊接启动命令"0004 ARCON ASF#（1）"，在 P4 点需要输入焊接条件设定命令"0006 ARCSET AC=200 AVP=100"，在 P5 点需要输入焊接关闭（息弧）命令"0008 ARCOF AEF#（1）"。

作业命令的输入既可按照程序的次序依次输入，也可在全部移动命令输入完成后，再通过命令编辑的插入操作，在指定位置插入作业命令。按照程序的次序依次输入作业命令的操作步骤如下。

1. 焊接启动命令的输入

（1）当机器人完成表 7.3-3 的定位点 P2→作业开始位置 P3 的直线插补移动程序行 0003 的输入后，按表 7.3-4，输入作业起点 P3 的焊接启动（引弧）命令 ARCON。

表 7.3-4　　　　　　　　P3 点的焊接启动命令输入操作步骤

步骤	操作与检查	操作说明
1		按弧焊机器人示教器操作面板上的弧焊命令快捷输入键【引弧】，直接输入焊接启动命令 ARCON 或： ① 按操作面板上的【命令一览】键，使示教器显示全部命令选择对话框 ② 在显示的命令选择对话框中，通过光标调节键、【选择】键，选择［作业］→［ARCON］命令
2	回车　ARCON	按操作面板的【回车】键输入，输入缓冲行将显示 ARCON 命令
3	选○择	按操作面板的【选择】键，使示教器显示 ARCON 命令的详细编辑页面

（2）ARCON 命令的详细编辑页面显示如图 7.3-6（a）所示，在该页面上，可进行 ARCON 命令的添加项输入与编辑。进行 ARCON 命令的添加项输入与编辑时，可将光标调节到"未使用"输入栏上，然后进行以下操作。

（3）按操作面板的【选择】键，示教器将显示图 7.3-6（b）所示的焊接特性设定选择输入框，当焊接作业条件以引弧条件文件的形式输入时，应在输入框中选定"ASF#（ ）"。

（4）焊接作业条件的输入形式选定后，示教器将显示图 7.3-6（c）所示的焊接作业条件文件的选择页面。为了输入所需的焊接作业条件文件号，可将光标调节到文件号上，按【选择】键、选定文件号输入操作。

（5）文件号输入操作选择后，系统将显示图 7.3-6（d）所示的引弧文件号输入对话框，在对话框中，可用数字键输入文件号后，按【回车】键输入。

（a）ARCON 命令编辑

（b）焊接特性设定

（c）作业文件选择

（d）引弧文件号输入

图 7.3-6　ARCON 命令编辑

（6）再次按【回车】键，输入缓冲行将显示命令"ARCON ASF#（1）"。

（7）再次按【回车】键，作业命令"0004 ARCON ASF#（1）"将被输入到程序中。

2. 焊接条件设定命令输入

机器人焊接到 P4 点后，需要输入焊接条件设定命令"0006 ARCSET AC=200 AVP=100"修改焊接条件。因示教器操作面板上无直接输入焊接条件设定命令 ARCSET 命令的快捷键，命令需要通过如下操作输入。

（1）按程序的次序，在完成 P4→P5 点作业移动命令"0007 MOVL V=50"的输入后，按示教器操作面板上的【命令一览】键，示教器右侧将显示图 7.3-7 所示的命令一览表。

（2）用光标调节键和【选择】键，在命令一览表上依次选定［作业］→［ARCSET］，命令输入行将显示命令"ARCSET"。

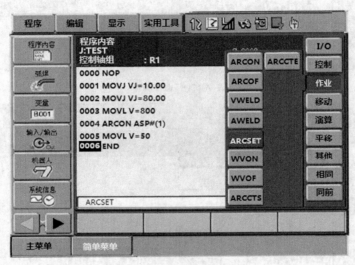

图 7.3-7　命令一览表显示

（3）按操作面板【选择】键，示教器将显示图 7.3-8（a）所示的 ARCSET 命令编辑页面。

（4）将光标调节到焊接参数的输入位置，按【选择】键，示教器将显示如图 7.3-8（b）所示的输入方式选择项。输入方式选择项的含义如下。

AC=（或 AVP=等）：直接通过操作面板输入焊接参数；

ASF#（ ）：选择焊接作业文件，设定焊接参数；

未使用：删除该项参数。

（5）根据程序需要，用光标选定输入方式选择项"AC ="，直接用数字键输入焊接电流设定值 AC=200，按【回车】键确认。

（6）用焊接电流设定同样的方法，完成焊接电压设定参数 AVP=100 的输入。

（7）按【回车】键，输入缓冲行将显示焊接条件设定命令 ARCSET AC=200 AVP=100。

（8）再次按【回车】键，命令将输入到程序中。

（a）ARCSET 命令编辑页面

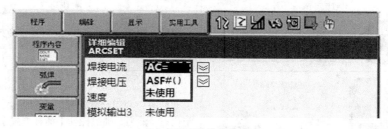

（b）焊接参数输入选项

图 7.3-8　ARCSET 命令编辑显示

3．焊接关闭命令输入

机器人完成焊接、到达 P5 点后，需要通过焊接关闭命令"0008 ARCOF AEF#（1）"结束焊接作业。焊接关闭命令 ARCOF 的输入操作方法、命令编辑的显示等，均与前述的焊接启动命令 ARCON 相似，操作步骤简述如下。

（1）按弧焊机器人示教器操作面板的弧焊专用键【5/息弧】，然后按【回车】键输入焊接关闭命令 ARCOF；或者按操作面板上的【命令一览】键，在显示的机器人命令一览表中，用光标调节键和【回车】键选定［作业］→［ARCOF］输入 ARCOF 命令。

（2）按操作面板的【选择】键，使示教器显示 ARCOF 命令的编辑页面。

（3）在 ARCOF 命令编辑页面上，用光标调节键选定"设定方法"输入栏。

（4）按操作面板的【选择】键，显示焊接特性设定对话框，当焊接关闭条件以息弧条件文件的形式设定时，在对话框中选定"AEF#（）"，示教器显示息弧文件选择页面。

（5）在息弧文件选择页面上，将光标调节到文件号上，按【选择】键选择文件号输入操作，在息弧文件号输入对话框中，用数字键输入文件号，按【回车】键输入。

（6）再按【回车】键输入命令，输入缓冲行将显示命令"ARCOF AEF#（1）"。

（7）再次按【回车】键，作业命令"0008 ARCOF AEF#（1）"将被插入到程序中。

7.4 命令编辑操作

7.4.1 移动命令编辑

1. 移动命令的插入

机器人移动命令的插入、删除、修改等编辑操作一般需要在伺服启动后进行,在已有的程序中插入移动命令的操作步骤如表 7.4-1 所示。

表 7.4-1　　　　　　　　　　　　插入移动命令的操作步骤

步骤	操作与检查	操作说明
1	0006 MOVL V=276 0007 TIMER T=1.00 0008 DOUT OT #(1) ON 0009 MOVJ VJ=100.0	选定插入位置,将光标定位到需要插入命令前一行的行号上
2	X-S / X+S / Y-U / Y+L / Z-U / Z+U / E- / E+ 插补方式 转换 + 光标 => MOVL V=558	启动伺服,利用示教编程同样的方法,移动机器人到定位点;然后,通过操作【插补方式】键、【转换】键+光标【↑】/【↓】键,输入需要插入的命令,如 MOVL V=558 等
3	插入　　插入	按【插入】键,键上的指示灯亮。如移动命令插入在程序的最后,可不按【插入】键
4	回车	按【回车】键插入。插入点为非移动命令时,插入位置决定于示教条件设定
5	回车	按【回车】键,结束插入操作

2. 移动命令的删除

在已有的程序中删除移动命令的操作步骤如表 7.4-2 所示。

表 7.4-2　　　　　　　　　　　　删除移动命令的操作步骤

步骤	操作与检查	操作说明
1	0003 MOVL V=138 0004 MOVL V=558 0005 MOVJ VJ=50.00	选择命令,将光标定位到需要删除的移动命令的"行号"上。例如,需要删除命令"0004 MOVL V=558"时,光标定位到行号 0004 上

续表

步骤	操作与检查	操作说明
2	修改 → 回车 或：前进	如光标闪烁，代表机器人实际位置和光标行的位置不一致，需按【修改】→【回车】键或按【前进】键，机器人移动到光标行位置 如光标保持亮，代表现行位置和光标行的位置一致，可直接进行下一步操作，删除移动命令
3	删除　删除	按【删除】键，按键上的指示灯亮
4	回车　0003 MOVL V=138 **0004** MOVJ VJ=50.00	按【回车】键，结束删除操作。指定的移动命令被删除

3. 移动命令的修改

对已有程序中的移动命令进行修改时，可根据需要修改的内容，按照表 7.4-3 所示的操作步骤进行。

表 7.4-3　　　　　　　　　　修改移动命令的操作步骤

修改内容	步骤	操作与检查	操作说明
程序点位置修改	1	0003 MOVL V=138 **0004** MOVL V=558 0005 MOVL VJ=50.00	用光标调节键，将光标定位到需要修改的移动命令的"行号"上
	2	（轴操作键）	利用与示教编程同样的方法，移动机器人到新的位置上
	3	修改　修改	按【修改】键，按键上的指示灯亮
	4	回车	按【回车】键，结束修改操作。新的位置将作为移动命令的程序点
再现速度修改	1	0003 MOVL V=138 0004 **MOVL V=558** 0005 MOVJ VJ=50.00	用光标调节键，将光标定位到需要修改的移动命令上
	2	选择　=> **MOVL** V=558	按【选择】键，输入行显示移动命令
	3	=> MOVL **V=558**	光标定位到再现速度上
	4	转换 + 光标	同时按【转换】+光标【↑】/【↓】键，修改再现速度
	5	回车	按【回车】键，结束修改操作
插补方式修改		移动命令中的插补方式不能单独修改，修改插补方式需要将机器人移动到程序点上、记录位置，然后，通过删除移动命令、插入新命令的方法修改	
	1	0003 MOVL V=138 **0004** MOVL V=558 0005 MOVL VJ=50.00	用光标调节键，将光标定位到需要修改的移动命令的"行号"上

续表

修改内容	步骤	操作与检查	操作说明
插补方式修改	2	前进	按【前进】键，机器人自动移动到光标行的程序点上
	3	删除　　删除	按【删除】键，按键上的指示灯亮
	4	回车	按【回车】键，删除原移动命令
	5	插补方式　转换　＋　○	按与示教编程同样的方法，通过【插补方式】键、【转换】+光标【↑】/【↓】键，输入新的移动命令
	6	插入　　插入	按【插入】键，按键上的指示灯亮
	7	回车	按【回车】键，新的移动命令被输入，命令的程序点保持不变

4. 命令添加项的编辑

机器人的移动命令可通过其他命令添加项，改变执行条件。以"位置等级"添加项编程为例，添加项的输入和编辑操作步骤如下。

（1）将光标定位于输入缓冲行的移动命令上。

（2）按【选择】键，示教器显示图 7.4-1（a）所示的移动命令详细编辑页面。

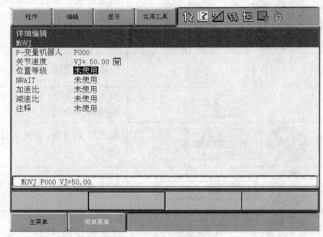

（a）详细编辑页面

（b）位置等级输入对话框

图 7.4-1　移动命令添加项的编辑

（3）光标定位到位置等级输入选项上，按【选择】键，示教器显示图 7.4-1（b）所示的位置等级输入对话框。

（4）调节光标、选定位置等级设定选项"PL="。

（5）输入所需的位置等级值后，按【回车】键完成命令输入或编辑操作。

利用同样的方法，还可对移动命令进行加速比、减速比等添加项的设定。

5. 移动命令的恢复

移动命令被编辑后，如发现所进行的操作存在错误，可通过恢复（还原）操作，放弃所进行的编辑操作，重新恢复为编辑前的程序。

在安川 DX100 系统上，移动命令的恢复对最近的 5 次编辑操作（插入、删除、修改）有效，即使在程序编辑过程中，机器人通过【前进】、【后退】、【试运行】等操作，使得机器人位置发生了变化，系统仍能够恢复移动命令。然而，如程序编辑完成后，已经进行过再现运行；或者，程序编辑完成后，又对其他的程序进行了编辑操作（程序被切换），则不能再恢复为编辑前的程序。

进行移动命令恢复操作时，需要通过程序编辑设置操作，将恢复选项设定为"UNDO有效"，然后，可按表 7.4-4 所示的操作步骤恢复移动命令。

表 7.4-4　　　　　　　　　　　恢复移动命令的操作步骤

步骤	操作与检查	操作说明
1	辅助　恢复（UNDO）/重做（REDO）	按操作面板的【辅助】键，显示编辑恢复对话框
2	选择	选择［恢复（UNDO）］，可恢复最近一次编辑操作 选择［重做（REDO）］，可放弃最近一次恢复操作

7.4.2　其他命令的编辑

1. 命令的插入

如果要在已有的程序中，插入输入/输出、控制命令等基本命令或作业命令，其操作步骤如表 7.4-5 所示。

表 7.4-5　　　　　　　　　　　插入其他命令的操作步骤

步骤	操作与检查	操作说明
1	0006 MOVL V=276 0007 TIMER T=1.00 0008 DOUT OT# (1) ON 0009 MOVJ VJ=100.0	用光标调节键，将光标定位到需要插入命令前一行的"行号"上
2	命令一览　选择	① 按操作面板【命令一览】键，显示命令选择对话框 ② 在命令选择对话框中，通过光标调节键、【选择】键，选择需要插入的命令
3	回车	按操作面板【回车】键，输入命令

续表

步骤	操作与检查		操作说明
4	无修改命令	插入 ➡ 回车	不需要修改添加项的命令，可直接按操作面板【插入】→【回车】，插入命令
	只需修改数值命令	PULSE OT# (❶)	将光标定位到需要修改的数值项上
		转换 ✚ ◆ 或： 选择 输出号 PULSE OT# ❶	同时按【转换】键和光标【↑】/【↓】键，修改数值。或：按【选择】键，在对话框中直接输入数值
		回车	按操作面板【回车】键完成数值修改
		插入 ➡ 回车	按操作面板【插入】→【回车】，插入命令
	需编辑添加项命令	◆ 选择	将光标定位到命令上，按【选择】键显示"详细编辑"页面
		程序 编辑 显示 详细编辑 PULSE 输出到 OT#( ) 2 ☑ 时间 未使用	按6.4节、ARCSET命令编辑同样的操作，在"详细编辑"页面，对添加项进行修改，或者选择"未使用"、取消添加项
		回车	按操作面板【回车】键完成添加项修改
		插入 ➡ 回车	按操作面板【插入】→【回车】，插入命令

2. 命令的删除

如果要在已有的程序中，删除除移动命令外的其他命令，其操作步骤如表7.4-6所示。

表7.4-6 删除其他命令的操作步骤

步骤	操作与检查		操作说明
1	◆	0020 MOVL V=138 0021 PULSE OT#(2) T=1001 0022 MOVJ VJ=100.00	用光标调节键，将光标定位到需要删除的命令"行号"上
2	删除		按【删除】键，选择删除操作
3	回车	0021 MOVL V=138 0022 MOVJ VJ=100.00 0023 DOUT OT#(1) ON	按操作面板【回车】键完成命令删除

3. 命令的修改

如果要在已有的程序中，修改除移动命令外的其他命令，其操作步骤如表7.4-7所示。

表 7.4-7   修改其他命令的操作步骤

步骤	操作与检查	操作说明
1	0020 MOVL V=138 **0021** PULSE OT# (2) T=1001 0022 MOVJ VJ=100.00	用光标调节键,将光标定位到需要修改的命令"行号"上
2	命令一览 选·择	按操作面板的【命令一览】键,显示命令选择对话框;并通过光标调节键、【选择】键选择需要修改的命令
3	回车	按操作面板【回车】键,选择命令
4	转换 选·择	按命令插入同样的方法,修改命令添加项
5	回车	按操作面板【回车】键完成命令修改
6	修改 ➡ 回车	按操作面板【修改】→【回车】,完成命令修改操作

7.4.3   点重合与程序暂停

1. 定位点重合命令编辑

    移动命令的定位点又称程序点,定位点重合命令可使 2 条移动命令的目标位置相同。定位点重合命令可用于重复作业的机器人,为了提高程序的可靠性和作业效率,重复作业时,可将作业完成后的退出点和作业开始点重合,使机器人能够连续作业。DX100 系统的程序点重合可通过对移动命令的编辑实现,其操作步骤如表 7.4-8 所示。

表 7.4-8   程序点重合命令的编辑步骤

步骤	操作与检查	操作说明
1	0000 NOP **0001** MOVJ VJ=10.00 0002 MOVJ VJ=80.00 0003 MOVJ V=800 0004 ARCON ASF# (1)	用光标调节键,将光标定位到以目标位置作为定位点的移动命令上,如 0001 MOVJ VJ=10.00
2	前进	按操作面板的【前进】键,使机器人自动运动到该命令的定位点 P1
3	0007 MOVL V=50 0008 ARCOF AEF# (1) 0009 MOVL V=800 **0010** MOVJ VJ=50.00 0011 END	将光标定位到需要进行定位点重合编辑的移动命令上,如 0010 MOVJ VJ=50.00 如两移动命令的定位点(程序点)不重合,光标开始闪烁
4	修改 ➡ 回车	按操作面板【修改】→【回车】,命令 0010 MOVJ VJ=50.00 的定位点 P7,被修改成与命令 0001 MOVJ VJ=10.00 的定位点 P1 重合

    需要注意的是:定位点重合命令的编辑操作,只能改变定位点的位置数据,而不能改变移动命令的插补方式和移动速度。

2. 程序暂停命令编辑

通过程序暂停命令，机器人可暂停运动，等待外部执行器完成相关动作。在 DX100 系统上，程序的暂停命令可通过定时器命令 TIMER 实现，该命令可直接利用快捷键输入，其操作步骤如表 7.4-9 所示。

表 7.4-9　　　　　　　　　　　　　程序暂停命令的编辑步骤

步骤	操作与检查	操作说明
1	0006 MOVL V=276 / 0007 TIMER T=1.00 / 0008 DOUT OT#(1) ON / 0009 MOVJ VJ=100.0	用光标调节键，将光标定位到需要插入定时命令前一行的"行号"上
2	7 / 8引弧 / 9送丝 / 4 / 5熄弧 / 6退丝 / 1定时器 / 2气体 / 3电流电压 / 0参考点 / . / -电流电压	按示教器操作面板上的快捷键【定时器】，输入定时命令 TIMER。或：① 按操作面板上的【命令一览】键，使示教器显示全部命令选择对话框② 在显示的命令选择对话框中，通过光标调节键、【选择】键，选择［控制］→［TIMER］命令
3	回车 / TIMER T=3.00	按操作面板【回车】键，选择命令，输入缓冲行显示命令 TIMER
4	TIMER T= 3.00	移动光标到暂停时间值上
5	定时值的修改：转换 + 光标 / TIMER T= 2.00	同时按【转换】键和光标【↑】/【↓】键，修改暂停时间值
	定时值的输入：选择 / 时间= TIMER T 3.00	按【选择】键，在显示的对话框中直接输入定时时间值
6	插入 → 回车	按操作面板【插入】→【回车】，插入命令

7.5
程序再现运行

7.5.1 程序点检查与试运行

示教编程操作完成后，控制系统将自动保存命令和示教点位置，生成可自动运行（再现运行）的作业程序。为了确保程序自动运行的可靠性，编辑完成的程序通常需要进行程序点检查及试运行操作。

1. 程序点确认

程序点确认是通过机器人执行移动命令，检查和确认定位点位置的操作。程序点检查可对任意移动命令进行，如圆弧插补、自由曲线插补的中间点移动命令等，但它一般不能用来检查程序的运动轨迹；程序运动轨迹的检查，可通过后述的程序试运行、再现模式的"检查运行"等方式进行。

程序点确认操作既可从程序起始命令开始，对移动命令进行逐条检查，也可对程序中的任意一条移动命令进行单独检查，或从指定命令开始，依次向下或向上进行检查。在DX100 系统上，如需要，还可通过同时按操作面板上的【前进】+【联锁】键，连续执行机器人的全部命令；但后退时只能执行移动命令。

DX100 系统的程序点确认操作需要在【示教（TEACH）】操作模式下进行，操作前需要选定程序、并启动伺服。程序点确认操作步骤如表 7.5-1 所示。

表 7.5-1　　　　　　　　　　程序点确认操作步骤

步骤	操作与检查	操作说明
1	0003 MOVL V=800 0004 ARCON ASF#(1) 0005 MOVL V=50 0006 ARCSET AC=200 AVP=100	用光标调节键，将光标定位到需要检查定位点的移动命令上
2	高 手动速度 低	按手动速度调节键【高】/【低】键，设定移动速度。手动高速对【后退】操作无效（后退只能使用低速）
3	前进 或 后退	按操作面板的【前进】或【后退】键，可检查下一条或上一条移动命令的定位点
4	前进 + 联锁	按【前进】+【联锁】键可执行所有命令，但后退时不能执行非移动命令

2. 程序试运行

试运行是利用示教模式，模拟机器人再现运行的功能。通过程序的试运行，不仅可检查程序点，也可检查程序的运动轨迹。

程序试运行不但可连续执行移动命令，而且还可通过同时操作【试运行】+【联锁】键，连续执行其他基本命令。为了保证运行安全，程序试运行时，机器人的移动速度将被限制在系统参数设定的"示教最高速度"之内；此外，试运行时也不能执行引弧、息弧等作业命令。如需要，DX100 系统还可通过再现特殊运行设定中的 "机械锁定运行"或"检查运行"选项设定，禁止机器人移动命令或作业命令；机械锁定运行生效时，操作【前进】、【后退】键，系统将执行程序中除移动命令外的其他命令；检查运行生效时，系统将单独进行机器人移动轨迹的检查。

程序试运行操作需要在【示教（TEACH）】操作模式下进行，操作步骤如下。

（1）操作模式选择【示教（TEACH）】，并启动伺服。

（2）选定需要进行试运行的程序。

（3）按操作面板的【试运行】键，机器人连续执行移动命令；如同时按【试运行】+

【联锁】键，可同时执行基本程序命令。

7.5.2 再现运行设定

程序再现运行时可自动执行示教编程所生成的程序，再现机器人动作。机器人的程序再现运行可在【再现（PLAY）】或【远程（REMOTE）】操作模式下进行；选择再现模式时，程序可直接通过示教器上的操作按钮控制启/停；选择远程模式时，需要通过系统外部输入的循环启动信号、程序停止信号控制程序启/停。

程序再现运行时可以根据需要选择程序运行方式（程序循环方式）、改变机器人移动速度（再现速度设定）等，其操作步骤如下。

1. 程序运行方式选择

再现操作时的程序执行方式又称"循环方式"，它可根据实际需要，选择单步、单循环和连续3种。

单步：系统可逐行执行命令，命令执行完成后，自动停止；通过系统参数的设定，单步执行也仅在执行移动命令时停止。

单循环：连续执行全部程序命令一次，执行到程序结束命令 END 时，自动停止。

连续：循环执行全部程序命令，执行结束命令 END，可自动回到程序起始行，再次执行程序，直至操作者停止再现运行。

程序再现的执行方式可通过如下操作进行设定。

（1）操作模式选择【再现（PLAY）】。

（2）选择主菜单［程序内容］，示教器可显示图 7.5-1（a）所示的子菜单。

（3）选择子菜单［循环］，示教器可显示图 7.5-1（b）所示的"指定动作"输入框。

（4）按【选择】键，选定"指定动作"输入框，示教器可显示程序执行方式输入选项；选定相应的输入选项，选择程序的运行方式。

2. 再现速度设定

再现运行时，可通过倍率调节对程序中的机器人移动速度进行设定和调整，速度调整既可在再现运行前进行，也可在程序运行时进行；但是，再现速度调整不能改变程序中利用 SPEED 等命令定义的速度，也不能用于"空运行"；此外，如速度修改选项选择"关"时，一旦程序运行结束将撤销速度倍率调节值。再现运行速度调节的操作步骤如下。

（1）操作模式选择【再现（PLAY）】。

（2）选择主菜单［程序内容］、在图 7.5-1（a）所示的子菜单上选择［程序内容］，示教器可显示图 7.5-2 所示的再现运行基本显示页面。

显示页的上方为程序显示区，光标所指行是正在执行的命令，显示区的命令可随程序的执行自动更新；显示页的下方为执行状态显示，含义如下。

速度调节：显示移动速度修改情况及当前的倍率值。

测量开始：显示系统计算"再现时间"的测量起始点。在通常情况下，再现时间从按下示教器上的【START】按钮、按钮上的指示灯亮（再现程序开始运行）时开始计算。

（a）子菜单显示

（b）运行方式

图 7.5-1　程序运行方式选择

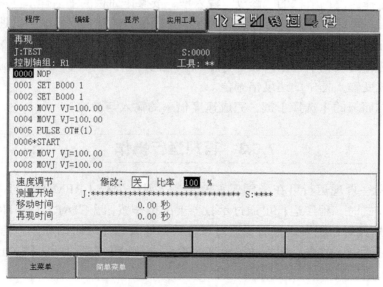

图 7.5-2　再现基本显示

移动时间/循环时间：显示机器人执行移动命令的时间（移动时间）或程序执行时间（循环时间）。移动时间/循环时间的显示可通过［显示］设定操作切换。

再现时间：显示再现的程序运行时间，再现时间从按下示教器上的【START】按钮、按钮上的指示灯亮（再现程序开始运行）的时刻开始计时，【START】按钮上的指示灯灭时，将停止计时。

（3）选择下拉［实用工具］、子菜单［速度调节］，示教器将显示图 7.5-3 所示的速度倍率（比率）设定页面。

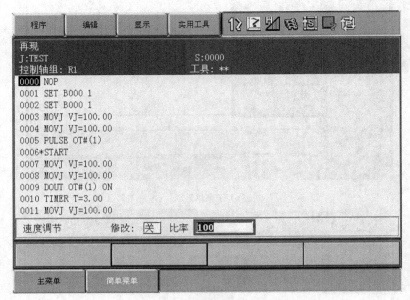

图 7.5-3　再现速度调整显示

（4）光标选择速度调节栏的"修改"输入框，按操作面板的【选择】，可显示输入选项"关"或"开"。选择"关"，倍率调节仅改变本次程序运行的速度、程序中的速度保持原值；选择"开"，修改后的速度将被同时保存到程序中。

（5）光标选择速度调节栏的"比率"输入框，同时按操作面板的【转换】键和光标上/下移动键，可改变输入框中的速度倍率值。

（6）按操作面板的【选择】键，完成速度倍率的输入与设定。

7.5.3　再现运行操作

机器人的程序再现运行可在【再现（PLAY）】或【远程（REMOTE）】操作模式下进行。选择再现模式时，程序运行可通过示教器上的操作按钮【START】/【HOLD】控制启/停；选择远程模式时，程序运行需要通过系统外部输入的循环启动和停止信号控制启/停，示教器上的按钮【START】一般无效（可通过系统参数设定选择），但【HOLD】按钮仍然有效。

【再现（PLAY）】模式的再现运行操作步骤如下。

1. 程序启动和暂停

DX100 系统的示教程序再现，可按照表 7.5-2 所示的步骤进行。

表 7.5-2 　　　　　　　　　　程序再现运行的操作步骤

步骤	操作与检查	操作说明
1		确认机器人符合开机条件、接通系统的总电源 复位控制柜、示教器及辅助控制装置、操作台上的全部急停按钮，解除急停
2		将示教器上的操作模式选择开关置于"【再现（PLAY）】"模式；接通伺服主电源
3		用【主菜单】、光标、【选择】键，选定再现运行程序
4		按【START】按钮，启动再现程序；按【HOLD】按钮可暂停程序运行。程序运行时，【START】按钮的指示灯亮；程序暂停、急停、系统报警时，指示灯灭。程序暂停可用【START】按钮再次启动

2. 急停及重新启动

当再现运行过程中出现紧急情况时，可随时通过示教器或控制柜上的【急停】按钮，直接切断伺服驱动器主电源，使系统进入紧急停止状态。急停状态解除后，可在再现模式下，通过表 7.5-3 的操作，重新启动程序再现运行。

表 7.5-3 　　　　　　　　　　急停后的重新启动操作步骤

步骤	操作与检查	操作说明
1		复位控制柜、示教器及辅助控制装置、操作台上的急停按钮，解除急停 按【伺服准备】键，重新接通伺服主电源、【伺服接通】指示灯闪烁
2		轻握示教器背面的【伺服 ON/OFF】开关，启动伺服、【伺服接通】指示灯亮
3		用光标调节键、【选择】键，选定重新启动位置；按面板的【前进】键，使机器人移动到系统参数设定的再定位点
4		按操作面板的【START】按钮，重新启动程序再现运行

3. 报警及重新启动

再现运行过程中如果出现系统报警，程序运行将立即停止，并自动显示报警页面。系统出现报警时，示教器只能进行显示切换、模式转换、报警解除和急停等操作。当显示页面被切换时，可选择主菜单［系统信息］→子菜单［报警］，恢复报警显示页。

如系统发生的只是操作错误等轻微故障，在故障排除后，可选择显示页的操作键［复

位]，直接清除报警，继续再现运行。发生重大故障时，系统将自动切断伺服驱动器主电源，进入急停状态。操作者需要在排除故障后，通过与上述急停同样的方法，重新启动再现运行；或者在关闭系统电源、并进行维修处理后，重新启动系统和再现运行。

本章小结

1. 示教器是工业机器人的操作单元，它多采用手持可移动式结构；示教器结构与外形虽有所不同，但功能类似。

2. 工业机器人的操作模式通常有示教、再现、远程操作 3 种；选择示教模式可进行手动、示教编程操作。

3. 安全模式是为了保证系统安全运行、防止误操作，而对操作者权限所进行的规定；DX100 系统基本安全模式有"操作模式""编辑模式"和"管理模式"3 种；更改安全模式需要输入正确的口令。

4. 进行机器人手动操作或程序运行时，首先需要选定"控制轴组"和机器人坐标系；然后可通过方向键，选择运动轴和方向。

5. 工业机器人的点动时，只要按住方向键，指定的坐标轴便可在指定方向上连续移动，松开方向键即停止，点动进给速度有高、中、低 3 挡；选择"微动"可实现增量进给，按一次方向键，可使指定轴在指定方向移动指定距离。

6. 机器人本体的点动可通过关节运动实现，选择关节坐标系时，操作者可对机器人本体的所有运动轴进行直观的操作，而无需考虑定位、定向运动；外部轴点动需要在选定控制轴组后，通过定位方向键进行。

7. 进行直角坐标系、圆柱坐标系、工具坐标系和用户坐标系点动操作时，机器人可通过腰回转轴 S 和上下臂摆动轴 U/L 的合成运动，使控制点沿指定轴、指定方向运动。

8. 垂直串联机器人的工具定向可通过手腕回转轴 R、摆动轴 B 和手回转轴 T 的运动实现；工具定向有"控制点保持不变"和"变更控制点"两种运动方式，前者只能改变工具状态，后者可以同时改变 TCP 点和工具姿态。

9. DX100 系统的程序名可以是字母、数字或字符，最大允许为 32（半角）或 16（全角）个字符，程序名不能在同一系统上重复使用。

10. 移动命令示教编程时，只要求正确的终点位置，它与点动操作时的移动轨迹、坐标轴运动次序无关。

11. 作业命令既可按程序的次序依次输入，也可在全部移动命令输入完成后，通过命令编辑的插入操作，在指定位置插入。

12. 作业命令可通过操作面板上的快捷键输入，或利用【命令一览】键显示全部命令选择对话框，通过命令选择操作输入。

13. 机器人移动命令的插入、删除、修改等编辑操作一般需要在伺服启动后进行；插补方式不能单独修改，修改插补方式需要将机器人移动到程序点上、记录位置，然后通过删除移动命令、插入新命令的方法修改。

14. 移动命令可通过恢复（还原）操作重新恢复为编辑前的状态；但进行了再现运行或程序切换操作的程序，不能再恢复为编辑前的程序。

15. 机器人可通过程序点重合编辑操作，使 2 条移动命令的程序点重合；定位点重合编辑只能改变定位点位置，但不能改变移动命令的插补方式和移动速度。

16. 为了确保程序自动运行的可靠性，编辑完成的程序通常需要进行程序点检查及试运行操作。

17. 程序点确认是通过机器人执行移动命令，检查和确认定位点位置的操作；它可对任意移动命令进行，但一般不能用来检查程序的运动轨迹；程序点确认操作可对移动命令进行逐条检查、单独检查或区域检查；也能连续执行机器人的全部命令。

18. 试运行是模拟机器人再现运行的功能，它可根据需要选择执行全部命令、检查移动移动命令与轨迹、检查除移动命令外的其他命令等执行方式。

19. 再现程序的执行方式可根据实际需要，选择单步、单循环和连续 3 种。

20. 再现运行速度可通过倍率设定改变，但它不能改变程序中利用 SPEED 等命令定义的速度，倍率调节可以仅改变本次运行的速度，也可以保存到程序中。

21. 程序再现运行可在再现或远程模式下进行，前者可通过示教器上的操作按钮控制启/停；后者需要通过系统外部输入的循环启动和停止信号控制启/停。

复习思考题

一、多项选择题

1. 工业机器人进行手动、示教编程操作时应选择的操作模式是（　　　　）。
   A. 手动　　　　　　B. 再现　　　　　　C. 示教　　　　　　D. 远程操作
2. 工业机器人进行手动、示教编程操作时通常应选择的安全模式是（　　　　）。
   A. 操作　　　　　　B. 编辑　　　　　　C. 管理　　　　　　D. 维护
3. 在 DX100 系统中，可用来选择基座轴、工装轴操作的操作按键是（　　　　）。
   A.【转换】　　　　　　　　　　　　B.【外部轴切换】
   C.【机器人切换】　　　　　　　　　D.【转换】+【外部轴切换】
4. 在 DX100 系统中，可用来选择工具坐标系的操作按键是（　　　　）。
   A.【转换】　　　　　　　　　　　　B.【外部轴切换】
   C.【机器人切换】　　　　　　　　　D.【选择工具/坐标】
5. 在 DX100 系统中，可用来选择用户坐标系的操作按键是（　　　　）。
   A.【转换】　　　　　　　　　　　　B.【外部轴切换】
   C.【机器人切换】　　　　　　　　　D.【选择工具/坐标】
6. 在 DX100 系统中，可用来选择增量进给的操作按键是（　　　　）。
   A.【高速】　　　　B.【高】　　　　C.【低】　　　　D.【转换】
7. 以下对 DX100 系统点动操作描述正确的是（　　　　）。
   A. 可以任意调节速度　　　　　　　B. 可以实现增量进给

    C. 只能进行 1 轴运动　　　　　　　　D. 必须启动伺服

8. 以下对 DX100 系统工具定向操作描述正确的是（　　　）。

    A. 可以保持 TCP 点不变　　　　　　　B. 可以变更 TCP 点

    C. 通过手腕轴运动实现　　　　　　　D. 通过机身轴运动实现

9. 以下对 DX100 系统程序名描述正确的是（　　　）。

    A. 只能是字母和数字　　　　　　　　B. 可以是字母、数字或字符

    C. 最大为 32 字（半角）　　　　　　　D. 程序名可以重复使用

10. 以下对移动命令示教理解正确的是（　　　）。

    A. 轴必须按命令次序移动　　　　　　B. 必须按命令轨迹移动

    C. 对轴移动次序无要求　　　　　　　D. 对运动轨迹无要求

11. 以下可以直接通过命令编辑操作修改的移动命令参数是（　　　）。

    A. 程序点位置　　B. 再现速度　　C. 插补方式　　　　D. 命令添加项

12. 在 DX100 系统中，执行操作后仍可通过恢复操作还原命令的是（　　　）。

    A.【前进】　　B.【后退】　　C.【试运行】　　　　D.【再现】

13. 利用 DX100 系统的程序点确认操作，可以进行的检查是（　　　）。

    A. 定位点　　　B. 直线插补终点　　C. 圆弧插补中间点　D. 移动轨迹

14. 以下对程序点确认操作理解正确的是（　　　）。

    A. 可从起始行开始逐条检查　　　　　B. 可对任一移动命令单独检查

    C. 可从指定行依次向下检查　　　　　D. 可从指定行依次向上检查

15. DX100 系统的程序点确认操作，可实现的功能是（　　　）。

    A. 连续执行全部命令　　　　　　　　B. 高速后退执行移动命令

    C. 从指定行向上执行全部命令　　　　D. 从指定行向下执行全部命令

16. 利用程序试运行操作，可实现的功能是（　　　）。

    A. 程序点位置检查　　　　　　　　　B. 移动轨迹检查

    C. 其他基本命令检查　　　　　　　　D. 作业命令检查

17. 以下对 DX100 系统的程序试运行操作理解正确的是（　　　）。

    A. 可以高速移动机器人　　　　　　　B. 必须选择再现模式

    C. 可单独检查移动命令　　　　　　　D. 可以禁止移动命令

18. 以下对 DX100 系统再现运行方式理解正确的是（　　　）。

    A. 单步可仅在移动命令停止　　　　　B. 单循环可仅执行移动命令

    C. 连续可执行全部程序命令一次　　　D. 连续可多次循环执行程序

19. 以下对 DX100 系统再现速度调整理解正确的是（　　　）。

    A. 再现速度通过倍率设定调整　　　　B. 调整只能在再现运行前进行

    C. 调整可改变所有命令的速度　　　　D. 调整值必定被保存到程序上

20. 以下对 DX100 系统再现运行操作理解正确的是（　　　）。

    A. 操作模式必须为再现　　　　　　　B. 只能用示教器控制运行

    C. 操作模式可以为远程　　　　　　　D. 远程控制时示教器按钮都无效

二、简答题

1. 简述操作模式、编辑模式、管理模式、维护模式的功能区别。

2. 简述控制点不变工具定向和变更控制点工具定向的功能及区别。

3. 简述程序点重合命令的作用和编程注意点。

4. 简述程序点检查和程序试运行的功能及区别。

三、实践题

1. 根据实验条件，选择合适的工业机器人和作业程序，进行示教编程和命令编辑练习。

2. 根据实验条件，对再现程序进行程序点检查和程序试运行练习。

3. 根据实验条件，进行再现速度调整练习，并通过执行再现程序检查与确认。

第8章

控制系统应用设定

8.1

操作功能设定

8.1.1 示教条件设定

示教条件设定可用来规定示教编程操作的功能、改变示教操作界面、禁止部分命令编辑功能。示教条件可在示教编程前设定，选定示教编程功能；也可在示教编程完成后，通过改变示教条件对程序进行部分保护。

DX100 系统的示教条件既可通过系统参数的设定进行选择，也可通过示教条件设定操作设定。示教条件设定操作及功能说明如下。

1. 示教条件设定操作

安川 DX100 系统的示教编程条件及设定操作步骤如下。

（1）系统安全模式选择"编辑模式"或"管理模式"。

（2）操作模式选择"示教【TEACH】"模式。

（3）按操作面板的【主菜单】键，显示主菜单页面。

（4）按主菜单扩展键［▶］，显示扩展主菜单，并选定图 8.1-1 所示的扩展主菜单［设置］。

（5）选定扩展主菜单［设置］中的［示教条件设定］子菜单，示教器便可显示图 8.1-2（a）所示的示教条件设定页面。

（6）光标定位至相应的选项输入框，按示教器操作面板上的【选择】键，输入框将显示图 8.1-2（b）所示的输入选项。

（7）根据需要选择不同的输入选项，改变示教条件。

设定不同的示教条件，可改变示教器显示、命令输入和程序编辑功能，DX100 系统的各示教条件设定选项的选择方法如下。

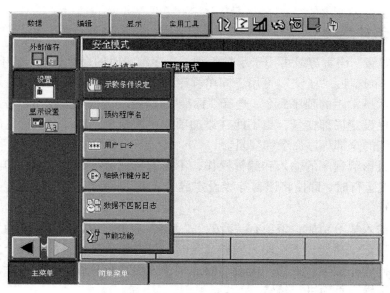

图 8.1-1　扩展主菜单的显示

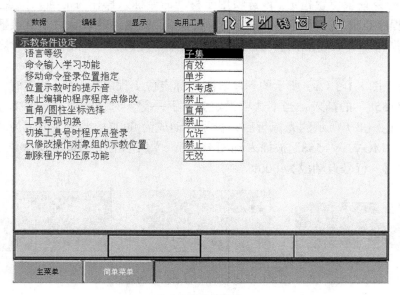

（a）示教条件显示

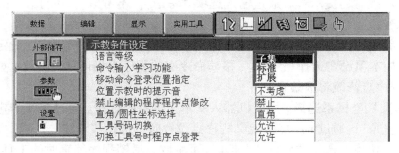

（b）输入选项显示

图 8.1-2　示教条件设定

2. 示教条件选择

（1）语言等级。语言等级可用于示教编程、程序编辑时的命令选择，它有"子集""标准""扩展" 3 个选项。"子集"可用于简单程序的编辑，选择"子集"时，示教器的命令一览表只能显示最常用的程序命令；选择"标准"，命令一览表可显示全部程序命令，但不能在程序标题栏设定局部变量，也不能在添加项中使用变量；选择"扩展"时，可显示、输入、编辑系统的全部程序命令和变量。

语言等级只影响程序的输入和编辑操作，不影响再现运行时的功能。即：当程序编辑完成、进行再现运行时，即使将语言等级设定成"子集"，命令一览表中不能显示的命令仍然能够正常执行。

（2）命令输入学习功能。该项有"有效""无效" 2 个选项，选择"有效"时，系统将具有命令添加项记忆功能，下次输入同样命令时，可在输入缓冲行显示命令的同时，增加与本次编辑相同的添加项。选择"无效"时，则输入缓冲行只显示命令，添加项需要通过命令的"详细编辑"页面进行编辑。

（3）移动命令登录位置指定。该选项用于移动命令插入操作时的插入位置选择，有"下一行""下一程序点前" 2 个选项。选择"下一行"，所输入的移动命令直接插入在光标选定行之后；选择"下一程序点前"，所输入的移动命令将被插入到光标选定行之后的下一条移动命令之前。

例如，对于图 8.1-3（a）所示的程序，如光标定位于程序行 0006 位置时，进行移动命令"MOVL V=558"的插入，当本选项设定为"下一行"时，命令"MOVL V=558"被直接插入在图 8.1-3（b）所示的光标行后，行号自动成为 0007；当选项设定为"下一程序点前"时，命令"MOVL V=558"被插入到图 8.1-3（c）所示的下一条移动命令"0009 MOVJ VJ=100.0"之前，行号自动成为 0009。

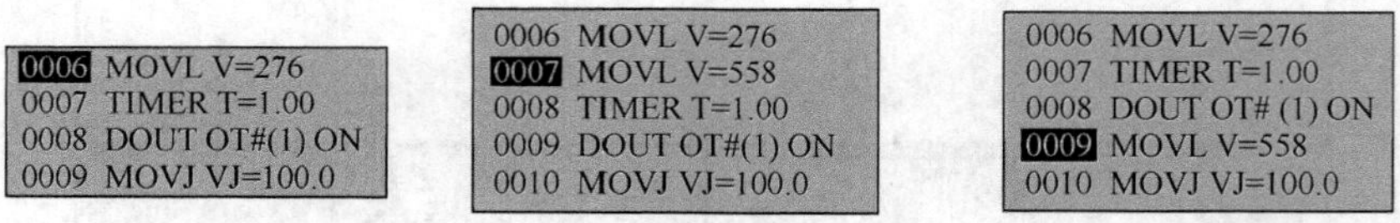

```
0006 MOVL V=276          0006 MOVL V=276          0006 MOVL V=276
0007 TIMER T=1.00        0007 MOVL V=558          0007 TIMER T=1.00
0008 DOUT OT#(1) ON      0008 TIMER T=1.00        0008 DOUT OT#(1) ON
0009 MOVJ VJ=100.0       0009 DOUT OT#(1) ON      0009 MOVL V=558
                         0010 MOVJ VJ=100.0       0010 MOVJ VJ=100.0
```

　　　（a）光标定位　　　　　　　　（b）下一行　　　　　　　（c）下一程序点前

图 8.1-3　移动命令登录位置的选择

（4）位置示教时的提示音。通过输入选项"考虑""不考虑"，可打开、关闭位置示教操作时的提示音。

（5）禁止编辑程序的程序点修改。当程序通过标题栏的"编辑锁定"设定、禁止程序编辑操作时，如本项设定选择"允许"，移动命令中的程序点仍可进行修改；如本项设定选择"禁止"，程序点修改将被禁止。

（6）直角/圆柱坐标系选择。用于机器人基本坐标系的选择。通过 X/Y/Z 定义程序点位置时，选择"直角"；通过 r、θ、Z 定义程序点位置时，选择"圆柱"。

（7）工具号切换。选择"允许""禁止"可生效、撤销程序编辑时的工具号修改功能。

（8）切换工具号时的程序点登录。选择"允许""禁止"可生效、撤销工具号修改时的程序点修改功能。

（9）只修改操作对象组的示教位置。选择"允许""禁止"可生效、撤销除了操作对象外的其他轴的位置示教功能。

（10）删除程序的还原功能。选择"有效""无效"可生效、撤销系统恢复（UNDO）已删除程序的功能。

8.1.2　程序编辑设置

在示教编程前或程序编制完成后，可通过程序的编辑设置，生效或撤销部分程序显示和编辑功能，或对已编制的程序进行命令插入、删除、修改等编辑操作。安川 DX100 系统的程序编辑设置操作如下。

1.　编辑程序选择

程序的编辑既可对当前的程序进行，也可对存储在系统中的已有程序进行。在程序编辑前，应通过如下操作，先选定需要编辑的程序。

（1）安全模式选择"编辑模式"或"管理模式"。

（2）操作模式选择【示教（TEACH）】。

（3）选择主菜单［程序内容］，使示教器显示图 8.1-4（a）所示的子菜单。

（4）编辑当前程序时，可直接选择主菜单［程序内容］、子菜单［程序内容］，直接显示程序。编辑存储在系统中的已有程序时，需要选择子菜单［选择程序］，在显示的图 8.1-4（b）所示的程序一览表页面上，用光标调节键、【选择】键选定需要编辑的程序名（如 TEST 等）。

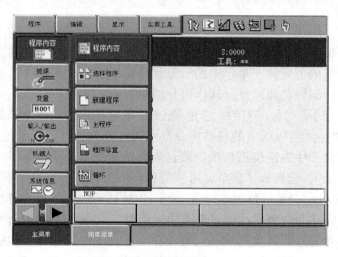

（a）子菜单显示

（b）程序一览表显示

图 8.1-4　编辑程序的选定

程序选定后，示教器便可显示所选择的编辑程序，操作者便可通过程序的编辑设置，生效或撤销部分程序显示和编辑功能。

2. 程序编辑设置

程序编辑设置可通过程序显示页面的下拉菜单 [编辑] 进行，其功能和操作步骤如下。

（1）按照上述步骤，选定需要编辑的程序。

（2）选择下拉菜单 [编辑]，示教器可显示图 8.1-5 所示的程序编辑子菜单。

图 8.1-5　程序编辑子菜单

程序编辑子菜单中的 [起始行]、[终止行]、[搜索] 用于程序检索操作，以便将光标定位快速定位到所需的位置；子菜单中的 [显示速度标记]、[显示位置等级]、[UNDO 有效] 用于程序显示和编辑功能设置，其作用分别如下。

[*显示速度标记] / [显示速度标记]：撤销/生效移动命令的速度添加项（VJ=50.00、V=200 等）显示功能。当程序中的移动命令显示速度添加项时，可通过选择 [*显示速度标记] 子菜单，将命令中的速度添加项隐藏；当移动命令不显示速度添加项时，子菜单将成为 [显示速度标记]，选择该子菜单，可恢复程序中的移动命令速度添加项显示。

[*显示位置等级] / [显示位置等级]：撤销/生效移动命令的位置等级添加项 PL 的显示功能。当程序中的移动命令显示位置等级添加项时，可通过选择 [*显示位置等级] 子菜单，将命令中的位置等级添加项隐藏；当移动命令不显示位置等级添加项时，子菜单将成为 [显示位置等级]，选择该子菜单，可恢复程序中的移动命令位置等级添加项显示。

[*UNDO 有效] / [UNDO 有效]：撤销/生效移动命令的恢复功能。移动命令被编辑后，如发现所进行的编辑存在错误，可通过恢复（UNDO）操作，恢复为编辑前的程序；利用安川 DX100 的恢复功能，可恢复最近的 5 次编辑操作。当程序编辑的移动命令恢复功能有效时，可通过选择 [*UNDO 有效] 子菜单，撤销移动命令的恢复功能；当移动命令恢复功能无效时，子菜单将成为 [UNDO 有效]，选择该子菜单，可生效程序编辑时的移动命令恢复功能。

8.1.3　再现运行设定

1.　再现显示设定

再现显示设定可以改变程序再现运行时的基本页面显示，DX100系统的再现显示设定操作步骤如下。

（1）安全模式选择"编辑模式"或"管理模式"。

（2）操作模式选择【再现（PLAY）】。

（3）选择主菜单［程序内容］，使示教器显示图8.1-6（a）所示的再现运行基本显示页面。

（4）选择下拉子菜单［显示］，示教器可显示图8.1-6（b）所示的显示设定子菜单，子菜单各选项的作用如下。

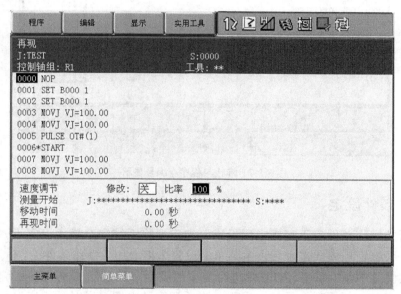

（a）基本页面

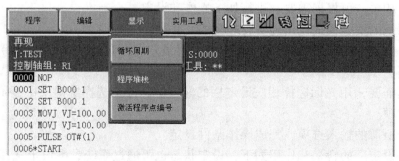

（b）显示设定子菜单

图8.1-6　再现显示设定

［循环周期］：当再现显示页面上的程序执行状态显示为"移动时间"时，选择该子菜单，执行状态显示栏的"移动时间"将切换为循环时间，或反之。

［程序堆栈］：当再现显示页面上未显示程序堆栈时，选择该子菜单，可在显示器的右侧显示图 8.1-7 所示的 CALL、JUMP 命令调用程序时的堆栈状态；堆栈状态显示时，再次选择该子菜单，可以关闭堆栈显示。

［激活程序点编号］：当再现显示页面上的命令未显示程序点编号时，选择该子菜单，可在命令中显示图 8.1-7 所示的程序点编号；程序点编号显示时，再次选择该子菜单，可以关闭程序点编号显示。

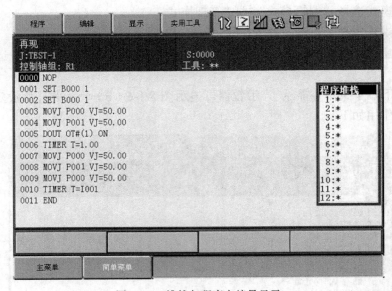

图 8.1-7　堆栈与程序点编号显示

2. 操作条件设定

再现运行的操作条件属于高级应用设定，它需要将系统安全模式设定为"管理模式"时才能进行。系统管理模式选定后，主菜单［设置］将增加［操作条件设定］、［日期/时间设定］、［速度设置］等子菜单，对系统进行更多的设定。其中，［操作条件设定］子菜单可设定系统操作模式进行再现、示教、远程、本地切换及电源接通时的程序运行方式，它与再现运行直接相关，可根据需要，进行如下操作和设定。

（1）将系统的安全模式设定为"管理模式"。

（2）选择主菜单［设置］、子菜单［操作条件设定］，可显示图 8.1-8（a）所示的操作条件设定页面。

（3）根据需要，用光标选择相应设定栏的输入框、按【选择】键，可显示相应栏允许输入的输入选项。

（4）选择所需的输入选项，完成操作条件设定。

操作条件设定项的含义和作用如下，设定状态也可通过系统参数设定选择。

速度数据输入格式：该栏一般有 "mm/秒""cm/分" 2 个输入选项，选择对应的输入选项，可将直线插补、圆弧插补等移动命令的速度单位设定为 mm/s 或 cm/min。

切换为示教模式的循环模式：该栏用于系统操作模式由【再现（PLAY）】、【远程（REMOTE）】切换为【示教（TEACH）】时，系统自动选择的程序运行方式，该栏有"单

步""单循环""连续""无" 4 个输入选项；选项"单步""单循环""连续"，分别为单步
执行程序、连续执行全部程序命令一次和循环执行全部程序命令；选择"无"，则保持上一
操作模式（如再现）所选定的执行方式不变。

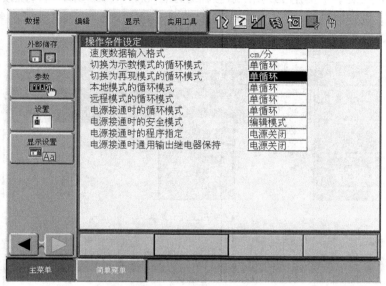

图 8.1-8　操作条件设定

切换为再现模式的循环模式：该栏用于系统操作模式由【示教（TEACH）】、【远程
（REMOTE）】切换为【再现（PLAY）】时，系统自动选择的程序执行方式；其输入选项和
含义同"切换为示教模式的循环模式"栏。

本地模式的循环模式：该栏用于系统操作模式由【远程（REMOTE）】切换到本地时，
系统自动选择的程序执行方式；其输入选项和含义同"切换为示教模式的循环模式"栏。

远程模式的循环模式：该栏用于系统操作模式由选择【远程（REMOTE）】时，系统
自动选择的程序执行方式；其输入选项和含义同"切换为示教模式的循环模式"栏。

电源接通时的循环模式：该栏用于系统电源接通时的初始程序执行方式选择；其输入
选项和含义同"切换为示教模式的循环模式"栏。

电源接通时的安全模式：该栏用于系统电源接通时的初始安全模式选择，DX100 系统
有"操作模式""编程模式""管理模式" 3 个输入选项。

电源接通时的程序指定：该栏用于系统电源接通时的程序自动选择。输入选项一般选
择"电源关闭"，以便系统直接选择上次关闭电源时所生效的程序，简化操作。

电源接通时的程序指定：该栏用于系统电源接通时的程序自动选择。输入选项一般选
择"电源关闭"，以便系统直接选择上次关闭电源时所生效的程序，简化操作。

电源接通时通用输出继电器保持：该栏用于系统电源接通时的通用输出信号 OUT01～
24 的状态自动设定。输入选项一般选择"电源关闭"，以便系统直接保持上次关闭电源时
的状态，以保证机器人动作的连续，防止出现误动作。

3. 特殊运行方式设定

在 DX100 系统上，程序再现还可以选择低速启动、限速运行、空运行、机械锁定运行、

检查运行等特殊的运行方式，用于程序的运行检查。特殊运行方式的设定操作如下。

（1）选定再现程序、选择主菜单［程序内容］，示教器显示再现基本显示页面。

（2）选择下拉菜单［实用工具］，示教器显示图 8.1-9（a）所示的再现设定子菜单。

（3）选择［设定特殊运行］子菜单，示教器显示图 8.1-9（b）所示的特殊运行设定页面。

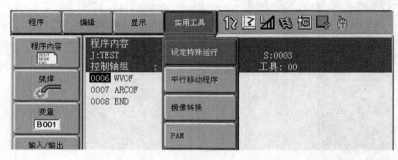

（a）实用工具子菜单

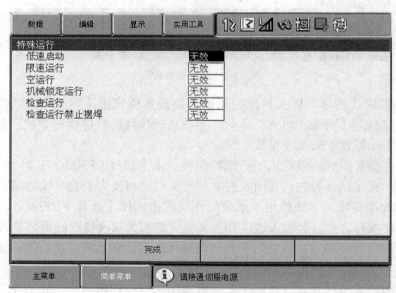

（b）特殊运行设定项

图 8.1-9　再现特殊运行设定

（4）根据要求，调节光标、在对应的设定栏中选择输入选项"有效""无效"，完成特殊运行功能设定；如需要，多种特殊运行方式可同时选择。

（5）按操作显示区的［完成］，完成设定操作，返回显示再现程序显示页面。

再现特殊运行方式各设定栏的含义和功能如下。

低速启动：低速启动是一种安全保护功能，它只对程序中的首条移动命令有效。低速启动有效时，按【START】按钮将启动程序运行，但是，系统在执行第一条移动命令、机器人由初始位置向第一个程序点运动时，其移动速度被自动限制在"低速"；同时，在系统完成第一个程序点定位后，无论何种程序执行方式，机器人都将停止运动。在此基础上，如再次按【START】按钮，将自动取消速度限制、生效程序执行方式，机器人便可按程序规定的速度、所选的程序执行方式，正常执行后续的全部命令。

限速运行：程序再现运行时，如移动命令所定义的机器人控制点运动速度，超过了系统参数"限速运行最高速度"的设定值，运动速度自动成为参数设定的速度；速度小于参数设定的移动命令可按照程序规定的速度正常运行。

空运行：程序运行时，程序中的全部移动命令均以系统参数"空运行速度"设定的速度运动，对于低速作业频繁的程序试运行检查，采用"空运行"方式可加快程序检查速度，但需要确保速度提高后的运行安全。

机械锁定运行：程序运行时，可禁止执行机器人的移动，而其他命令正常执行。机械锁定运行方式一旦选定，即使转换操作模式，它仍保持有效。需要注意的是：机器人进行机械锁定运行后，由于系统位置和机器人实际位置可能存在不同，因而导致机器人的误动作，因此，机械锁定运行必须通过下述的"解除全部设定"操作、通过关闭系统电源才可解除。

检查运行：程序运行时，系统将不执行引弧、焊接启动等作业命令，但移动指令正常执行；检查运行多用于机器人运动轨迹的确认。

检查运行禁止摆焊：在具有摆焊功能的系统上，利用该设定，可用来以禁止检查运行时的摆焊运动。

特殊运行方式设定可通过以下操作一次性予以全部解除。

（1）选择【再现（PLAY）】操作模式。

（2）选定再现程序、选择主菜单［程序内容］，示教器显示再现运行页面。

（3）通过光标调节键、【选择】键，选择下拉菜单［编辑］→子菜单［解除全部设定］，示教器显示操作提示信息"所有特殊功能的设定被取消"。

（4）关闭系统电源、取消全部设定。

8.2

机器人原点设定

8.2.1 绝对原点设定

1. 功能与使用要点

在使用伺服电机驱动的工业机器人上，坐标轴的位置值利用伺服电机内置编码器所转过的脉冲数计算，断电时可通过后备电池保持脉冲计数值，这种编码器具有绝对位置检测编码器同样的功能，习惯上称"绝对编码器"。

依靠脉冲计数计算位置值时，需要有一个计数的基准，这一计数基准就是工业机器人的绝对原点。绝对原点是机器人所有坐标系的基准，改变绝对原点，将改变机器人的程序点位置、作业范围、软件限位保护区等全部与位置相关的参数。因此，在下述情况下，必须进行绝对原点的重新设定。

（1）机器人的首次调试。

（2）后备电池耗尽，或电池连接线被意外断开时。

（3）更换伺服电机或编码器后。

（4）控制系统或主板、存储器板被更换时。

（5）机械传动系统被重新安装或因碰撞等原因，导致机械位置被强制改变，机器人需要重新调整时。

机器人的绝对原点由机器人生产厂设定，它与机器人的结构形式有关，即使同一公司的产品，由于结构不同，绝对原点的位置也有区别，具体应参见机器人的使用说明书。

绝对原点设定属于高级应用功能，安川 DX100 系统只能在安全模式选择"管理模式"时才能设定，并可根据实际需要，利用"全轴登录"或"单独登录"两种方式，对全部轴或指定轴进行设定、修改、清除等操作。绝对原点设定的操作步骤如下。

2. 全轴登录

全轴登录可一次性完成机器人全部坐标轴的绝对原点设定，它通常用于机器人首次调试、控制系统（或系统主板、存储器板）更换、机器人发生严重碰撞等可能影响到所有坐标轴绝对原点位置的场合。全轴登录的操作步骤如下。

（1）在确保安全的前提下，接通系统电源、启动伺服。

（2）将系统的安全模式设定为"管理模式"；示教器的操作模式选择【示教（TEACH）】。

（3）通过手动操作，将机器人的全部坐标轴均准确定位到绝对原点位置上。

（4）按主菜单【机器人】，示教器将显示图 8.2-1（a）所示的子菜单显示页面。

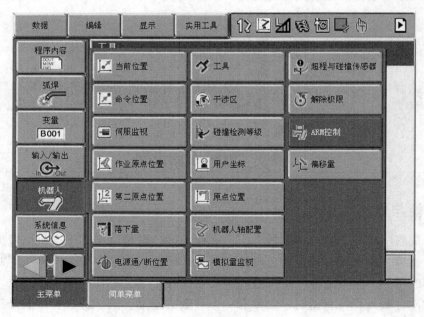

（a）子菜单显示

图 8.2-1　绝对原点设定

（b）原点设定显示

图 8.2-1　绝对原点设定（续）

（5）选择子菜单［原点位置］，示教器将显示图 8.2-1（b）所示的绝对原点设定页面。

（6）在多机器人或带有工装轴的系统上，可通过图 8.2-2（a）所示的下拉菜单［显示］中的选项，选择控制轴组（机器人或工装轴）；或利用示教器操作面板上的【翻页】键、选择显示页的操作提示键［进入指定页］，在图 8.2-2（b）所示的选择框中选定控制轴组，显示该控制轴组的原点设定页面。

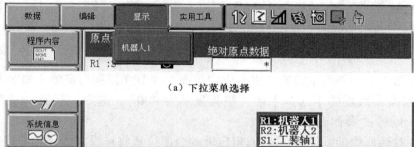

（a）下拉菜单选择

（b）翻页键选择

图 8.2-2　控制轴组选择

（7）将光标定位到"选择轴"栏，选择下拉菜单［编辑］、并选定图 8.2-3（a）所示的子菜单［选择全部轴］，绝对原点设定页面的"选择轴"栏将全部成为图示的"●"（选定）状态，同时，示教器将显示图 8.2-3（b）所示的操作确认对话框。

（8）选择对话框中的［是］，机器人的当前位置将被设定为绝对原点；选择［否］，则可放弃原点设置操作。

3．单独登录

单独登录可完成机器人指定轴的绝对原点设定，它通常用于机器人某一轴的电池连接线被意外断开或伺服电机、编码器、机械传动系统更换、维修后的绝对原点恢复。单独登录的操作步骤和全轴登录类似，但它只需通过手动操作，将需要设定原点的轴准确定位到绝对原点上，对其他轴的位置无要求。在此基础上，进行如下操作。

（a）全部轴的选择菜单

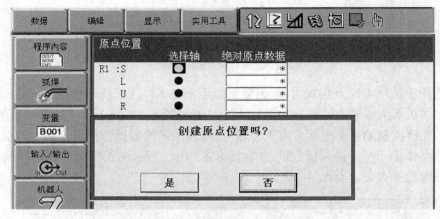

（b）操作确认对话框

图 8.2-3　全轴登录原点设定

（1）在图 8.2-1（a）所示的绝对原点设定页面，调节光标到指定轴（如 S 轴）的"选择轴"栏，按操作面板的【选择】键，使其显示为"●"（选定）状态；示教器将显示图 8.2-3（b）同样的操作确认对话框。

（2）选择对话框中的［是］，机器人指定轴的当前位置将被设定为该轴的绝对原点，其他轴的原点位置不变；选择［否］，则可以放弃指定轴的原点设置操作。

4．位置输入和清除

绝对原点位置可直接以脉冲数的形式输入、修改与清除。绝对原点位置的输入与修改操作步骤如下。

（1）在图 8.2-1（a）所示的绝对原点设定页面，调节光标到指定轴（如 L 轴）的"绝对原点数据"栏的输入框上，按操作面板的【选择】键选定后，输入框将成为图 8.2-4（a）所示的数据输入状态。

（2）直接通过操作面板的数字键输入原点位置，并用【回车】键确认，完成原点位置数据的输入及修改。

绝对原点位置数据的清除操作步骤如下。

（1）在图 8.2-1（a）所示的绝对原点设定页面，选择下拉菜单［数据］、并选定图 8.2-4（b）所示的子菜单［清除全部数据］，示教器可显示图 8.2-4（c）所示的数据清除操作确认对话框。

（2）选择对话框中的［是］，可清除全部坐标轴的绝对原点数据；选择［否］，则可以放弃数据清除操作。

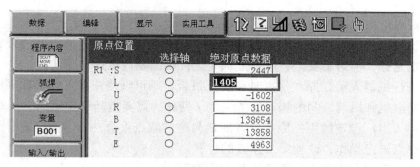

（a）数据输入与修改

（b）数据的清除

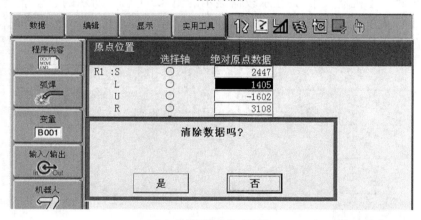

（c）数据清除确认对话框

图 8.2-4　绝对原点的输入、修改与清除

8.2.2　第二原点设定

1．功能与使用要点

第二原点是用来检查、确认机器人位置的基准点。如前所述，由于工业机器人使用的绝对编码器需要通过电池保存位置数据，如果在系统断电的情况下重新安装或更换了机械部件、电机，改变了坐标轴的位置，将会导致系统位置和编码器位置的不一致，从而产生"绝对编码器数据异常"等报警，使系统无法正常运行。

发生绝对编码器数据异常报警时，如电机和机器人间的相对位置并没有改变，此时只需重新读入编码器位置、更新位置，便可恢复正常工作。但是，出于安全上的考虑，系统更新位置数据时，需通过机器人的第二原点定位，来确认位置的正确性。

工业机器人的第二原点检查、设定的要点如下。

（1）系统发生绝对编码器数据异常报警时，是否需要进行第二原点的检查，可通过系统参数的设定选择，但为了安全，原则上都应进行第二原点检查和确认。

（2）如进行机器人第二原点检查时系统无报警，则可恢复正常工作；如系统再次发生报警，则表明电机和机器人间的相对位置发生了变化，需要重新设定机器人绝对原点。

（3）机器人出厂设定的第二原点位置通常与绝对原点重合；为方便检查，用户可通过下述的第二原点设定操作，改变第二原点的位置。

第二原点的设定和机器人位置确认的方法如下。

2. 第二原点设定

在 DX100 系统上，机器人第二原点的设定操作需要在系统安全模式设定为"编辑模式"时，在机器人正常运行的情况下，通过示教操作进行，其操作步骤如下。

（1）在确保安全的前提下，接通系统电源、启动伺服。

（2）将系统的安全模式设定为"编辑模式"；示教器的操作模式选择【示教（TEACH）】。

（3）按主菜单【机器人】，并在示教器显示的图 8.2-1（a）所示的子菜单上，选择［第二原点位置］子菜单，示教器显示图 8.2-5 所示的"第二原点位置"设定页面。

显示页的各栏的含义如下。

图 8.2-5　第二原点设定页面

第二原点：显示机器人出厂（或上一次第二原点设定操作）所设定的第二原点位置。

当前位置：显示机器人现行的实际位置。

位置差值：在进行第二原点确认时，可显示第二原点的误差值。

信息提示栏：显示允许的操作，如"能够运动或修改第二原点"。

（4）在多机器人系统或带有工装轴的系统上，可通过绝对原点设定同样的操作，利用下拉菜单［显示］，或利用操作面板上的【翻页】键、通过显示页的操作提示键［进入指定

页] 与控制轴组输入框的选择，选定需要设定的控制轴组。

（5）通过手动操作，将机器人准确定位到第二原点上。

（6）按操作面板的【修改】、【回车】键，机器人的当前位置值，将被自动设定成第二原点位置。

3. 第二原点确认

第二原点确认操作用于系统发生"绝对编码器数据异常"报警时的位置检查，系统报警的处理及利用第二原点检查机器人位置的操作步骤如下。

（1）按操作面板的【清除】键，清除系统报警。

（2）在确保安全的情况下，重新启动伺服。

（3）确认系统的安全模式为"编辑模式"；示教器的操作模式为【示教（TEACH）】。

（4）按主菜单【机器人】、子菜单 [第二原点位置]，显示图 8.2-5 所示的第二原点设定页面。

（5）在多机器人系统或带有工装轴的系统上，可通过绝对原点设定同样的操作，利用下拉菜单 [显示]，或利用操作面板上的【翻页】键、通过显示页的操作提示键 [进入指定页] 与控制轴组输入框的选择，选定需要设定的控制轴组。

（6）按操作面板的【前进】键，机器人将以手动速度，自动定位到第二原点。

（7）选择下拉菜单 [数据]、子菜单 [位置确认]，第二原点设定页面的"位置差值"栏将自动显示第二原点的位置误差值；信息提示栏显示"已经进行位置确认操作"。

（8）系统自动检查"位置差值"栏的误差值，如误差没有超过系统规定的范围，机器人便可恢复正常操作；如误差超过了规定的范围，系统将再次发生数据异常报警，操作者需要在确认故障已排除的情况下，进行绝对原点的重新设定。

8.2.3 作业原点设定

1. 功能与设定要点

作业原点是机器人作业的基准位置，它可由操作者根据实际作业要求设定，一个机器人通常只能设定一个作业原点。机器人控制系统具有作业原点自动定位、自动检测功能，因此，可作为机器人操作或重复作业的程序基准点。

机器人作业原点的定位方法和功能使用要点如下。

（1）当系统的操作模式选择示教时，可通过主菜单 [机器人]、子菜单 [作业原点位置]，显示作业原点设定页面；按操作面板上的【前进】键，机器人可按手动速度，自动运动到作业原点并定位。

（2）当系统的操作模式选择再现时，可通过系统外部输入信号和 PLC 程序设计，向系统发送"回作业原点"启动信号，当启动信号出现上升沿时，机器人便能以系统参数设定的速度，自动运动到作业原点并定位。

（3）当机器人的定位于作业原点的允差范围内时，控制系统的专用输出信号"作业原点"将为 ON 状态。

（4）在安川 DX100 系统上，作业原点的 $X/Y/Z$ 轴到位允差不能进行独立设定，3 轴的到位允差需要通过系统参数进行统一设定。当系统参数设定值为 a（μm）时，作业原点的到位检测区间为图 8.2-6 所示的正方体，如果机器人定位点的 $X/Y/Z$ 坐标轴值均处于（$P \pm a/2$）范围内，系统就认为作业原点到达。

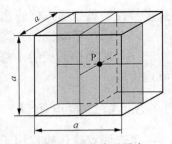

图 8.2-6　到位允差设定

（5）系统检测作业原点的方法可通过系统参数的设定选择。选择命令值检测时，只要移动命令的程序点处于作业原点允差范围，就认为作业原点到达；选择实际位置（反馈位置）检测时，只有当伺服电机的编码器反馈位置到达作业原点允差范围时，才认为作业原点到达。

2. 作业原点设定操作

机器人的作业原点需要通过示教操作设定，其操作步骤如下。

（1）在确保安全的前提下，接通系统电源并启动伺服。

（2）将系统的安全模式设定为"编辑模式"；示教器的操作模式选择【示教（TEACH）】。

（3）按主菜单【机器人】，并在示教器显示的图 8.2-1（a）所示的子菜单上，选择［作业原点位置］子菜单，使示教器显示图 8.2-7 所示的"作业原点位置"设定页面，并显示操作提示信息"能够移动或修改作业原点"。

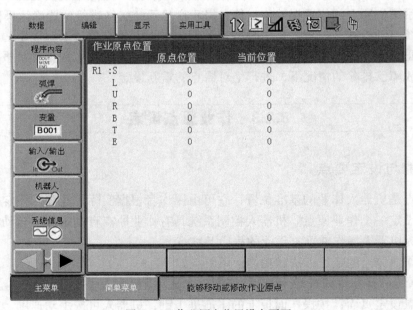

图 8.2-7　作业原点位置设定页面

（4）在多机器人系统或带有工装轴的系统上，可通过绝对原点设定同样的操作，利用下拉菜单［显示］，或利用操作面板上的【翻页】键、通过显示页的操作提示键［进入指定页］与控制轴组输入框的选择，选定需要设定的控制轴组。

（5）通过手动操作，将机器人准确定位到需要设定为作业原点的位置上。

（6）按【修改】、【回车】键，机器人的当前位置值将被设定成作业原点位置。

（7）如需要，可通过操作面板的【前进】键，进行作业原点位置的确认。

8.3 工具设定

8.3.1 工具文件编辑

1. 工具文件与参数

工业机器人所使用的作业工具多种多样，为了能准确控制机器人的运动，就需要对工具的物理特性进行设定。描述工具物理特性的参数有工具控制点（TCP 点）、坐标系、重量/重心/惯量等，这些参数如以命令添加项的形式指定，会给编程带来麻烦，因此，在工业机器人控制系统上，它通常以工具文件的形式进行统一定义。

利用工具文件定义的物理特性参数如下。

（1）工具控制点。工具控制点（Tool Control Point，TCP）是工具的基准点，它既是示教编程时的示教点和作业程序的指令点，通常也是工具作业点和工具坐标系的原点。

（2）工具坐标系。工具坐标系用来定义工具的姿态。由于工具的形状、安装形式多样，故需要通过工具坐标系来确定工具的安装方式。

（3）工具重量/重心/惯量。垂直串联结构的机器人是由若干关节和连杆串联组成的机械设备，作业工具安装在机器人最前端的手腕上，离回转摆动中心的距离远，因此，工具重量对关节回转摆动时的负载转矩和惯量影响非常大。为了使伺服驱动系统能更好地平衡工具重力，就需要在工具文件上设定工具重量、重心位置、惯量等参数，以便系统调节驱动系统的静、动态参数，提高机器人运动稳定性、定位精度和运行可靠性。

工业机器人是一种通用设备，它可通过改变工具完成不同的作业任务，因此，在控制系统上可针对不同工具，编制多个工具文件，并以工具文件号进行区分。安川 DX100 系统最大可定义的 64 种工具，对应的工具文件号为 0～63。改变工具将直接改变机器人的定位点和移动轨迹，因此，在通常情况下，一个作业程序原则上只能使用一种工具。

2. 工具文件显示

在 DX100 系统上，显示工具文件的操作和显示内容如下。

（1）将系统的安全模式设定为"编辑模式"；示教器的操作模式选择【示教（TEACH）】。

（2）按主菜单【机器人】，并在示教器显示的图 8.2-1（a）所示的子菜单上，选择［工具］子菜单，示教器将显示图 8.3-1 所示的工具一览表显示页面。

（3）将调节光标到需要设定的工具号（序号）上，按操作面板的【选择】键，选定工具号；如系统使用的工具较多，可通过操作面板的【翻页】键，显示更多的工具号，然后，用光标和【选择】键选定。

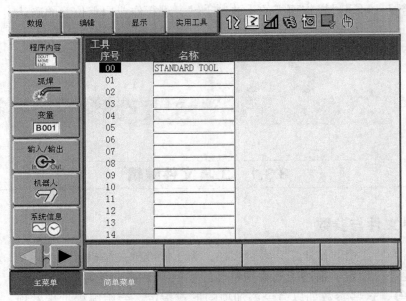

图 8.3-1　工具一览表显示

（4）在工具一览表显示页面，打开图 8.3-2（a）所示的下拉菜单［显示］、并选择［坐标数据］，示教器便可切换到图 8.3-2（b）所示的工具文件设定页。设定页面的参数作用和含义如下。

工具序号/名称：显示工具文件对应的工具号及工具名称。

$X/Y/Z$：TCP 点位置，$X/Y/Z$ 为 TCP 点在手腕基准坐标系 $X_F/Y_F/Z_F$ 上的坐标值。

$R_x/R_y/R_z$：工具坐标系变换参数，$R_x/R_y/R_z$ 为手腕基准坐标系的旋转变换角度，在安川说明书上称为"姿态参数"。

W：工具重量。

$X_g/Y_g/Z_g$：工具重心位置。

$I_x/I_y/I_z$：工具惯量。

（5）当工具文件显示时，如打开图 8.3-2（c）所示的下拉菜单［显示］、并选择［列表］，示教器便可返回到图 8.3-1 所示的工具一览表显示页面。

3. 工具文件编辑

工具文件编辑就是设定（输入、修改）工具文件中的工具参数的操作。工具文件中的不同参数可用不同的方法进行设定，例如，TCP 点和坐标系既可通过操作面板的数据输入操作直接设定，也可通过机器人的示教操作设定；工具重量、重心位置、惯量等参数可通过面板的数据输入直接设定，或利用控制系统的工具重心位置测量操作自动测定、计算功能进行自动设定等。

操作面板的数据输入是工具文件编辑的基本操作，它可用于全部工具参数的设定，其中，工具重量、重心、惯量必须选择"管理模式"或"维护模式"才能进行设定。工具文件编辑的基本操作步骤如下。

（1）通过工具文件显示操作选定工具，并显示图 8.3-2（b）所示的工具文件设定页面。

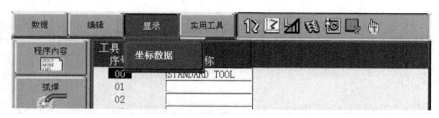

（a）设定菜单

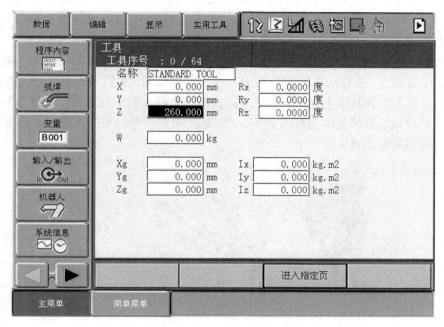

（b）设定显示

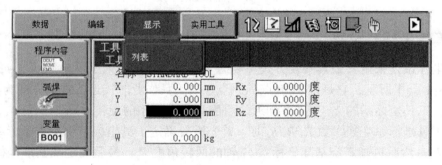

（c）返回菜单

图 8.3-2　工具文件设定页面

（2）调节光标到对应参数的输入框，按操作面板的【选择】键选定后，输入框将成为数据输入状态。

（3）利用操作面板的数字键，输入参数值，并用【回车】键确认，便可完成工具参数的输入及修改。

（4）如在伺服启动的情况下进行，进行了工具重量、重心、惯量等参数的输入和修改，参数输入后伺服将自动关闭，并显示"由于修改数据伺服断开"提示信息。

8.3.2 TCP 点与坐标系设定

1. TCP 点

工具控制点（Tool Control Point，TCP）是机器人运动的基准点和工具作业点，其位置需要根据工具的形状和作业特性选择。例如，采用 C 型焊钳的点焊机器人 TCP 点一般选择在图 8.3-3（a）所示的焊钳固定电极端点上；弧焊机器人 TCP 点则在图 8.3-3（b）所示的焊枪端点上等。

机器人的工具安装在手腕上，手腕上的工具安装法兰中心点是工具安装的基准点。以工具安装基准点为原点、垂直法兰面向外的中心线为 Z 轴正向、手腕向外侧运动的方向为 X 正向的坐标系，称为手腕基准坐标系（$X_F/Y_F/Z_F$）；基准坐标系的 Y 轴方向，由图 8.3-3（c）所示的右手定则决定。手腕基准坐标系是定义 TCP 点和工具坐标系的基准，也是定义工具重心、计算工具惯量的基准。

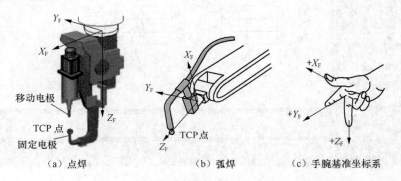

（a）点焊   （b）弧焊   （c）手腕基准坐标系

图 8.3-3 TCP 点和基准坐标系

2. 工具坐标系设定

工具坐标系是来定义工具安装方式（姿态）的参数。机器人工具坐标系 $X_T/Y_T/Z_T$ 的规定如图 8.3-4（a）所示，它是以 TCP 点为原点、以工具作业时接近工件的方向为 Z 轴正向的坐标系；工具坐标系的 X、Y 轴方向通过手腕基准坐标系的旋转得到。

设定工具坐标系变换参数 $R_x/R_y/R_z$ 时，首先需要确定工具坐标系绕基准坐标系 Z_F 轴的回转角度 R_z；然后再确定绕基准坐标系 Y_F 轴的回转角度 R_y；最后确定绕基准坐标系 X_F 轴的回转角度 R_x；回转角的正负由图 8.3-4（b）所示的右手螺旋定则决定。

例如，对图 8.3-4（a）所示的工具坐标系的设定，首先，需要设定 R_z =180，将基准坐标系绕 Z_F 轴回转 180°，使 X_F、Y_F 的方向成为图 8.3-4（c）所示的 X_F'、Y_F'；然后，再设定 R_y =90，将变换后的坐标系绕 Y_F'回转 90°，使 X_F'、Z_F'的方向成为图 8.3-4（d）所示的 X_T、Y_T；由于此时的坐标系已和要求的工具坐标系一致，故无需进行绕 X 轴的变换，即设定 R_x = 0。

3. 工具校准

TCP 点和工具坐标系参数可通过操作面板的数据输入操作进行直接设定，也可通过机器人的示教操作予以设定，通过示教设定 TCP 点和工具坐标系的操作称为"工具校准"。

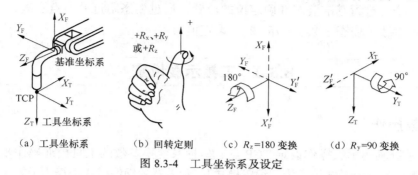

（a）工具坐标系　　　（b）回转定则　　　（c）$R_z=180$ 变换　　　（d）$R_y=90$ 变换

图 8.3-4　工具坐标系及设定

DX100 系统的工具校准可通过系统参数设定，选择以下 3 种方法。

（1）设定 TCP 点位置。此时，利用工具校准操作可自动计算、设定工具的 TCP 点位置参数 $X/Y/Z$；工具坐标系的变换参数（姿态参数）$R_x/R_y/R_z$ 将被清除。

（2）设定工具坐标系。此时，利用工具校准操作可将校准点的工具姿态作为工具坐标系设定值，写入到工具坐标系变换参数（姿态参数）$R_x/R_y/R_z$ 中，而 TCP 点的位置参数 $X/Y/Z$ 保持不变。

（3）同时设定工具 TCP 点和坐标系。此时，通过工具校准操作可自动计算、设定工具 TCP 点位置参数 $X/Y/Z$；并将校准点的工具姿态作为工具坐标系设定值，写入到工具坐标系变换参数（姿态参数）$R_x/R_y/R_z$ 中。

利用工具校准操作设定工具参数时，系统需要通过 5 种不同的工具姿态（5 个校准点），来自动计算 TCP 点的 $X/Y/Z$ 值，选择工具姿态需要注意以下问题。

（1）第 1 个校准点 TC1 是系统计算、设定工具坐标系变换参数（姿态参数）$R_x/R_y/R_z$ 的基准点，在该点上工具应为图 8.3-5（a）所示的基准状态，保证工具的轴线与机器人坐标系的 Z 轴平行、方向为垂直向下。

（2）利用工具校准操作自动设定的工具坐标系，其 Z 轴方向 Z_T 与机器人坐标系的 Z 轴相反；X 轴方向 X_T 与机器人的 X 轴同向；Y 轴方向 Y_T 通过右手定则确定。

（3）图 8.3-5（b）所示的第 2～5 个校准点 TC2～TC5 的工具姿态可任意选择，为了保证系统能够准确计算 TCP 位置，应尽可能对 TC2～TC5 的工具姿态做更多变化。

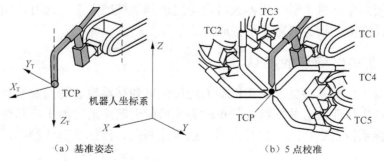

（a）基准姿态　　　　　　　　　（b）5 点校准

图 8.3-5　校准点的选择

（4）如工具姿态调整受到周边设备的限制，无法在同一 TCP 位置对 TC1～TC5 的工具姿态做更多变化时，可通过修改系统参数的设定，进行分步示教。分步示教时，先选择一个可进行基准姿态外的其他姿态自由调整的位置，通过 5 点示教确定 TCP 点的 X/Y/Z 值；然后，选择一个可进行基准姿态准确定位的位置，通过姿态附近的 5 点示教，单独修整工具坐标系变换参数（姿态参数）R_x/R_y/R_z 的设定值。

8.3.3　工具示教设定

1. 示教操作

DX100 系统利用示教操作设定 TCP 点、坐标系变换参数的工具校准操作步骤如下。

（1）将系统的安全模式设定为"编辑模式"、示教器的操作模式选择【示教（TEACH）】，并启动伺服。

（2）通过工具文件显示同样的操作，选定工具、并在示教器上显示工具文件设定页面。

（3）选择图 8.3-6（a）所示的下拉菜单［实用工具］、子菜单［校验］，示教器便可显示图 8.3-6（b）所示的工具校准示教操作状态显示页面。

（4）选择图 8.3-6（c）中的下拉菜单［数据］、子菜单［清除数据］，并在系统弹出的"清除数据吗？"操作提示框中选择［是］，可对 TCP 点位置、坐标系变换参数进行初始化清除。

（5）将光标定位到"位置"输入框，按操作面板【选择】键，在图 8.3-6（d）所示的输入选项上选定需要进行示教的工具校准点。

（6）通过手动操作机器人，将工具定位到所需的校准姿态。

（7）按操作面板的【修改】键、【回车键】，该点的工具姿态将被读入，校准点的状态显示由"○"变为"●"。

（8）重复步骤（4）～（6），完成其他工具校准点的示教。

（9）全部校准点示教完成后，按图 8.3-6（b）显示页中的操作提示键［完成］，结束工具校准示教操作，系统将自动计算工具的 TCP 点位置、坐标系变换参数，并自动写入到工具文件设定页面。

（10）如果需要，可通过机器人的自动定位进行校准点位置的确认。确认校准点位置时，只需要将光标定位到"位置"输入框，并用操作面板【选择】键、光标键选定工具校准点，然后按操作面板的【前进】键，机器人可自动定位到该校准点上；此时，如果机器人定位位置和校准点设定不一致，状态显示将成为"○"。

2. TCP 点和坐标系的确认

工具控制点、坐标系参数是决定机器人定位位置和移动轨迹的重要参数，参数设定不正确，不仅会产生作业位置的偏离，严重时甚至可能引起运动时的干涉和碰撞。因此，工具控制点、坐标系设定完成后，通常需要通过该控制点、坐标系确认操作，检查参数的正确性。

进行工具控制点、坐标系确认操作时需要注意以下几点。

（1）进行工具控制点、坐标系确认操作时，不能改变工具号，即：在机器人运动时，需要保持系统的控制点不变，进行"控制点保持不变"的工具定向运动。

（2）进行工具控制点、坐标系确认手动定向操作时，坐标系不能为关节坐标系。

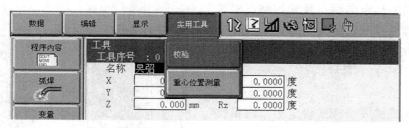

（a）操作菜单

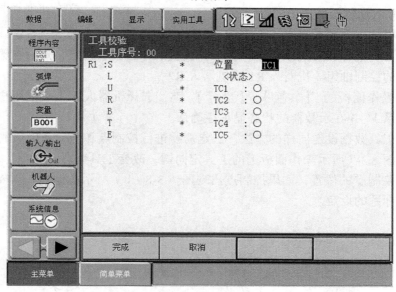

（b）示教状态显示

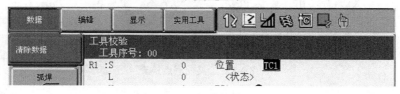

（c）数据初始化

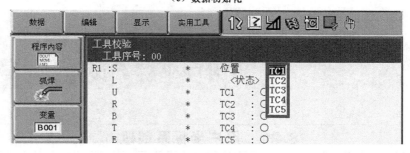

（d）校准点选择

图 8.3-6　工具校准操作

（3）工具控制点、坐标系确认操作，只能利用图 8.3-7 所示的工具定向键，手动改变工具的姿态、确认控制点，而不能通过机器人的定位键改变控制点位置。但在使用下臂回转轴 LR 的 7 轴机器人，按键【7-】、【7+】（或【E-】、【E+】）也可用于工具定向。

（4）如果工具定向后，发现控制点出现了偏离，就需要重新设定工具的控制点和坐标系变换参数。

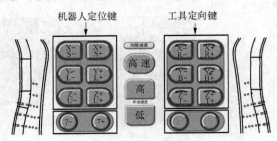

图 8.3-7　控制点确认操作键

DX100 系统的工具控制点、坐标系确认操作步骤如下。

（1）将系统的安全模式设定为"编辑模式"、示教器的操作模式选择【示教（TEACH）】，并启动伺服。

（2）在多机器人系统或带有工装轴的系统上，如控制轴组未选定，轴组 R1 的显示为"**"，此时，可将光标调节到该位置，按操作面板的【选择】选定，然后在输入选项上，选定需要设定的控制轴组（机器人 R1 或机器人 R2）。

（3）通过操作面板的"【转换】+【坐标】"键，选择机器人、工具或用户坐标系（不能为关节坐标系），并在示教器的状态显示栏确认。

（4）利用工具数据设定同样的方法，选定需要进行控制点和坐标系确认的工具。

（5）利用图 8.3-7 所示操作面板上的工具定向键，改变工具姿态。

（6）检查控制点的位置，如果控制点出现图 8.3-8（b）所示的偏差，需要重新进行工具控制点和坐标系的设定。

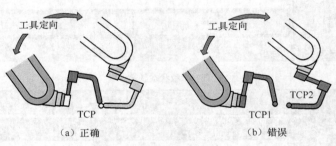

图 8.3-8　工具控制点检查

8.4 用户坐标系设定

8.4.1　用户坐标系创建

1. 用户坐标文件

工业机器人可通过机器人坐标系实现三维空间的运动与定位，但由于作业程序的编制通常需要针对某一工件、根据零件图进行，因此，一般都希望机器人的程序点位置能尽可能与零件图上的尺寸统一，以方便操作、计算和检查，这就需要参照零件图，重新建立一个新的坐标系，这一坐标系在机器人上称用户坐标系。

由于机器人需要完成多个零件的作业，因此，系统一般可设定多个用户坐标系，并可通过坐标系选择操作，选择所需的用户坐标系。机器人的用户坐标系以文件的形式保存，其设定和显示页面如图 8.4-1 所示，参数含义如下。

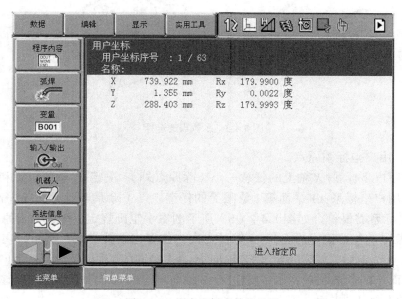

图 8.4-1　用户坐标文件的显示

用户坐标序号：用户坐标系编号显示。

$X/Y/Z$：用户坐标原点位置，它是用户坐标原点在机器人坐标系上的坐标值。

$R_x/R_y/R_z$：用户坐标系变换参数，用来定义用户坐标系的坐标轴方向，参数的含义与设定方法与工具坐标系设定相同。创建用户坐标系的要点如下。

（1）用户坐标系的坐标轴方向和变换参数的正负定义如图 8.4-2 所示，为了方便操作和编程，用户坐标系的 XY 平面通常应平行于工件的安装面；坐标原点一般选择在零件图的尺寸基准上。

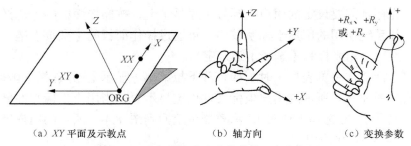

（a）XY 平面及示教点　　　（b）轴方向　　　（c）变换参数

图 8.4-2　坐标轴方向和变换参数正负的定义

（2）用户坐标系可以通过两种方法建立：第一，利用基本命令 MFRAME 建立；第二，通过下述的示教操作，设定用户坐标文件参数，建立用户坐标系。

2. 示教点选择

通过示教操作设定用户坐标文件参数时，需要有图 8.4-3 所示的"ORG""XX"和"XY"3 个示教点，示教点的作用和选择要求如下。

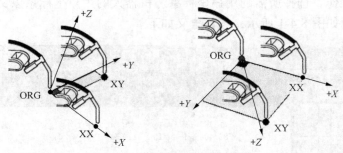

图 8.4-3　示教点的选择

ORG 点：用户坐标系原点。

XX 点：用户坐标系+X 轴上的任意一点（除原点外），决定+X 轴的位置和方向。

XY 点：用户坐标系 XY 平面第 I 象限上的任意一点（除原点外），决定+Y 轴的方向。

因用户坐标系需要符合如图 8.4-2（b）所示的右手定则规定，因此，当原点、+X 轴及 XY 平面第 I 象限的位置确定后，Y、Z 轴的方向与位置也就被定义。例如，在图 8.4-3 上，当 ORG、XX 点选定后，如需要定义+Z 轴向上、+Y 轴向内的用户坐标系，则 XY 点应为 X 轴左侧 XY 平面上的任意一点；如需要定义+Z 轴向下、+Y 轴向外的用户坐标系，则 XY 点应选择在 X 轴右侧 XY 平面上等。

8.4.2　用户坐标系示教

利用示教操作设定用户坐标文件、创建用户坐标系的操作步骤如下。

（1）接通控制系统电源、启动伺服。

（2）将系统的安全模式设定为"编辑模式"；示教器的操作模式选择【示教（TEACH）】。

（3）按主菜单【机器人】，并在示教器显示的子菜单［见图 8.2-1（a）］上，选择［用户坐标］子菜单，示教器将显示图 8.4-4 所示的用户坐标文件一览表页面。

（4）调节光标到需要设定的用户坐标号（序号）上，按操作面板的【选择】键，选定用户坐标号；如系统使用的用户坐标系较多，可通过操作面板的【翻页】键，显示更多的用户坐标号，然后，用光标和【选择】键选定。

（5）用户坐标文件一览表显示时，如打开下拉菜单［显示］、并选择［坐标数据］，示教器便可切换到图 8.4-1 所示的用户坐标文件设定显示页；当用户坐标文件显示时，如打开下拉菜单［显示］、并选择［列表］，示教器可返回到图 8.4-4 所示的用户坐标文件一览表页面。

（6）选择下拉菜单［实用工具］、子菜单［设定］，示教器便可显示图 8.4-5 所示的用户坐标文件示教设定显示页面。

（7）在多机器人系统或带有工装轴的系统上，如控制轴组未选定，轴组 R1 的显示为

"**"，此时，可将光标调节到该位置，按操作面板的【选择】选定，然后在输入选项上，选定需要设定的控制轴组（机器人 R1 或机器人 R2）。

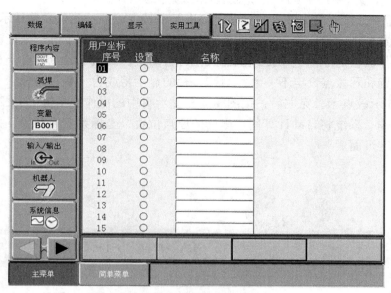

图 8.4-4　用户坐标文件一览表显示

（8）选择下拉菜单［数据］、子菜单［清除数据］，并在系统弹出的操作提示框"清除数据吗？"中选择［是］，可对用户坐标文件中的全部参数进行初始化清除。

（9）将光标定位到"设定位置"输入框，按操作面板【选择】键，在图 8.4-5 所示的输入选项上选定示教点 ORG 或 XX、XY。

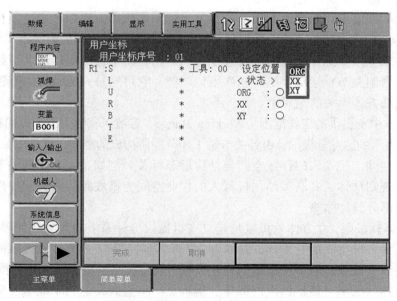

图 8.4-5　用户坐标文件示教设定页面

（10）通过手动操作机器人，将机器人定位到所选的示教点 ORG 或 XX、XY 上。

（11）按操作面板的【修改】键、【回车键】，机器人的当前位置将作为用户坐标定义点读入系统，示教点 ORG 或 XX、XY 的<状态>栏显示由"○"变为"●"。

（12）重复步骤（9）～（11），完成其他示教点的示教。

（13）如需要，可通过机器人的自动定位进行示教点位置的确认。确认示教点位置时，只需要将光标定位到"设定位置"输入框，并用操作面板【选择】键、光标键选定该示教点。然后按操作面板的【前进】键，机器人便可自动定位到指定的示教点上，此时，如果机器人定位位置和示教点设定不一致，<状态>栏的显示将成为"●"闪烁。

（14）全部示教点示教完成后，按图 8.4-5 显示页中的操作提示键［完成］，结束用户坐标系示教操作，系统将自动计算用户坐标的原点位置、坐标系变换参数，并写入到用户坐标文件的设定页面。

8.5

软件保护设定

8.5.1　软极限设定

1．软极限与作业空间

软极限又称软件限位，这是一种通过机器人控制系统软件，检查机器人位置、限制坐标轴运动范围、防止坐标轴超程的保护功能。

机器人的软极限可用图 8.5-1 所示的关节坐标系或机器人坐标系描述。在安川公司的使用说明书上，将前者称为"脉冲软极限"，后者称为"立方体软极限"。

（1）脉冲软极限。脉冲软极限是通过检查关节轴驱动电机的编码器反馈脉冲数，判定机器人位置、限制关节轴运动范围的软件限位功能，它可对每一运动轴进行独立设定，且是一个与轴运动方式无关的绝对量。

机器人样本中所提供的工作范围（Working Range）参数，实际上就是以回转角度（区间或最大转角）表示的脉冲软极限；由各关节轴工作范围所构成的空间，就是图 8.5-1（a）所示的机器人作业空间。机器人的作业空间与结构形态有关。例如，垂直串联关节型机器人的作业空间为不规则球体，并联型结构机器人的作业空间为锥底圆柱体，圆柱坐标型机器人的作业空间为部分圆柱体等。

（2）立方体软极限。立方体软极限是建立在机器人坐标系上的附加软件限位保护功能，其运动保护区为三维空间的立方体，故称为"立方体软极限"。立方体软极限的保护区间在机器人作业空间上截取，但不能超越脉冲软极限所规定的运动范围（工作范围）。

使用立方体软极限可使机器人的操作、编程更简单直观，但它不能全面反映机器人的作业空间，因此，只能作为机器人的附加保护措施；在特殊情况下，机器人实际上也可在立方体软极限以外的部分区域正常运动。

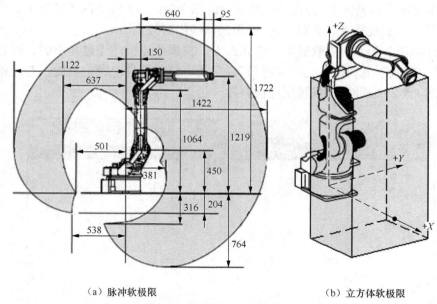

（a）脉冲软极限　　　　　　　　　　　（b）立方体软极限

图 8.5-1　机器人软极限的设定

2．软极限的设定

　　脉冲软极限直接规定了机器人的作业空间，它是决定机器人使用性能的重要技术参数；脉冲软极限一旦定义，在任何情况下，机器人的运动都不能超越保护区。脉冲软极限与机器人的结构密切相关，它需要由机器人生产厂家的设计、调试人员在系统参数上设定，用户一般不能对其进行修改。出于运行安全上的考虑，在实际机器人上，还可在脉冲软极限的基础上，增加后述的超程开关、碰撞传感器等硬件保护装置，对机器人运动进行进一步的保护。

　　脉冲软极限和立方体软极限的设定方法与使用要点如下。

　　（1）脉冲软极限。脉冲软极限通过系统参数设定，每轴可设定最大、最小值 2 个参数。脉冲软极限参数一旦设定，在任何情况下，只要移动命令的指令位置或机器人的实际位置超出参数规定的范围，系统就会发出超程报警，并进入停止状态。

　　（2）立方体软极限。使用立方体软极限保护功能时，首先需要通过系统参数生效机器人的立方体软极限保护功能。每一机器人可设定 $X/Y/Z$ 轴正向限位、负向限位 2 组参数。立方体软极限功能设定后，在任何情况下，只要移动命令的指令位置或机器人的实际位置超出参数规定的范围，系统同样将发出超程报警，并进入停止状态。

3．软极限的解除

　　当机器人发出脉冲软极限或立方体软极限超程报警时，所有轴都将无条件停止运动，也不能通过手动操作退出限位位置。为了能够恢复机器人的运动、退出软极限，可暂时解除软极限保护功能，然后通过坐标轴的反方向运动，退出软极限保护区。

　　DX100 系统解除机器人软极限保护功能的操作步骤如下。

　　（1）将系统的安全模式设定为"管理模式"；示教器的操作模式选择【示教（TEACH）】。

（2）按主菜单【机器人】，并在示教器显示的图 8.2-1（a）所示的子菜单上，选择［解除极限］子菜单，示教器将显示图 8.5-2 所示的软极限解除页面。

（3）将光标调节到"解除软极限"输入框上、按操作面板的【选择】键，可进行输入选项"无效""有效"的切换。选定"有效"，系统可解除软件限保护功能，并在操作提示信息上显示图 8.5-2 所示的 "软极限已被解除"信息。

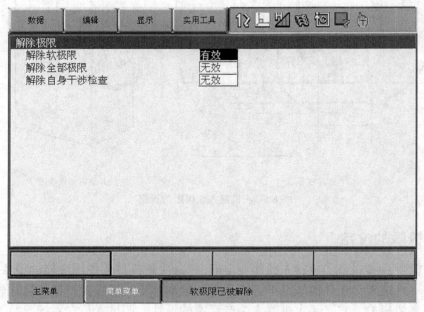

图 8.5-2　软极限解除页面

（4）通过手动操作，使机器人退出软极限保护区后，将图 8.5-2 中的"解除软极限"选项恢复为"无效"，重新生效软极限保护功能。

在软极限解除的情况下，如果将示教器的操作模式切换到【再现（PLAY）】，"解除软极限"选项将自动成为"无效"状态。

软极限解除也可通过将图 8.5-2 中的"解除全部极限"选项选择"有效"的方式解除，在这种情况下，不仅可解除软极限保护，而且，还可同时解除系统的硬件超程保护、干涉区保护等全部保护功能，使得机器人的关节轴成为完全自由状态，因此，使用时务必小心。

图 8.5-2 中的"解除自身干涉检查"可用来撤销后述的作业干涉区保护功能，选项选择"有效"时，机器人可恢复作业干涉区内的运动，故可用于干涉保护区的退出。

8.5.2　干涉保护区设定

1. 功能与使用要点

利用软极限建立的运动保护区是机器人生产厂家定义的本体结构参数，它不考虑作业工具、工件可能产生的干涉，故只能用于机器人本体的运动保护。

当机器人手腕安装了作业工具、作业区间上存在工件时，机器人作业空间的某些区域将成为实际上不能运动的干涉区，为此，需要通过控制系统的干涉保护区（简称干涉区）设定，来限制机器人运动、避免碰撞。

机器人的作业干涉区可通过图 8.5-3 所示的两种方法进行定义。图 8.5-3（a）所示为在机器人坐标系、用户坐标系或基座坐标系定义的干涉区，它是一个边界与坐标轴平行的三维立方体，安川使用说明书称之为"立方体干涉区"。图 8.5-3（b）所示为以关节轴位置设定的干涉区，安川使用说明书称之为"轴干涉区"。

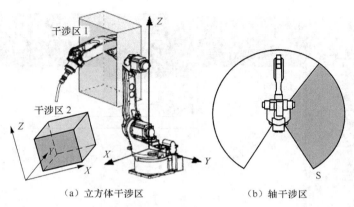

（a）立方体干涉区　　　　　（b）轴干涉区

图 8.5-3　干涉区的定义

作业干涉区可根据实际作业情况，由机器人操作编程人员自行设定，DX100 系统的干涉区设定要点如下。

（1）机器人可用不同的工具来完成不同工件的作业任务，因此，一个机器人通常需要设定多个干涉区。DX100 系统最大允许设定的立方体干涉区或轴干涉区的总数为 64 个，其中一个用于前述的作业原点到位允差设定，故实际可用的干涉保护区为 63 个。

（2）干涉区既可用于机器人的本体运动保护，也可用于基座轴、工装轴的运动保护，用户可根据需要选择。

（3）DX100 系统可通过 4 个系统专用输入信号（干涉区 1～4 禁止），禁止机器人进入信号所指定的干涉区。干涉区禁止信号 ON 时，只要移动命令的指令位置或机器人的实际位置进入指定的干涉区，系统就会发出机械干涉报警，并减速停止；与此同时，系统还可输出 4 个专用状态检测信号（进入干涉区 1～4），用于外部控制或报警指示。

（4）系统判断机器人是否进入干涉区的方法有两种：一是命令值检查，此时，只要移动命令的程序点位于干涉区，系统就发出干涉报警；二是实际位置（反馈位置）检查，它只有当伺服电机的编码器反馈位置到达干涉区时，才发出干涉报警。

（5）干涉区保护功能可通过"解除极限"操作解除，以便机器人退出保护区，有关内容可参见前述的软极限解除操作。

（6）作业干涉区的设定方法、保护对象、检查方法、干涉范围等参数，既可在系统参数上设定，又可通过示教操作设定。示教操作设定可直接在示教器的干涉区设定页面进行，其操作简单、设定直观、快捷，是一种常用的设定方式。

2. 干涉区设定

利用示教操作设定干涉区时，可通过以下操作，显示干涉区的显示和设定页面。

（1）将系统的安全模式设定为"编辑模式"；示教器的操作模式选择【示教（TEACH）】。

（2）按主菜单【机器人】，并在示教器显示的子菜单［见图 8.2-1（a）］上，选择［干涉区］子菜单，示教器将显示图 8.5-4 所示的干涉区显示和设定页面。

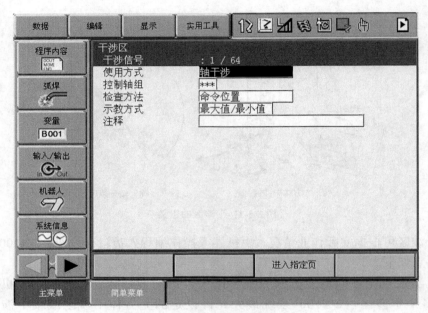

图 8.5-4　干涉区显示和设定页面

干涉区显示和设定页面的显示项含义和作用如下。

干涉信号：干涉区编号，显示值 1/64，2/64，……，代表干涉区 1，干涉区 2，……等。

使用方式：干涉区定义方法，可通过输入选项选择"立方体干涉"或"轴干涉"。

控制轴组：干涉区保护对象，可通过输入选项选择"机器人 1""机器人 2"等。

检查方法：干涉区检查方法，可通过输入选项选择"命令位置"或"反馈位置"。

（参考坐标）：在"使用方式"选项为"立方体干涉"时显示，可通过输入选项选择"基座""机器人"或"用户"，选择建立干涉区的基准坐标系。

示教方式：干涉区间参数的设定方法，可通过输入选项选择"最大值/最小值"或"中心位置"，两种设定法的参数输入要求见后述。

注释：干涉区注释，注释可用示教器的字符输入软键盘编辑。

利用示教操作设定干涉区时，可分基本参数设定、干涉区间设定 2 步进行。基本参数设定的操作步骤如下。

3. 基本参数设定

（1）将系统安全模式设定为"编辑模式"、操作模式选择【示教（TEACH）】，并通过上述干涉区设定页面显示操作，显示图 8.5-4 所示的干涉区显示和设定页面。

（2）选定干涉区编号。干涉区编号既可用操作面板的【翻页】键选择，也可通过显示页的操作提示键［进入指定页］，直接在图 8.5-5（a）所示的"干涉信号序号"输入框内，输入编号、按【回车】键，选定干涉区编号。

（3）将光标调节到"使用方式""控制轴组"等输入框上，按操作面板的【选择】键选定后，通过输入选项选择，完成图 8.5-5（b）所示的干涉区基本参数设定。

（a）干涉区编号输入

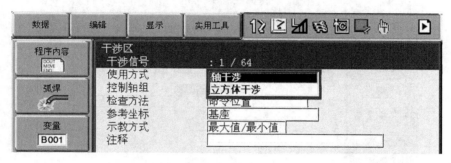

（b）输入选项

图 8.5-5　干涉区基本参数设定

4. 干涉区间定义

干涉区间的定义方式可通过基本参数"使用方式"选择。使用方式选择"轴干涉"时，可显示图 8.5-6（a）所示的关节轴位置；选择"立方体干涉"时，可显示图 8.5-6（b）所示的 X、Y、Z 轴位置。

干涉保护区的参数输入方法可通过基本参数"示教方式"选择。示教方式选择"最大值/最小值""中心位置"时，相应的参数设定要求分别如下。

"最大值/最小值"输入：选择立方体干涉时，需要输入图 8.5-7（a）所示干涉区的起点（X_{min}，Y_{min}，Z_{min}）和终点（X_{max}，Y_{max}，Z_{max}）的坐标值；定义轴干涉时，需要输入干涉区的起始位置和结束位置的角度值。

"中心位置"设定法：定义立方体干涉时，需要输入图 8.5-7（b）所示的、干涉区中心点 P 的坐标值及 $X/Y/Z$ 轴的干涉区长度 $X_a/Y_a/Z_a$；定义轴干涉时，需要输入干涉区中点的角度值和干涉区的宽度。

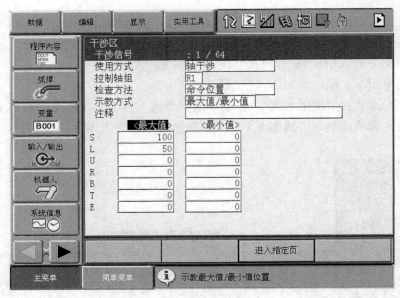

（a）轴干涉

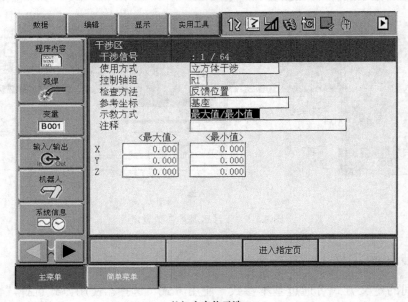

（b）立方体干涉

图 8.5-6　干涉区间的设定显示

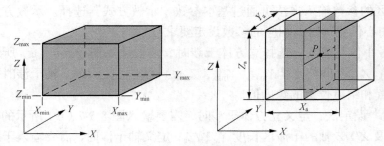

图 8.5-7　立方体干涉的区间设定

5. 干涉区间设定

干涉区间定义参数的输入，可选择"数值直接输入"和"移动位置示教"两种方法。采用数值直接输入设定时，无需移动机器人；采用移动位置示教时，需要手动移动机器人，由系统自动设定参数。当干涉区间以"最大值/最小值"方式定义时，可任选一种输入法；以"中心位置"方式定义时，两者需要结合使用。

（1）直接输入设定

利用最大值/最小值直接输入设定干涉区间时，可在前述基本参数设定步骤（1）～（3）的基础上，继续以下操作。

① 将光标调节到"示教方式"的输入框、按操作面板的【选择】键，可进行输入选项"最大值/最小值""中心位置"的切换。采用数据直接输入时，应选定"最大值/最小值"选项，使示教器显示图8.5-6所示的最大值/最小值设定页面。

② 调节光标到对应参数的输入框，按操作面板的【选择】键选定后，输入框将成为数据输入状态。

③ 对于立方体干涉的最大值/最小值设定，可在<最小值>栏，输入干涉区的起点坐标值 X_{min}、Y_{min}、Z_{min}；在<最大值>栏，输入干涉区的终点坐标值 X_{max}、Y_{max}、Z_{max}。对于轴干涉的最大值/最小值设定，可在<最小值>输入栏输入关节轴的干涉区起始角度；在<最大值>输入栏输入关节轴的干涉区结束角度。数值输入完成后，用【回车】键确认，便可完成干涉区间的设定。

（2）移动位置示教设定

通过移动位置示教设定干涉区最大值/最小值时，可在前述基本参数设定步骤（1）～（3）的基础上，继续以下操作。

① 将光标调节到"示教方式"的输入框上，通过操作面板的【选择】键，选定输入选项"最大值/最小值"，使示教器显示图8.5-6所示的最大值/最小值设定页面。

② 进行最大值示教时，用光标选定<最大值>；进行最小值示教时，用光标选定<最小值>；如光标无法定位到<最大值>或<最小值>上，可按操作面板的【清除】键，使光标成为自由状态后在进行选定。

③ 按操作面板的【修改】键，示教器将显示提示信息"示教最大值/最小值位置"。

④ 进行最大值示教时，将机器人手动移动到干涉区的终点（X_{max}，Y_{max}，Z_{max}）上；进行最小值示教时，将机器人手动移动到干涉区的起点（X_{min}，Y_{min}，Z_{min}）上。

⑤ 按操作面板的【回车】键，系统便可读入示教位置，自动设定对应的干涉区参数。

（3）中心位置设定操作

用"中心位置"方式设定干涉区间时，可在前述基本参数设定步骤（1）～（3）的基础上，继续以下操作。

① 将光标调节到"示教方式"的输入框上，通过操作面板的【选择】键，选定输入选项"中心位置"，示教器可显示图8.5-8所示的中心位置设定页面。

② 调节光标到<长度>栏的对应参数输入框，按操作面板的【选择】键选定后，输入框将成为数据输入状态。

③ 直接用面板数字键，在 $X/Y/Z$ 轴的<长度>栏，输入干涉区长度 $X_a/Y_a/Z_a$，并用【回

车】键确认，完成<长度>栏的设定。

④ 使光标同时选中图 8.5-8 所示的<最大值>和<最小值>栏，如光标无法选定，可按操作面板的【清除】键，使光标成为自由状态后选定。

⑤ 按操作面板的【修改】键，示教器将显示提示信息"移到中心点示教"。

⑥ 将机器人手动移动到干涉区的中心点 P 上。

⑦ 按操作面板的【回车】键，系统便可读入示教位置，自动设定干涉区参数。

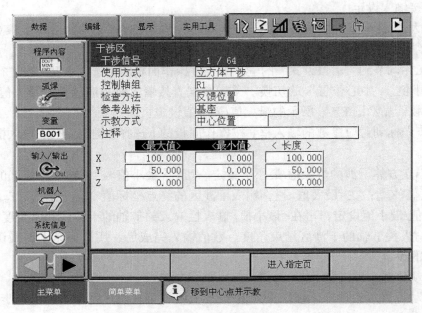

图 8.5-8　中心位置设定页面

6. 干涉区的删除

当机器人作业任务变更时，可通过以下操作删除干涉区设定数据。

（1）将系统安全模式设定为"编辑模式"、操作模式选择【示教（TEACH）】，并通过前述基本参数设定同样的操作，选定需要删除的干涉区编号、显示该干涉区的设定页面。

（2）选择图 8.5-9 所示的下拉菜单［数据］、子菜单［清除数据］，示教器将显示图 8.5-10 所示的数据清除确认提示框。

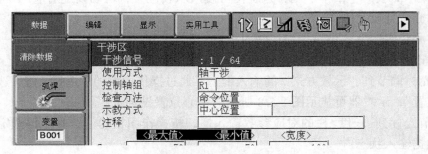

图 8.5-9　数据清除菜单

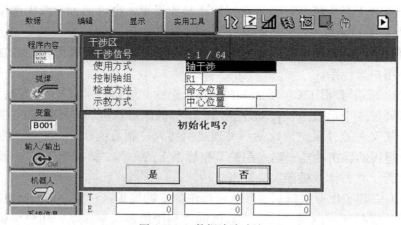

图 8.5-10　数据清除确认

（3）选择数据清除确认提示框中的［是］，所选定的干涉区数据将被全部删除；选择［否］，可返回干涉区数据设定页面。

本章小结

1. 示教编程的功能、操作界面、程序编辑保护等可通过示教条件设定操作规定；示教条件设定只影响程序输入和编辑操作，不改变再现运行的功能。

2. 通过程序的编辑设置，可生效或撤销速度、位置等级等添加项的显示和编辑功能。

3. 再现运行的操作条件属于高级应用设定，它需要在管理模式下进行；利用操作条件设定可改变移动命令的速度单位、程序运行方式，以及开机默认的安全模式等参数。

4. 程序再现运行时，可通过特殊运行设定操作，选择低速启动、限速运行、空运行、机械锁定运行、检查运行等运行方式。

5. 绝对原点是编码器的位置脉冲计数和所有坐标系设定的基准，改变绝对原点将改变程序点位置、作业范围、软件限位保护区等全部与位置相关的参数；绝对原点只能在管理模式下设定。

6. 第二原点用来检查、确认机器人位置，当系统发生绝对编码器数据异常报警时，可通过机器人的第二原点定位，来检查位置的正确性；第二原点可以在编辑模式下设定。

7. 作业原点是机器人作业的基准位置，它可由操作者根据作业要求设定，一个机器人只能设定一个作业原点；控制系统具有作业原点自动定位、自动检测功能。

8. 作业工具的物理特性以工具文件的形式进行统一定义，主要参数包括 TCP 点、工具坐标系、工具重量/重心/惯量等；控制系统上可针对不同工具，编制多个工具文件。

9. 工具坐标系是来定义工具姿态的参数，它是以 TCP 点为原点、以工具作业时接近工件方向为 Z 轴正向的坐标系；工具坐标系可通过手腕基准坐标系的旋转得到。

10. TCP 点和工具坐标系可通过数据输入操作设定，也可通过示教操作设定；利用示教设定 TCP 点和工具坐标系的操作称为"工具校准"。

11. 参照零件图建立的坐标系称用户坐标系，它以文件的形式保存；控制系统可根据需要设定多个用户坐标系。

12. 用户坐标系可利用基本命令 MFRAME 建立，或通过示教操作创建；通过示教操作创建时，可通过 3 个示教点，自动计算用户坐标的原点位置、坐标系变换参数。

13. 软极限又称软件限位，这是一种通过机器人控制系统软件，检查、限制坐标轴运动范围、防止超程的保护功能；建立在关节坐标系上的称为"脉冲软极限"，建立在机器人坐标系上的称为"立方体软极限"。

14. 机器人安装了作业工具后，可通过系统的干涉保护区设定，来限制机器人的运动、避免碰撞；干涉保护区可以设定多个，其区间可利用机器人坐标系、用户坐标系、基座坐标系位置或关节轴位置设定。

复习思考题

一、多项选择题

1. 在 DX100 系统上，以下可通过示教条件设定选择的功能是（ ）。
   A. 命令显示　　B. 添加项记忆　　C. 命令插入位置　　D. 示教提示音
2. 在 DX100 系统上，以下可通过示教条件设定禁止/使能的功能是（ ）。
   A. 程序点修改　　B. 工具号修改　　C. 圆柱坐标系　　D. 编辑恢复功能
3. 在 DX100 系统上，以下可通过程序编辑设置禁止/使能的显示功能是（ ）。
   A. 基本命令　　B. 程序点编号　　C. 速度添加项　　D. 位置等级
4. 在 DX100 系统上，以下可通过程序编辑设置禁止/使能的显示功能是（ ）。
   A. 基本命令　　B. 程序点编号　　C. 速度添加项　　D. 位置等级
5. 在 DX100 系统上，以下可通过再现运行显示设置禁止/使能的项目是（ ）。
   A. 基本命令　　B. 程序点编号　　C. 速度添加项　　D. 位置等级
6. 在 DX100 系统上，以下对再现操作条件设定理解正确的是（ ）。
   A. 需要在管理模式下设定　　B. 可以改变编程速度的单位
   C. 可以改变程序运行方式　　D. 可以改变开机时的安全模式
7. 在 DX100 系统上，以下对再现特殊运行方式设定理解正确的是（ ）。
   A. 是用于程序检查的功能　　B. 在下拉菜单实用工具下显示
   C. 可以限制再现运行速度　　D. 可以选择多种运行方式
8. 以下对工业机器人绝对原点理解正确的是（ ）。
   A. 是位置编码器的计数基准　　B. 是所有坐标系的设定基准
   C. 是作业范围、软限位的设定基准　　D. 可以设定多个
9. 设定机器人绝对原点应选择的安全模式是（ ）。
   A. 操作模式　　B. 编辑模式　　C. 管理模式　　D. 维护模式

10. 以下对工业机器人第二原点理解正确的是（　　　）。
    A. 是位置编码器的计数基准　　　　B. 用来确认坐标轴位置
    C. 是作业范围、软限位的设定基准　D. 可以设定多个

11. 设定机器人第二原点应选择的安全模式是（　　　）。
    A. 操作模式　　B. 编辑模式　　C. 管理模式　　　　D. 维护模式

12. 以下对工业机器人作业原点理解正确的是（　　　）。
    A. 是位置编码器的计数基准　　　　B. 是机器人作业的基准位置
    C. 可以对其进行自动定位和检测　　D. 可以设定多个

13. 设定机器人作业原点应选择的安全模式是（　　　）。
    A. 操作模式　　B. 编辑模式　　C. 管理模式　　　　D. 维护模式

14. 以下对工业机器人作业工具设定理解正确的是（　　　）。
    A. 工具特性用命令添加项指定　　　B. 工具特性利用文件定义
    C. 可定义 TCP 点和坐标系　　　　D. 可以设定多种工具

15. 以下对工业机器人 TCP 点理解正确的是（　　　）。
    A. 用来定义工具作业点　　　　　　B. 用来定义工具姿态
    C. 就是手腕工具安装基准点　　　　D. 可通过工具校准操作设定

16. 以下对工业机器人工具坐标系及设定理解正确的是（　　　）。
    A. 用来定义工具作业点　　　　　　B. 用来定义工具姿态
    C. 可以定义多个　　　　　　　　　D. 可通过工具校准操作设定

17. 设定 TCP 点、工具坐标系应选择的安全模式是（　　　）。
    A. 操作模式　　B. 编辑模式　　C. 管理模式　　　　D. 维护模式

18. 以下对工业机器人用户坐标系及设定理解正确的是（　　　）。
    A. 利用命令添加项定义　　　　　　B. 用文件的形式定义
    C. 可通过示教操作设定　　　　　　D. 可以设定多个

19. 设定工业机器人用户坐标系应选择的安全模式是（　　　）。
    A. 操作模式　　B. 编辑模式　　C. 管理模式　　　　D. 维护模式

20. 以下对工业机器人软极限及设定理解正确的是（　　　）。
    A. 是一种软件保护功能　　　　　　B. 用文件的形式定义
    C. 可用关节坐标系定义　　　　　　D. 可以设定多个

21. 设定工业机器人软极限应选择的安全模式是（　　　）。
    A. 操作模式　　B. 编辑模式　　C. 管理模式　　　　D. 维护模式

22. 以下对工业机器人干涉保护区及设定理解正确的是（　　　）。
    A. 是一种软件保护功能　　　　　　B. 用文件的形式定义
    C. 可用关节坐标系定义　　　　　　D. 可以设定多个

23. 设定工业机器人干涉保护区应选择的安全模式是（　　　）。
    A. 操作模式　　B. 编辑模式　　C. 管理模式　　　　D. 维护模式

二、简答题

1. 简述 DX100 系统低速启动、限速运行、空运行、机械锁定运行、检查运行的区别。

2. 简述绝对原点、第二原点、作业原点在定义、功能和设定方法等方面的区别。

3. 简述 TCP 点、工具坐标系的作用与设定方法。
4. 简述用户坐标系的作用与设定方法。
5. 简述软极限和干涉保护区在定义、功能和设定方法等方面的区别。

三、实践题

1. 根据实验条件，进行第二原点、作业原点设定练习。
2. 根据实验条件，进行 TCP 点、工具坐标系、用户坐标系设定练习。
3. 根据实验条件，进行软极限、干涉保护区设定练习。